Arbeitskreis Stadtböden der Deutschen Bodenkundlichen Gesellschaft

Urbaner Bodenschutz

Springer

Berlin
Heidelberg
New York
Barcelona
Budapest
Hong Kong
London
Mailand
Paris
Santa Clara
Singapur
Tokio

Arbeitskreis Stadtböden der Deutschen
Bodenkundlichen Gesellschaft (Hrsg.)

Urbaner Bodenschutz

Mit 44 Abbildungen und 56 Tabellen

Springer

Prof. Dr. W. Burghardt
Arbeitskreis Stadtböden
der Deutschen Bodenkundlichen Gesellschaft

Universitätsstraße 5
45141 Essen

ISBN 3-540-58032-8 Springer-Verlag Berlin Heidelberg New York

Die Deutsche Bibliothek - CIP Einheitsaufnahme
Urbaner Bodenschutz: mit 56 Tabellen/Arbeitskreis Stadtböden der Deutschen Bodenkundlichen Gesellschaft (Hrsg.). - Berlin; Heidelberg; New York; Barcelona; Budapest; Hong Kong; London; Mailand; Paris; Santa Clara; Singapur; Tokio; Springer 1996
ISBN 3-540-58032-8
NE: Deutsche Bodenkundliche Gesellschaft / Arbeitskreis Stadtböden

Satz: Reproduktionsfertige Vorlage von den Autoren
Einbandgestaltung: E. Kirchner

SPIN: 10468755 30/3136 – 5 4 3 2 1 0 – Gedruckt auf säurefreiem Papier

Vorwort

Der vorliegende Band enthält die in einem Seminar "Urbaner Bodenschutz" des Arbeitskreises Stadtböden – Böden urban, industriell (inkl. montanindustriell) und gewerblich überformter Flächen – der Deutschen Bodenkundlichen Gesellschaft 1994 in Hamburg vorgestellten Beiträge.

Das Seminar erfolgte in Zusammenarbeit mit dem Institut für Bodenkunde der Universität Hamburg und dem Bodenschutzdienst für Städte und Gemeinden GmbH (BSD), Kiel. Das Institut für Bodenkunde bot die Räumlichkeiten und die für Bodenkundler überaus wichtige praktische Anschauung durch eine Exkursion in Hamburg. Die langjährige und vielseitige stadtbodenkundliche Erfahrung des Instituts bot dazu eine gute Grundlage. Der Bodenschutzdienst für Städte und Gemeinden bewältigte den organisatorischen Teil des Seminars. Er dient bereits seit Gründung des Arbeitskreises Stadtböden im Jahr 1987, auch durch seine stadtbodenkundlichen Arbeiten und umfangreichen Dokumentationen, als Partner. Der Arbeitskreis Stadtböden dankt Herrn Prof. Dr. Miehlich und Herrn Prof. Dr. Wiechmann, Institut für Bodenkunde Hamburg, und Frau Bongard und Herrn Dr. Kneib, Bodenschutzdienst für Städte und Gemeinden Kiel, für die Durchführung des Seminars.

Bei einer Betrachtungsweise des Bodens als Grenzschicht zwischen der Atmosphäre und Biosphäre einerseits und der Lithosphäre und Hydrosphäre andererseits, aber auch als Standort des wirtschaftenden, sozial und technisch engagierten Menschen ist urbaner Bodenschutz keine alleinige Aufgabe des Bodenkundlers und der Bodenkundlerin. Entsprechend wurden Beiträge von Gästen anderer Fachdisziplinen in dem begrenzten Umfang, den der zeitliche Rahmen eines Seminars erlaubt, mit einbezogen. Dankbar sind wir daher für die Beiträge von Herrn Dr. Kurz, Hamburg, und Herrn Korndörfer, Essen.

Der Kreis der Bodenkundler, der in Städten arbeitet und über Erfahrungen der sich dort aus vom Menschen beeinflußten Gesteinen entwickelnden Böden verfügt, hat sich in den letzten Jahren stark vergrößert. Das Seminar konnte daher auch auf die Mitarbeit von Kollegen aufbauen, die dem Arbeitskreis Stadtböden nicht angehören. Dankenswerterweise trugen die Herren Dr. Meyer-Steinbrenner, Dresden, Dr. Hiller und Metzger, Essen, Schemschat, Kiel, Däumling, Dr. Heymann, Prof. Dr. Miehlich, Hamburg, und Kersting, Krefeld, vor.

Das Seminar "Urbaner Bodenschutz" fand das freundliche Interesse des Springer-Verlages, was zur vorliegenden Publikation führte. Die einzelnen Beiträge sind von den Autoren für eine Veröffentlichung überarbeitet und von den Herren Prof. Dr. Burghardt, Essen, Dr. Schleuß und Siem, Kiel, und Dr. Schneider, Hannover, redaktionell durchgesehen worden. Die weitere Bearbeitung oblag Frau Bongard vom Bodenschutzdienst für Städte und Gemeinden, Kiel. Von vielen Seiten wurde somit am Band "Urbaner Bodenschutz" gearbeitet. Der Arbeitskreis Stadtböden dankt für das Entgegenkommen und die damit verbundenen Mühen.

Essen, im März 1996

Prof. Dr. Wolfgang Burghardt
(Vorsitzender des Arbeitskreises Stadtböden
der Deutschen Bodenkundlichen Gesellschaft)

Inhalt

V Stadtbodenkartierung

VI Bewertungsverfahren und Umgang mit Stadtböden

Autorenverzeichnis

Prof. Dr. Wolfgang Burghardt	Angewandte Bodenkunde; Institut für Ökologie Universität Essen
Dr. Eckhard Cordsen	Boden-Dauerbeobachtung, Urbane Böden und Bodenversiegelung; Geologisches Landesamt Schleswig-Holstein
Dipl.-Geogr. Thomas Däumling	Standortkartierung und Bewertung von öffentlichen Flächen im Projekt Parksanierung; Institut für Bodenkunde Universität Hamburg
Dr. Karl Dieter Fetzer	Sachbereichsleiter Bodenkunde; Landesamt für Umweltschutz des Saarlandes
Dr. Ralf Grenzius	Sachgebietsleiter Boden/Altlasten; Gesundheits- und Umweltamt Bezirk Wedding
Dr. rer. nat. Hardy Heymann	Grundsatzfragen Altlasten und Verwaltung; Brandenburgische Boden Gesellschaft für Grundstücksverwaltung und -verwertung mbH
Dr. Dieter A. Hiller	Erfassung und Bewertung chemischer Eigenschaften von Stadt- und Industrieböden; Redakteur der Zeitschriften Geowissenschaften, Angewandte Bodenkunde, Institut für Ökologie der Universität GH Essen
Dipl.-Geogr. Andreas Kersting	Grundlagenerarbeitung zur Erfassung urban, gewerblich und industriell überformter Böden; Geologisches Landesamt Nordrhein-Westfalen
Dr. Wolfram D. Kneib	Bodenkartierung, Landbewertung, Flurbereinigung, Ressourcen- und kommunaler Bodenschutz; Inhaber des "büro für bodenbewertung"
Dipl.-Ökol. Klaus Korndörfer	Stadtbodenansprache; Biotopmanagementplanung, Ökologische Fachbeiträge zur Bauleitplanung; Gesellschafter des Planungsbüros "Orbis", Essen

Dr. Holger Kurz	Naturschutz und Landschaftsökologie, botanische und zoologische Bestandsaufnahmen, ökologische Gutachten; Leiter des "Büro für Biologische Bestandsaufnahme"
Dipl.-Geogr. Michael Lobenhofer	Projektleiter Altlastensanierung; Boden- und Deponie-Sanierungs GmbH
Dr. agr. Galina Machulla	Bodenmikrobiologie und Bodenökologie; Martin-Luther-Universität Halle/Wittenberg
Dr. Erich Pluquet	Schadstoffe im System Bodenpflanze/Wasser, Stadtbodenkunde, Bodenschutz; Niedersächsisches Landesamt für Bodenforschung, Bodentechnologisches Institut in Bremen
Dipl.-Ing. agr. Bernd Schemschat	Bodenbewertung, Bodenkartierung, Bodenschutzplanung; Agraringenieur und Bodenkundler, büro für bodenbewertung und Bodenschutzdienst
Dr. sc. agr. Uwe Schleuß	Bodenökologie, GIS, Stadtökologie; Projektzentrum Ökosystemforschung Christian-Albrechts-Universität Kiel
Dr. rer. nat. Jürgen Schneider	Kartierung, Bodenschutz, Aufbau der Methodenbank im Niedersächsischen Bodeninformationssystem; Niedersächsisches Landesamt für Bodenforschung Hannover
Dr. Harry Meyer-Steinbrenner	Ministerium für Umwelt – SN Dresden
Prof. Dr. Horst Wiechmann	Urban und industriell überformte Böden, Deponien und Altlasten, Müllkompost; Institut für Bodenkunde der Universität Hamburg
Dr. Rüdiger Wolff	Profil- und Merkmalserfassung, Ableitung von Schätzgrößen, Regionalisierung, Funktionalisierung; Staatliches Umweltfachamt Plauen
Dr. rer. agr. Qinglan Wu	Bodenchemie; Institut für Pflanzenernährung und Bodenkunde der Christian-Albrechts-Universität Kiel

Einleitung

Wolfgang Burghardt

Das Thema Bodenschutz wird häufig und in vielfältiger Weise in der breiten Öffentlichkeit diskutiert und in vielen Fachgremien behandelt. Jedoch von der Existenz aus Gesteinen sich entwickelnder Böden als Naturgebilde, einer Bodenkunde oder gar des Bodenkundlers scheinen nur wenige Bürger der Bundesrepublik Deutschland zu wissen. Dieser Band "Urbaner Bodenschutz" enthält nun vorwiegend Beiträge von Bodenkundlern. Die Herausgabe wurde ebenfalls von Mitgliedern der Deutschen Bodenkundlichen Gesellschaft bzw. des Arbeitskreises Stadtböden besorgt. Anliegen dieses Bandes ist somit die Präsentation des Themas Bodenschutz in der Stadt aus der Sicht des Bodens durch den Fachwissenschaftler.

Warum blieb die Bodenkunde bisher so sehr im Verborgenen? Eine Ursache der geringen Kenntnisse über den Boden liegt darin, daß es einen Studiengang Bodenkunde bisher in der Bundesrepublik Deutschland wie auch in vielen anderen Ländern nicht gibt. Durch die Eigenschaften des Bodens als Grenzschicht zwischen der Atmosphäre, Biosphäre, Lithosphäre und Hydrosphäre haben viele Disziplinen am Boden ein Interesse, so traditionell die Landbau-, Gartenbau- und Forstwirtschaftswissenschaften, die Landeskultur, Geologie, Geographie und Biologie. Weitere Disziplinen kommen heute hinzu, u.a. Landespflege, Landschaftsplanung, Raumordnung und Ökologie. Bodenkunde wird im Zusammenhang mit diesen Fächern an den Hochschulen gelehrt. Die Referenten des Seminars sind Repräsentanten eines Teils der unterschiedlichen Ausbildungsgänge.

Die oben beschriebene unterschiedliche Anbindung der Bodenkunde hat sicher den Vorteil einer breiten Streuung bodenkundlichen Wissens über mehrere Fachrichtungen. Damit verbunden ist eine breite Diskussionsbasis und Interdisziplinarität bodenkundlicher Belange. Von Nachteil ist jedoch der daraus folgende geringe öffentliche Bekanntheitsgrad der Bodenkunde, die ungeregelte Vertretung und das geringe Durchsetzungsvermögen bodenkundlicher Inhalte im Vergleich zu denen anderer Medien wie z.B. Biosphäre, Wasser und Luft. Die häufig anzutreffende Abwehrhaltung gegenüber einer Bodenschutzgesetzgebung zeigt dies deutlich.

Die Schwäche der geringen Präsenz der Bodenkunde liegt jedoch auch darin, daß der Boden sich dem visuellen Zugang entzieht. Böden werden daher normalerweise nur als Oberfläche wahrgenommen und verstanden. Der Boden als Teil des Ökosystems wird erst an der Wand einer Grube sichtbar. Erst über das an der Wand erkennbare Profil erschließt sich der Boden. Primäres Interesse des Bodenkundlers ist nun die Erfassung der Bodenmerkmale sowie der Prozesse der

Bodenbildung und die diese dokumentierenden Eigenschaften, welche ein Ergebnis der Umwelteinflüsse sind.

Bei einer über große Zeiträume, die Jahrhunderte bis Jahrtausende erreichen, ablaufenden Bodenbildung war der Bodenkundler naturgegeben nicht Zeitzeuge der Prozesse, sondern muß diese aus dem Profilaufbau ableiten. Dies ist auch für die noch jungen Böden auf Stadt- und Industrieflächen der Fall. Bodenkunde findet daher zunächst als "Zwiesprache" mit dem im Profil sichtbaren Bodenausschnitt statt. Das Ziel ist die Interpretation der Bodeneigenschaften im Gelände im Hinblick auf die abgelaufenen Prozesse und der wirksam gewordenen Umwelteinflüsse. Laboruntersuchungen sollen dies stützen. Die vielfältigen Deutungsmöglichkeiten führen dazu, daß sich die Auseinandersetzung mit dem Gegenstand Boden fast ausschließlich in Fachkreisen bewegt.

Ohne Kenntnisse der Prozesse im Boden ist Bodenschutz nicht effektiv erreichbar. Die alleinige Betrachtung von Schadstoffgehalten genügt für Planung und Vollzug nicht. Das Prozeßverständnis ermöglicht hingegen die Ableitung, Kennzeichnung und Beeinflussung der Pfade, auf denen Schadstoffe den Menschen und andere Organismen erreichen. Die Bodenkunde hat diese Kenntnisse für eine praktische Anwendung aufbereitet.

Das Seminar wie auch die vorliegende Veröffentlichung wendet sich somit an Bedarfsträger bodenkundlichen Wissens in Verwaltungen, Ingenieurbüros, Gewerbe, Industrie, Handel und Politik in der Hoffnung, daß gemeinsames Wissen über Böden zu gemeinsamem Handeln am Boden führt.

Das Buch sucht jedoch auch seinen Leserkreis außerhalb der oben angeführten Gruppe. Mit dem Boden und seinen Belastungen verbinden sich viele Ängste. Zum Umgang mit diesen Ängsten ist es erforderlich, daß der Bürger mit dem Boden und seinen Eigenschaften vertraut ist. Er ist dazu auf Informationen und bei einem heute vorliegenden Überfluß an Informationsquellen auf die unmittelbare Erfahrung des Informationsanbieters angewiesen. Die Referenten gehören zu derjenigen Gruppe von Bodenkundlern, die Stadtböden langjährig kartiert haben und daher mit der Beschaffenheit von Stadtböden auf das Engste vertraut sind. So wurden durch Grenzius und Blume Westberlin, Cordsen, Siem, Finnern und Blume Kiel, durch Siem, Schleuß und Blume Eckernförde, durch Kneib, Schemschat und Wolff Teile Hamburgs, durch Pluquet Teile Bremens, durch Schneider Hannover und zusammen mit Hammerschmidt Nordenham, durch Kersting zusammen mit Pingel Herne-Sodingen und Krefeld, ebenfalls durch Kersting mit Pingel, Hiller und Burghardt Oberhausen-Brücktorviertel und durch Fetzer und Grenzius Teile Saarbrückens kartiert. Daneben hat der Arbeitskreis Kenntnisse über weitere Kartierprojekte, so in Süddeutschland und den neuen Bundesländern.

Teils im Rahmen der bodenkundlichen Kartierprojekte, teils aber auch unabhängig von diesen erfolgten durch diese Gruppe eine Vielzahl von Feld- und Laboruntersuchungen über Eigenschaften, Belastung und Qualitätsmerkmale der Böden, woran sich Arbeiten zur weiteren Nutzung der Ergebnisse anschlossen.

So erfreulich der auf diesen Arbeiten fußende Erfahrungsstand ist, so sollte nicht übersehen werden, daß weltweit die Stadtbodenkunde am Anfang ihrer Entwicklung steht. Viele Themen der Stadtbodenkunde sind bisher wissenschaftlich unbesetzt und finden in der Diskussion keine Beachtung. Hingewiesen sei auf den Vorgang, daß in Städten durch Wirtschaft und Technik eine alte und entsprechend stark differenzierte Erdoberfläche in einen juvenilen Zustand zurückgeführt wird. Wie die Stadtentwicklungen in der BRD und der Megastädte der Dritten Welt zeigen, ist das Ausmaß der Veränderungen groß. Städte verlangen aber auch eine andere Betrachtungsweise von Ökosystemen. Die reine biotische Sichtweise muß systematisch ergänzt werden durch Kenntnisse der Stoffbestände und Stoffflüsse, über die sozioökonomische und technische Systeme an Ökosysteme koppelbar sind.

Mit dem Band "Urbaner Bodenschutz" werden nun die Beiträge eines Seminars präsentiert. Diese wurden überarbeitet und teilweise ergänzt. Sie bleiben jedoch Einzelbeiträge, so daß nicht die Geschlossenheit einer Monographie erwartet werden kann. Trotz der Schwerpunktbildung einzelner Beiträge treten inhaltliche Überschneidungen und unterschiedliche Sichtweisen zum Thema urbaner Bodenschutz auf. Wir hoffen, daß dies die Diskussion fördert.

Das Seminar war inhaltlich sehr breit angelegt. Die Themenvielfalt ist daher groß. Dies macht eine Gruppierung der Themen erforderlich. Am Anfang steht eine Auseinandersetzung mit einigen Grundsätzen städtischen Bodenschutzes. Die Darstellung der Stoffbestände und Einträge, der mechanischen Eingriffe und physikalischen Eigenschaften von Stadtböden sowie die Kennzeichnung von Stadtböden als Lebensraum vermittelt wesentliche Kenntnisse über Stadtböden. Dazu muß der Aufbau von Stadtböden bekannt sein. Daher sind die Ergebnisse von Kartiervorhaben von besonderer Bedeutung. Die Ergebnisse der Stadtbodenuntersuchungen sind schließlich zu bewerten. Überlegungen und Maßnahmen zum Umgang mit Stadtböden im Planungsvollzug sind weitere Schritte. Die Ergebnisse einer Exkursion durch die Stadt Hamburg vertiefen einzelne Themenbereiche.

Mit dem Band "Urbaner Bodenschutz" gibt der Arbeitskreis Stadtböden einen Einblick in den Stand der Forschung, der praktischen Umsetzung von Untersuchungsergebnissen sowie in die Interessenlage der Bodenkunde in Stadt- und Industriegebieten. Es besteht der Wunsch, die öffentliche Aufmerksamkeit verstärkt auf Stadtböden zu lenken.

Der Arbeitskreis Stadtböden verbindet mit diesem Buch aber auch die Hoffnung einer intensiveren Diskussion des Bodenschutzes auf der Grundlage der Eigenschaften von Böden. Schließlich sollte nicht vergessen werden, daß auch der Boden selbst in seiner derzeitigen, über Jahrtausende gewachsenen oder über mühevolle Arbeit gestalteten Form eines Schutzes bedarf. Der Arbeitskreis Stadtböden hofft, daß seine Anliegen verstanden werden.

I Grundsätze städtischen Bodenschutzes

Boden und Böden in der Stadt

Wolfgang Burghardt

1 Einleitung

Die Bundesregierung hat 1985 eine Bodenschutzkonzeption vorgelegt. In Beratung ist zur Zeit (1995) ein Bodenschutzgesetz. In beiden Texten wird dem Schutz der Funktionen von Böden eine zentrale Bedeutung für den Umweltschutz beigemessen. Dabei ist unter Umweltschutz der Schutz des Menschen vor schädlichen Umwelteinflüssen zu verstehen. Dies ist nicht gleichbedeutend mit dem Schutz von Ökosystemen.

Der Vorsatz des Schutzes und der Entwicklung der Funktionen von Böden wird in der Praxis vielfach bis ins Absurde konterkariert. Die Realität verhält sich konträr zu den Erfordernissen eines Bodenschutzes. Offensichtliche Beispiele sind Baustellen. Bereits bei kleinen Maßnahmen wie z.B. dem Bau von Einzelhaussiedlungen wird das gesamte Areal zu einer verdichteten Piste gewalzt. Die geringe Sensibilität gegenüber dem Boden kann nicht besser demonstriert werden.

Das hoffnungsvoll eingeführte Instrumentarium der Umweltverträglichkeitsstudie (UVS) bringt keine merkliche Besserung im Bodenschutz. Es ist unbedingt zu fordern, daß auch der Baustellenbetrieb, sein Ablauf und seine Massenbewegungen Gegenstand von UVS und UVP werden.

Wir müssen allerdings anerkennen, daß außerhalb des Bodens im Bereich anderer Medien wie Luft und Wasser durch Beeinflussung der Schadstoffströme erhebliche Beiträge zum Bodenschutz bereits geleistet werden (s. Beitrag Hiller).

Wesentlicher wirkt sich jedoch das gestörte Verhältnis zum Boden aus. Damit ist es vor einer Vertiefung des Themas "Urbaner Bodenschutz" angebracht, sich mit den Phänomenen Boden und seiner Wahrnehmung auseinander zu setzen. In einem Band "Urbaner Bodenschutz" soll der einleitende Beitrag jedoch auch den Boden als Gegenstand bodenkundlicher und ökosystemarer Forschung wie auch einige Merkmale von Böden in einer städtischen Umwelt vorstellen. Außerdem ist zur Verständigung eine Ordnung und Terminologie der urbanen Böden erforderlich.

2 Böden als Fläche und Körper

Der Begriff Boden wird unterschiedlich gebraucht. Bei einem Band Bodenschutz stellt sich daher die Frage nach der Definition und dem Verständnis von Boden.

Dies ist jedoch nicht einfach, denn Boden hat eine vielfältige Bedeutung in unserer Sprache. Betrachten wir den Nahrungskreislauf der Organismen (Produzenten, Konsumenten, Destruenten) im Ökosystem, so leben wir als Menschen neben vielen anderen Tieren und Teilen von höheren Pflanzen auf dem Boden (Abb. 1).

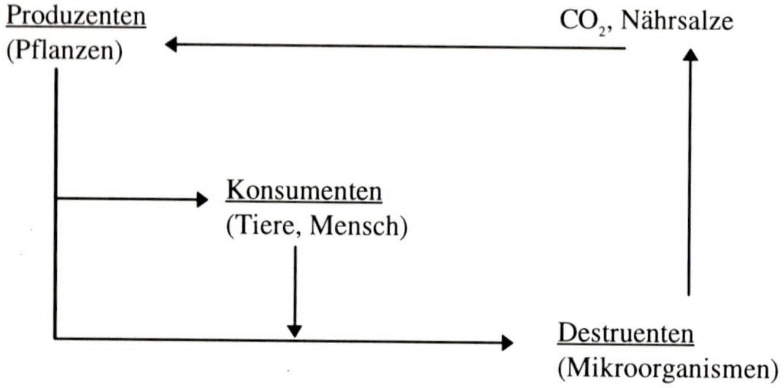

Abb. 1. Nahrungskreislauf der Organismen

Die häufige Bezeichnung von Decken und Flächen mit Boden liegt daher nahe. Unsere Vorstellungen und Beziehungen zum Boden sind daher wesentlich von den Eigenschaften des Bodens als Fläche geprägt. Flächen haben einen Besitzer. Flächen sind damit ein Wirtschaftsgut. Dabei bemißt sich der Wert einer Fläche und somit des Bodens als Gut überwiegend nach seiner Lage und damit dem räumlichen Bezug zu anderen Flächen und Flächennutzungsformen.

Wird die Nutzungseignung einer einzelnen Fläche durch Mängel der Böden beeinträchtigt, dann können die Mängel durch technische Maßnahmen behoben werden. In Städten weisen Flächen einen hohen Wert auf. Demgegenüber sind die Kosten für die Änderung und die Verbesserung der Nutzungseignung gering. Die Folgen sind häufige und wiederkehrende technische Umgestaltungsmaßnahmen von Flächen und Böden. Im Raum stehen Frequenzen der Flächennutzungsänderung oder -erneuerung von 25 Jahren.

Diese Maßnahmen sind jedoch, wie in den einzelnen Beiträgen noch gezeigt wird, Eingriffe in den Boden als Körper und in Funktionen (Tabelle 1), die mit den Eigenschaften des Bodens als Körper zusammenhängen. Daraus ergibt sich abweichend von der oben skizzierten Betrachtungsweise für den Bodenschutz die Forderung, *Boden* bewußt als *Körper* zu betrachten und zu behandeln.

Gerade das Verständnis für den Boden als Körper ist jedoch heute gestört. Nur noch 4% der Bevölkerung der BRD dient der Boden durch eine Tätigkeit in der

Landwirtschaft als Produktionsfaktor und hat somit unmittelbaren Kontakt zum Boden und zu seinen Funktionen. Für den Rest der Bevölkerung bleibt der unsichtbare Körper Boden verborgen und unzugänglich. Es muß daher dringende Aufgabe der Bodenkunde sein, die Vorstellung des Bodens als Körper zu vermitteln.

Fachgerechtes Handeln im Bodenschutz kann nur auf dieser Grundlage durchgesetzt werden.

Tabelle 1. Bodenfunktionen (Haberland 1991) und ihre Abhängigkeit vom Boden als Körper

	Funktion	Beispiel	Rolle des Bodens als Körper, Beispiel
Produktion	Erzeugung der Biomasse	Anbau von Kartoffeln	Verankerung, Speicher für Wasser und Nährstoffe
Regelung	Sorption, Desorption von Stoffen Umsetzung von Stoffen und Energie	Grundwasserschutz vor – Schwermetalleintrag und Versauerung – Nitrateinträgen	Speicher für Basen (Kalk); geringe Bodenbelüftung
Lebensraum	Habitat für Flora und Fauna	Heide	Geringe Speicherleistung des Bodens für Wasser
Standort	Nutzung von Boden als Baugrund	Bürogebäude	Tragfähigkeit
Information	Archiv für Nutzungs-, Landschafts-, Natur- und Umweltgeschichte	verlassene Industriefläche	Ausbildung von nutzungsbedingten Schichten

3 Rohböden durch Substratablagerungen

Ein besonders starker Eingriff in den Bodenbestand von Stadtlandschaften erwächst durch Überdeckung vorhandener Böden. Auf den abgelagerten Substraten entstehen Rohböden mit neuen Eigenschaften, wie noch in diesem Band gezeigt werden wird. Die beanspruchten Flächen wachsen schnell.

Die Ursache für das schnelle Wachstum dieser Flächen ist: Unsere Gesellschaft schöpft ihren Reichtum aus der stetig wachsenden Produktion und dem immer schneller werdenden Umsatz von materiellen Gütern. Die Folgen sind steigende Mengen an Abfällen und Reststoffen. Sie müssen auf Flächen untergebracht werden. Dabei wird durch das Recyceln nur eine zeitliche Verschiebung der Problematik dcs Flächenverbrauchs erzielt.

Abfälle und Reststoffe treten als Substrataufträge auf. Sichtbare Ergebnisse sind bereits die Verwallungen ganzer Landschaften zum Lärmschutz. Die weiter wachsende Verfügbarkeit von Energie für Transporte und eine Wirtschaftsphilosophie, die sich in der Zielsetzung "just in time" ausdrückt, fördern diese Tendenz zu Substrataufträgen bis zur Beliebigkeit.

Daraus leitet sich die Forderung an die Bodenschutzpolitik ab, nicht nur Schadstoffströme, sondern insbesondere Massenströme zum Gegenstand ihrer Aufgaben zu machen.

Die in großem Tempo zunehmende Ausbreitung von Rohböden durch Substratablagerungen wurde bisher im Bodenschutz nicht thematisiert. Nach meiner Auffassung ist sie jedoch von größerer Bedeutung als die Versiegelung. Bei der Behandlung des urbanen Ökosystems wird dies weiter vertieft werden. Versiegelungsschichten können als eine Form dieser Böden aufgefaßt werden.

4 Böden als Senken und Quellen für Schadstoffe

Ich habe zunächst bewußt die Ablagerungen und damit die Substrataufträge in den Vordergrund meiner Ausführungen gestellt und das ähnliche Schriften sonst beherrschende Thema Immissionen und Altlasten bisher nicht berührt. Böden sind somit sowohl End- wie auch Ausgangspunkt von Schadstoffströmen. Da in Böden Schadstoffe lange Verweilzeiten haben und damit Böden Schadstoffdepots sind, sind die Depoteigenschaften von zentraler Bedeutung. Sie lassen sich mit der Senken- und Quellenfunktion beschreiben.

4.1 Boden als Senke für Schadstoffe

Aus Reststoffen und Abfällen werden nach Ablagerung Böden. Zu beachten ist, daß die neuen Böden Filter- und Senkenfunktionen für Schadstoffe besitzen bzw. übernehmen sollten. Dies hat aus zwei Gründen Bedeutung:

1. Eine Reinigung aller schadstoffbelasteten Böden ist von den Kommunen nicht bezahlbar und teilweise technisch noch nicht machbar.
2. Als Folge häufiger Umlagerung von Böden und von unkontrollierten Bodentransporten konnten bisher das Vorkommen und die Ausbreitung von Schadstoffen nicht eingegrenzt werden.

Umgelagerte Böden sind daher immer potentielle Schadstoffträger.

Bodenschutz in der Stadt setzt daher voraus, daß die Böden und ihre Funktion als Schadstoffsenke bekannt sind. Die Senkenfunktion erfüllen Böden durch ihr Potential, Schadstoffe zu speichern und zu immobilisieren. Übertritte von Schadstoffen in andere Umweltbereiche und damit in die Anthroposphäre werden dadurch gesteuert, verzögert oder verhindert.

Die Eignung von Böden als Schadstoffsenke ist neben der Schadstofferfassung als zweites Strategieelement des Bodenschutzes zu nutzen. Die große Zahl von Detailfragen zu diesem Thema wird in den nachfolgenden Beiträgen weiter aufgearbeitet.

4.2 Boden als Quelle für Schadstoffe

Böden weisen nicht nur Eigenschaften zur Immobilisierung von Schadstoffen auf. Vielmehr können sie Schadstoffe freisetzen oder den Durchtritt von Schadstoffen fördern. Hingewiesen sei auf die Beispiele

- der Freisetzung von Schwermetallen bei sinkenden pH-Werten und Redoxpotentialen oder
- des geringen Sorptionsvermögens und damit schnellen Durchtritts von Schadstoffen bei ton- und humusarmen Böden.

Böden sind dann Schadstoffquellen. Den Gehalten an Schadstoffen widmet sich bereits die Altlastenforschung. Daß die Wirkung der Gehalte von den Eigenschaften der Böden als Quellen und Senken gesteuert wird, findet wenig Beachtung. Dies ist jedoch für den Schutz der Anthroposphäre entscheidend. Diesen besonderen Beitrag liefert die Bodenkunde.

Den Kommunen muß daran gelegen sein, die Areale dringenden Handlungsbedarfes auszuweisen. Die Prioritätensetzung kann weiter differenziert werden durch Ausweisung der Areale, die nicht nur hoch belastet sind, sondern besondere Quellenfunktionen aufweisen. Dies geschieht durch kombinierte Bodenkartierung und Merkmalserfassung der Böden.

5 Böden und Bodennutzung im urbanen Ökosystem

Der Bodenkundler (Pedologe) hat als Fachwissenschaftler eine deutlich von dem oben beschriebenen Allgemeinverständnis abweichende Vorstellung vom Boden. Schaut man sich Arbeiten aus der Bodenkunde an, dann trifft man überraschend auf unterschiedliche Grundlagen und Systeme zur Einteilung von Böden. Dies ist für einen Außenstehenden sehr verwirrend und bedarf der Erklärung. Der Vorteil liegt jedoch darin, daß die verschiedenen Betrachtungsebenen der Bodenkunde ein flexibles Instrumentarium für den Umgang mit Böden bieten, wie noch gezeigt werden wird.

Der Boden ist nicht von vornherein vorhanden. Vielmehr entsteht er allmählich. Dabei wirken verschiedene Faktoren (Klima, Gestein, Vegetation, Wasser, Relief, Mensch, Zeit) zusammen und lösen Prozesse der Stoffumwandlung und des Stofftransports bzw. der Stoffverlagerung und -anreicherung aus, was zu den besonderen Bodenmerkmalen und -eigenschaften führt. Diese Kausalkette ist ein wesentliches Merkmal von Ökosystemen und ihrer Bestandteile (Abb. 2).

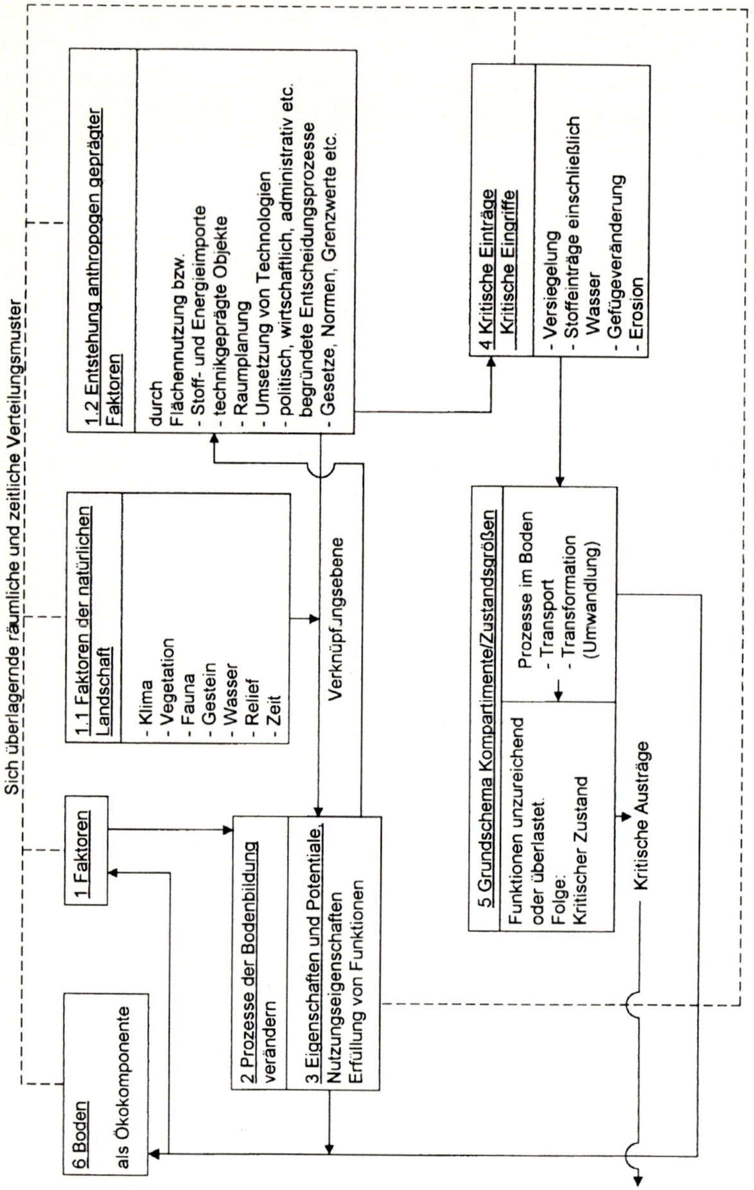

Abb. 2. Kausalkette der Entstehung, Merkmale, Funktionen, Qualität und kritischen Belastung von Böden im urbanen Ökosystem (Burghardt 1993, 1994)

Infolge der Prozesse entstehen unterschiedliche Böden. Sie erhalten bestimmte, für jeden einzelnen Boden typische Eigenschaften. Diese dienen zur Erfüllung von individuellen Nutzungsansprüchen und von einzelnen oder mehreren Funktionen, so auch der Schutzfunktion und als Standort für Organismen im Ökosystem. Daraus ergibt sich auch, daß der Bodenkundler zunächst als Bodenschutz den Schutz und die Erhaltung des in großen Zeiträumen entstandenen Naturkörpers Boden versteht.

Im Zusammenhang mit dem Schutz und der Entwicklung der Anthroposphäre zielt der Bodenschutz auf den Erhalt und die Entwicklung einer vielfältigen Nutzungseignung, eines breiten Angebotes an Bodenfunktionen und von optimalen Lebensräumen für Organismen im Ökosystem.

Die Prozesse der Bodenbildung, nämlich Stoffumwandlung und Stoffverlagerung, sind auch diejenigen, die den Schadstoffhaushalt kontrollieren. Wissensstand und Methodik der Bodenkunde bieten damit eine gute Voraussetzung für den Schutz der Anthroposphäre vor bodenbürtigen Schadstoffen. Es stellt sich zu Recht die Frage, warum dies nicht umgesetzt wird. Dies ist jedoch keine Frage allein an die Bodenkunde, sondern eine Frage an Bio- und Geowissenschaften insgesamt, warum sie gesellschaftspolitisch so wenig Einfluß haben. Dies sind strukturelle und bildungspolitische Fragen, die hier nicht behandelt werden sollen.

Durch den oben beschriebenen Vorgang der Bodenbildung ensteht nicht ein Boden, sondern eine Vielfalt unterschiedlicher Bodentypen. Sie entstehen unter dem Einfluß der in den einzelnen Ökosystemsphären örtlich wirksamen Faktoren. Charakteristisch sind dabei – wie für alle Elemente natürlicher Ökosysteme – die Merkmale (Burghardt 1995):

- Einmaligkeit (Individualität), jedoch
- Ähnlichkeitsbeziehungen zu benachbarten Böden,
- prozessuale Verknüpfung mit der Umgebung und ihrer Ausstattung mit Elementen (Faktoren),
- Anpassung an die Umgebung,
- Informationsträger u.a. über Ausstattung und Entwicklungspotentiale von regionalen Ökosystemen.

Dem steht eine zunehmende Normung und Uniformität in allen Bereichen der Anthroposphäre gegenüber, die sich besonders in den Städten dokumentiert. Verluste an Individualität und an Beziehungen zwischen den Merkmalen und Informationsgehalten der übrigen Glieder des urbanen Ökosystems und damit auch der urbanen Böden sind die Folge. Die Bodeninformationen reduzieren sich nun auf die Nutzungsmerkmale. Dabei tritt an die Stelle der Individualität eine auf kleine Räume begrenzte strukturelle Vielfalt mit großräumig sich wiederholendem Muster (Kneib et al. 1990). Stadtböden dokumentieren dies deutlich.

Bodennutzung erweist sich als Faktor der Bodenbildung und ist ein Glied in der oben beschriebenen Kausalkette Faktoren, Prozesse, Merkmale, Funktionen und Standort für Organismen. Über diese Kausalkette ist die Bodennutzung mit den übrigen Faktoren im urbanen Ökosystem verknüpfbar (Tabelle 3). Dabei ist davon auszugehen, daß die Wirkung der Nutzung als Faktor erheblich, aber von nur kurzer Dauer ist. Nach dem kurzfristigen Eingriff durch Nutzung unterliegt die Bodenentwicklung weiter den Gesetzen und Kräften der Natur. Dies hat auch für die Stadt Gültigkeit.

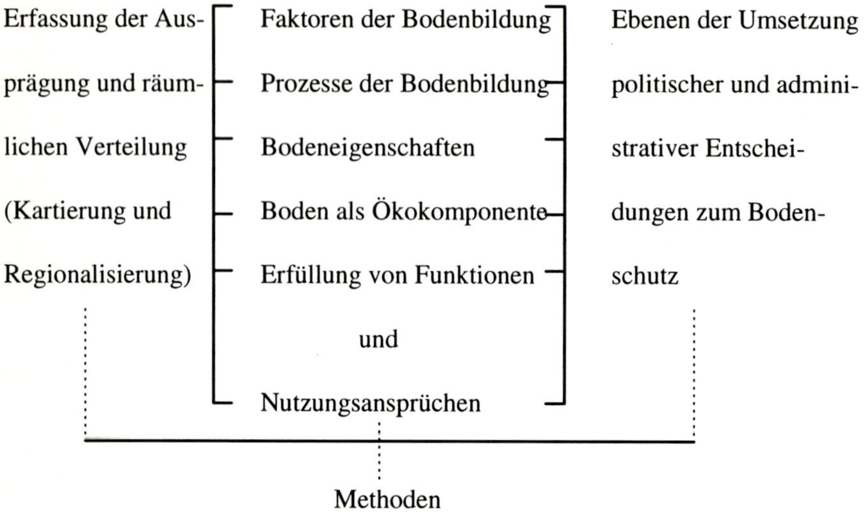

Abb. 3. Strukturierung der naturwissenschaftlichen, ökosystemaren und technischen Grundlagen der handlungsorientierten Bodenforschung in verdichteten Siedlungsformen

Warum wird hier obige Kausalkette betrachtet? Die in der Kausalkette beschriebenen Zusammenhänge von Faktoren, Prozessen, Merkmalen usw. eröffnen verschiedene Ebenen der Erfassung und Bewertung von Böden, der Entwicklung von politischen und administrativen Entscheidungen für den Bodenschutz unter dem Einschluß der Nutzung (Abb. 3). Folgen und Wirkungen von Eingriffen sowie Pfadermittlungen von Schadstoffen lassen sich darüber genau so kennzeichnen wie Bodenempfindlichkeit und kritische Belastungen von Böden (Abb. 2).

Umweltschutzmaßnahmen wie auch Bodennutzung, besonders hingewiesen sei auf das administrative Handeln an Böden, lassen sich mit Hilfe der Kausalkette (Abb. 2) in ihren ökologischen Bezügen darstellen. Bedeutung gewinnt dies zunehmend bei der Umweltverträglichkeitsprüfung. Wenn sie ernstgenommen werden soll, ist für sie die Erfassung und Bewertung obiger Zusammenhänge einzufordern.

6 Böden der Stadt

Teilweise sind in Städten noch Böden der ursprünglichen natürlichen Landschaft anzutreffen. Sie sind dann Kleinode und sollten entsprechend als Schatz gehütet werden. Bodennutzung veränderte jedoch häufig die Böden.
Veränderungen erfolgen hinsichtlich

1. des Stoffbestandes durch:
   - Feststoffaufträge von natürlichen und technogenen Substraten oder Gemengen aus diesen,
   - Stoffeinträge, gasförmig, gelöst oder fest aus Atmosphäre, Produktions- und Siedlungsstätten, Verkehr, Infrastruktureinrichtungen,
   - Schadstofftransfer,
   - Humusbildung und
   - Grundwasserabsenkung;
2. des Stoffaustausches zwischen den Sphären durch:
   - Klimaveränderung,
   - Bodenverdichtung,
   - Versiegelung,
   - Wassereinzugsgebietsveränderungen und
   - Veränderung des Abstandes Bodenoberfläche–Grundwasser;
3. der Überprägung natürlicher Merkmals- und Prozeßstrukturen durch anthropogene Raummuster;
4. des Zeitraumes ihrer Bildung und der Häufigkeit des Flächennutzungswandels.

Einige wichtige, die Bodenfunktionen bestimmenden Merkmale, die sich aus diesen Veränderungen ergeben, sind in Tabelle 2 zusammengefaßt. Tabelle 3 enthält auch eine Grobgliederung der neu entstandenen Böden (Burghardt 1994). Diese kann jedoch aufgrund des begrenzten Standes der Kenntnisse über Böden der Stadt- und Industriegebiete nur vorläufig sein. Sie berücksichtigt jedoch die bekannten wesentlichen Prozesse und die die Bodenfunktionen bestimmenden Eigenschaften.
Sie verändern die Speicher- und Transferfunktionen der Böden für Schadstoffe.
Bodenbildung wird beeinflußt durch

- Humusanreicherung; es entstehen Regosole (kalkfrei) und Pararendzinen (kalkhaltig),
- Carbonatanreicherung, vorwiegend aus dem Bauschutt; es entstehen schwach bis stark alkalische Böden, die entsprechend ihren natürlichen Vertretern als Pararendzinen bezeichnet werden,
- Mischung von Substraten technischen Ursprungs mit natürlichem Boden; es entstehen Phyrolithe (Phyro-Mischung aus natürlichen und technogenen Substraten),

- Ablagerungen von Substraten technischen Ursprungs (Bauschutt, Aschen etc.); es entstehen Technolithe,
- Stauwasserbildung über künstlichen Stausohlen; es entstehen Pseudogleye (Stauwasserböden),
- reduktomorphe Prozesse infolge Sauerstoffzehrung; z.B. durch Methanbildung entstehen Methanosole, heute zur Gruppe Reduktosole gestellt,
- Bildung plattigen Gefüges an vegetationslosen Oberflächen,
- Partikeleinlagerung zwischen das Skelett (Gestein), z.B. bei Gleiskörpern.

Durch die Bodenbildung wird die Transport- und Speicherfunktion verändert. Die Bodentypenbezeichnung kann in Anlehnung an die bestehende bodenkundliche Klassifikation erfolgen (AG Bodenkunde, 1982).

7 Arbeiten zum urbanen Bodenschutz und zur Kartierung

7.1 Stand der Stadtbodenforschung

Mit der Darstellung von Konzepten ist ein fachgerechter Bodenschutz noch nicht operabel. Es muß das spezielle Grundlagenwissen dafür aufgearbeitet werden. Teilweise steht es aus Bodenuntersuchungen im ländlichen Raum zur Verfügung. Jedoch treten in Städten Böden mit Eigenschaften auf, die im ländlichen Raum selten oder nur von geringer wirtschaftlicher Bedeutung sind. Sie werden daher nur schwach wissenschaftlich bearbeitet. Folglich muß bei Stadtböden in die Grundlagen der angewandten Forschung investiert werden.
Darauf aufbauend sind Arbeiten

- zur Erfassung und Bewertung von Böden der Stadt- und Industriegebiete,
- zur Ableitung operabler Größen und von Bodenkennwerten,
- zur Umsetzung bodenkundlicher Kenntnisse in der Fach- und Raumplanung, in der Verwaltung, im Versicherungswesen und in anderen Zweigen der Wirtschaft,
- zur Sicherung, Sanierung und Entwicklung von Böden sowie
- über die Wirkung des Bodenschutzes auf das urbane Ökosystem erforderlich.

Diese Aufgaben sind erkannt worden. Die Deutsche Bodenkundliche Gesellschaft (DBG) hat 1987 einen Arbeitskreis Stadtböden – Böden urban, gewerblich und industriell überformter Flächen – (AK-Stadtböden) gegründet. Durch erhebliche Unterstützung aus Institutionen von Bund, Ländern und Gemeinden sind schnell Fortschritte erzielt worden.

Tabelle 2. Einige Merkmale neu entstandener urbaner Böden

Urbane Böden können		**Folgen können sein**
– durch Substrataufträge vielschichtig sein		– hohe Skelettgehalte (Stein-, Kies-, Grusgehalte)
– technogene Substrate enthalten, wie	Bauschutt, Aschen, Schlacken	– hohe Carbonatgehalte und dadurch hohe pH-Werte
– mit Schadstoffen durch Imissionen und aus belasteten Substraten angereichert sein	auch als Bauschutt, Müll und Schlämme	– hohe C-(Humus) Gehalte, toxische Schadstoffgehalte

Tabelle 3. Gliederung urbaner Böden

Prozeß der Bodenbildung, Bodenmerkmale	Bodentyp
Bodenbildung wie in der freien Landschaft	u.a. Syrosem, Braunerde, Gley, Pseudogley, Pararendzina (AK Bodensystematik 1985)
Natürliche und technogene Fest- und Lockergesteinssubstrate ohne schon sichtbare Neubildung von Humus, jedoch belebt – aus Unterboden abgetragener Böden – aus umgelagertem natürlichem Substrat – aus umgelagertem technogenem Substrat – aus Gemenge umgelagerter technogener und natürlicher Substrate	Lithosole – Autolith – Allolith [a] – Technolith [b] – Phyrolith [c]
Anreicherung organischer Substanz in Spalten, z.B. Straßenpflaster, Terrassen	Interuptosole
Reduktion durch Sauerstoffzehrung (Blume 1989) bei der Umsetzung organischer Bodenbestandteile, z.B. aus Müll, Klärschlamm, Kompost, bei Methanbildung	Reduktosole
Carbonatisierung von Alkali- und Erdalkalioxiden	Carbonatosole
Eintrag von Stoffen in Böden (nach Schraps 1989 ergänzt) – organische Flüssigkeiten, z.B. Motoröle, Treibstoffe – Partikel, z.B. Staub	Intrusole – Flüssigkeitsintrusole – Partikelintrusole
Versauerung durch Sulfidoxidation Bildung plattigen Gefüges an vegetationsloser Oberfläche Tief humoser Gartenboden (humoser Horizont > 40 cm) Tief humoser Friedhofsboden (humoser Horizont > 40 cm) Tief (> 40 cm) umgegrabener Boden, meist für Obstkulturen, Weinbau (humoser Horizont < 40 cm)	Sulfosole oder schwefelsaure Böden Struktusole Hortisole Nekrosole Rigosole

Nach AK Stadtböden (1989): [a] Allosol, [b] Technosol, [c] Phyrosol.

7.2 Entwicklung der Stadtbodenforschung

Die Entwicklung der Stadtbodenforschung kann kurz wie folgt dargestellt werden: Stadtböden sind ein junges Arbeitsfeld. Erste Arbeiten wurden in den 70er Jahren von Blume und Runge (1978) in Berlin durchgeführt. Berlin war durch seine politisch bedingte Insellage frühzeitig gezwungen, sich um seine stadtökologische Entwicklung zu kümmern. In Halle wurde in der Zeit stadtbodenkundlich von Billwitz und Breuste (1980) gearbeitet. In der übrigen BRD wuchs das Interesse erst in den 80er Jahren.

Erste Aufgabe des Arbeitskreises Stadtböden war die Erarbeitung einer Sammlung der vorhandenen Kenntnisse über Stadtböden. Durch Förderung des Umweltbundesamtes konnten dazu "Empfehlungen für die bodenkundliche Kartieranleitung urban, gewerblich und industriell überformter Flächen (Stadtböden)" 1989 erstellt werden (UBA-Texte 18/89).
Auf dem 1990 durchgeführten Statusseminar zum Förderschwerpunkt "Bodenbelastung und Wasserhaushalt" des BMFT in Bonn wurde ein Konzept zur weiteren Entwicklung der Stadtbodenforschung unter Mitwirkung des AK-Stadtböden vorgestellt. Dazu wurden zwei Berichte angefertigt:

1. Konzeptionelle Auswertung der Stadtbodenforschung, Ermittlung des Forschungsstandes und
2. bestehende Ansätze und Fortsetzungskonzepte zu Forschungs- und Entwicklungsvorhaben (Burghardt 1992).

Auf der Grundlage dieses Konzeptes wurde unter Einbindung des AK Stadtböden das Verbundprojekt des BMFT "Bewertung anthropogener Stadtböden" 1993 begonnen. Ziel des AK Stadtböden ist es, aus dem Verbundprojekt und anderen stadtbodenkundlichen Vorhaben außerhalb des Verbundprojektes Ergebnisse zur weiteren Entwicklung der Stadtbodenkartierung zu erhalten. Dieses ist z.Z. die Hauptaufgabenstellung des AK Stadtböden. Parallel fördert das Umweltbundesamt ein Projekt zur Charakterisierung von Technosolen.

Der Formenschatz anthropogen geprägter Böden der BRD hat sich mit der Wiedervereinigung vergrößert. Der AK Stadtböden hat sich daher zunächst mit Erfolg um aktive Mitarbeiter/innen aus den Neuen Bundesländern bemüht. Zu den städtisch und industriell geprägten Gebieten kommen die Bergbaufolgelandschaften hinzu, denen sich der AK Stadtböden zukünftig verstärkt zuwenden wird.

Den Stadtböden wurden seit 1987 zwei Tagungen der Kommission V (Bodengenetik, Klassifikation und Kartierung) der Deutschen Bodenkundlichen Gesellschaft (DBG) gewidmet, 1988 in Kiel und 1990 mit Kommission I (Bodenphysik) in Hannover. Die thematisch weit gestreuten Beiträge sind in den Mitteilungen der Deutschen Bodenkundlichen Gesellschaft, Band 56, S. 311-404 (1988) und Band 61, S. 53-194 (1990) als Kurzfassungen veröffentlicht. Zur DBG-internen Arbeit des AK-Stadtböden wurde 1992 in Saarbrücken ein Kolloqium "Stadtbodeninformationssysteme – ein Schwerpunkt des saarländischen Bodeninformationssystems" mit großem Erfolg unter der Organisation des Geologischen Landesamtes Saarland durchgeführt.

7.3 Stadtbodenkartierung und ihre Kosten

Für eine erfolgreiche Arbeit muß der Gegenstand Stadt- und Industrieböden zunächst hinreichend bekannt sein. Der Kartierung von Stadtböden kommt daher große Bedeutung zu. Die Kartierung wurde bzw. wird von den Abteilungen Bodenkunde der Geologischen Landesämter in Zusammenarbeit mit einzelnen Hochschulen und von Fachbüros durchgeführt. So entstanden bzw. entstehen z.Z. stadtbodenkundliche Kartenwerke ganzer Städte, so für Berlin (Grenzius und Blume 1983), Kiel (Cordsen et al. 1988) und Hannover (Schneider und Kues 1990) oder von Stadtteilen in Bremen (Pluquet 1992), Herne-Sodingen (Kersting et al. 1993), Hamburg (Kneib et al. 1990, Wolff 1993), Saarbrücken (Fetzer et al. 1991) und Oberhausen (Burghardt und Ohlemann 1993, Ludescher und Burghardt 1993). Neue Projekte begannen in Dresden, Eckernförde, Halle, Rostock (Kretschmer et al. 1993), Stuttgart und anderen Städten.

Vor einer Kartierung der Stadt- und Industrieböden stellt sich vielen Kommunen die Frage nach den Kosten. Die Kosten belaufen sich bei einer Bodenkarte im Maßstab 1:5000 auf 3 Pf/m^2. Bei zusätzlichem Einsatz von labor- und feldtechnischer Analytik, z.B. zur Ermittlung von Schadstoffen, Speichereigenschaften, Immobilisierungspotentialen, Durchlässigkeit oder Versickerungsleistung, können die Untersuchungskosten auf 10-30 Pf/m^2 steigen. Dazu ist es sinnvoll, die Bodenkartierung als Grundlagenarbeit in den Landschaftsplan aufzunehmen. Die Kosten der Bodenkartierung stehen in einer angemessenen Relation zu den Kosten von 60-80 Pf/m^2 für den Landschaftsplan.

Für den Bodenschutz in der Stadt ist es infolge der vielfältigen Verknüpfungsstrukturen zu den einzelnen Sphären im Ökosystem und zu den Nutzungsansprüchen von besonderer Bedeutung, Entscheidungen mit fundierten Informationen zu begründen und diese zu dokumentieren. Informationssysteme sollten beides leisten. Dies ist nicht nur zur optimalen Durchführung von Bodenschutzbelangen, sondern auch zum späteren Verständnis von Maßnahmen unbedingt erforderlich. Es sollte auch nicht übersehen werden, daß Schutzkonzepte aus den gegenwärtigen Erfordernissen entstanden sind. Sie sind nicht frei von Mängeln. Um so gewichtiger wird die Dokumentation der Entscheidungen zum Bodenschutz.

8 Schlußfolgerung

Obige Ausführungen zeigen, daß mit den Mitteln und der Methodik der Bodenkunde Bodenschutzkonzepte entwickelt werden, die nicht auf sektorale Fragestellungen beschränkt sind, sondern universellen Ansätzen folgen, ökosystemar begründet und dennoch spezifisch operabel sind. Bodenschutz ist daher nur mit speziell bodenkundlich ausgebildeten Mitarbeitern durchführbar.

Es ist sinnvoll, dem Boden das vielschichtige Gesicht von Böden zu geben. Bodenschutz wird dann auf einer sicheren und transparenten Informationsgrundlage stehen.

Literatur

Arbeitsgruppe Bodenkunde (1982) Bodenkundliche Kartieranleitung. Bundesanstalt f. Geowissenschaften und Rohstoffe, Geologische Landesämter der BRD. E. Schweizerbart'sche Verlagsbuchhandlung, Stuttgart, 331 S.

Arbeitskreis Bodensystematik (1985) Systematik der Böden der Bundesrepublik Deutschland. Mitt. Dtsch. Bodenkundl. Ges. 44: 1-90.

Arbeitskreis Stadtböden (Burghardt, W.) (1988) Substrate und Substratmerkmale von Böden der Stadt- und Industriegebiete. Mitt. Dtsch. Bodenkundl. Ges. 56: 311-316.

Arbeitskreis Stadtböden der Deutschen Bodenkundlichen Gesellschaft (Vorsitz: W. Burghardt) (1989) Empfehlungen des Arbeitskreises Stadtböden der Deutschen Bodenkundlichen Gesellschaft für die bodenkundliche Kartieranleitung urban, gewerblich und industriell überformter Flächen (Stadtböden). Umweltbundesamt, Texte 18/89, Berlin, 171 S.

Billwitz, K., Breuste, J. (1980) Anthropogene Bodenveränderungen im Stadtgebiet von Halle/Saale. Wissenschaftliche Zeitschrift der Universität Halle XXIX'80 M, H.4, 25-43.

Blume, H.-P. (1989) Classification of soils in urban agglomerations. Catena 16: 269-275.

Blume, H.-P., Runge, M.(1978) Genese und Ökologie innerstädtischer Böden aus Bauschutt. Z. Pflanzenernähr. Bodenkd. 141: 727-740.

Bundesministerium des Inneren (Hrsg.) (1985) Bodenschutzkonzeption der Bundesregierung (BT-Drs. 10/2977 v. 7. März 1985). Kohlhammer Verlag, Stuttgart-Berlin-Köln-Mainz.

Burghardt, W. (1992) Ökosystemare Fragestellungen des Bodenschutzes anhand von Untersuchungen der Auswirkungen verdichteter Siedlungsformen. Konzeptvorschlag für eine anwendungsorientierte Bodenforschung aus naturwissenschaftlich-technischer Sicht. In: Bodenbelastung und Wasserhaushalt. Berichte ökologischer Forsch. 7, Forschungszentrum Jülich GmbH., 145-151.

Burghardt, W. (1993) Soil quality of urban ecosystems. In: Integrated Soil and Sediment Research: A Basis for Proper Protection (Eijsackers, H.J.P., Hamers, T., eds.). Kluwer, Dordrecht, 87-88.

Burghardt, W. (1994) Soils in urban and industrial environments. Z. Pflanzenernähr. Bodenkd.157: 205-214.

Burghardt, W. (1995) Bodenschutz in urbanen Ökosystemen. 49. Dtsch. Geographentag Bochum, 1993, Band 2. (Barsch, D., Karrasch, H., Hrsg.). Franz Steiner Verlag, Stuttgart, 56-64.

Burghardt, W., Ohlemann, S.(1993) Bodenphysikalische Merkmale der urban-industriell überformten Böden in Oberhausen-Brücktorviertel. Mitt. Dtsch. Bodenkundl. Ges. 72: 855-858.

Cordsen, E., Siem, H.-K., Blume, H.-P., Finnern, H.(1988) Bodenkarte 1:20 000 Stadt Kiel und Umland. Mitt. Dtsch. Bodenkundl. Ges. 56: 333-338.

Fetzer, K.D., König, C., Larres, K., Lobenhofer, M., Portz, A., Schlicker, P.(1991) Der Aufbau des Bodeninformationssystems des Saarlandes (SAAR-BIS). Mitt. Dtsch. Bodenkundl. Ges. 66: 783-786.

Grenzius, R., Blume, H.-P. (1983) Aufbau und ökologische Auswertung der Bodengesellschaftskarte Berlin. Mitt. Dtsch. Bodenkundl. Ges. 36: 57-62.

Haberland, W. (1991) Ansätze zur Beurteilung der Belastung der Böden. Mitt. Dtsch. Bodenkundl. Ges. 63: 59-66.

Kersting, H., Pingel, P., Schneider, S., Schraps, W.-G. (1993) Stadtbodenkartierung Herne-Sodingen, ein Pilotprojekt des GLA NW. Mitt. Dtsch. Bodenkundl. Ges. 72: 967-970.

Kneib, W.D., Braskamp, A., Schemscheidt, B., Speetzen, F. (1990) Vier Jahre Stadtbodenkartierung von Hamburg. Probleme und Ergebnisse. Von der Kartierung zur Karte. Mitt. Dtsch. Bodenkundl. Ges. 61: 97-104.

Kretschmer, H., Kahle, P., Belau, L. Coburger, E. (1993) Kennzeichnung von Teerdeposolen in Stadtgebieten von Rostock. Mitt. Dtsch. Bodenkundl. Ges. 72: 981-984.

Ludescher S., Burghardt, W. (1993) Chemische Qualitätsmerkmale der urban-industriell überformten Böden in Oberhausen-Brücktorviertel. Mitt. Dtsch. Bodenkundl. Ges. 72: 1009-1012.

Pluquet, E. (1992) Schadstoffkataster Bremen. Tagungsband Schutzgut Boden. Bodenökologische Arbeitsgem. Bremen (Hrsg.), 113-117.

Schneider, J., Kues, J. (1990) Erstellung einer bodenkundlichen Konzeptkarte für urbane Ballungszentren – Konzeption des Niedersächsischen Landesamtes für Bodenforschung. Mitt. Dtsch. Bodenkundl. Ges. 61: 135-136.

Schraps, W.G. (1989) Zur Systematik anthropogener Böden im Ruhrgebiet. Mitt. Dtsch. Bodenkundl. Ges. 59: 981-982.

Suttner, T., Gruban, W., Schraa, H.-H. (1993) Stadtbodenkarte München-Allach 1:5000 – von der Analog- zur Auswertekarte. Mitt. Dtsch. Bodenkundl. Ges. 72: 1073-1076.

Wolff, R. (1993) Erfassung, Beschreibung und funktionale Bewertung der Eigenschaften von Stadtböden am Beispiel Hamburg. Dissertation, Hamburg.

II Stoffbestand und Einträge

Substrate der Bodenbildung urban, gewerblich und industriell überformter Flächen

Wolfgang Burghardt

1 Einleitung

Böden sind nicht von vornherein vorhanden. Sie bilden sich aus dem Gestein. In natürlicher Umwelt sind in unseren Breiten über Zeiträume bis 10 000 Jahren, in anderen Gegenden der Erde über Jahrmillionen Böden entstanden. Dort, wo sie unberührt blieben, sind diese alten und damit weit entwickelten Böden auch in urban-industrieller Umwelt anzutreffen. Es gibt zahlreiche Beispiele ihres Vorkommens in Hinterhöfen, Parkanlagen, auf extensiv genutzten Industrie- und Gewerbeflächen und sogar unter versiegelten Arealen. Sie sind als Dokumente der Landschaftsgeschichte Kleinode in der sonst äußerst jungen Bodenlandschaft von Städten. Sie weisen jedoch auch die neuzeitlichen Qualitätsveränderungen der Böden der freien Landschaft auf, wie z.B. starke Versauerung.
Das für eine große Zahl von Stadt- und Industrieböden charakteristische geringe Alter ist bedingt durch

- Auftrag von Substraten oder
- die städtisch-industrielle Bodenerosion in Form der Freilegung tieferliegender Substrate durch Abgrabung bereits vorhandener Böden.

Die auch in urban-industrieller Umwelt vorhandenen Naturkräfte der Witterung, Vegetation, Fauna und des Reliefs wirken in der folgenden Zeit differenzierend und führen zur Bodenbildung. Da diese Böden jung sind, ist die Differenzierung ihrer Merkmale durch bodenbildende Prozesse schwach entwickelt. Die sich daraus ergebenden Bodeneigenschaften ähneln noch stark denen der Ausgangssubstrate. Daher kommt der Kenntnis der Ausgangssubstrate der Bodenbildung in städtisch-industrieller Umwelt eine besondere Bedeutung zu.

Dementsprechend werden nachfolgend behandelt: Kriterien der Einteilung von Substraten urban-industrieller Entstehung, Vorkommen der Substrate, die Substrateigenschaften, Substrate zur Ableitung von Schätzgrößen für Bodeneigenschaften und von Schadstoffbelastungen sowie zur Prognose der Bodenbildung.

Für die weitere Behandlung des Themas muß der Begriff Substrat noch geklärt werden. Als Substrat wird das Gestein der Bodenbildung bezeichnet. Aufgrund der begrenzten Tiefe der Bodenbildung und damit von Böden tritt das Substrat häufig noch unverändert unter dem Boden auf und ist das unter dem Boden liegende Gestein.

2 Typisierung und Gliederung der Substrate

Für die Substrattypisierung und -gliederung zur Ableitung von Bodeneigenschaften und zur Prognose der Bodenbildung sind von Bedeutung Aussagen zum

- Stoffbestand, der sich aus dem Material der Substrate ableiten läßt,
- räumlichen Verteilungsmuster und zur Dichte der Stoffbestände und der Substratpartikel (Textur, Gefüge), sowie
- Skelett(Kies-, Grus-, Stein-)gehalt als wesentliches Element der Raumgliederung in Substraten.

Eine Substratgliederung sollte diese drei Merkmalsgruppen umfassen.

2.1 Natürliche Substrate

Natürliche Substrate werden grob unterteilt in Fest- und Sedimentgesteine. Sedimentgesteine überwiegen an der Erdoberfläche. Sedimente werden weiter gegliedert in organische (Torfe, Mudden) und anorganische Sedimente und nach den Bildungsräumen Meer, Seen, Flüsse, Gletscher oder Dünen (Schroeder 1981). Kriterien für die Unterscheidung sind u.a. Minerale, z.B. Carbonate (Kalkgehalt), Silikate und Sulfide sowie die Korngrößenzusammensetzung. Die Bestimmung natürlicher Substrate gehört zum normalen Kenntnisstand der Bodenkunde. Ebenso sind die Eigenschaften dieser Substrate überwiegend bekannt. Ihre Bewertung in einer städtischen und industriellen Umwelt erfolgte jedoch noch nicht systematisch.

2.2 Technogene Substrate

In der Stadt kommen nicht nur natürliche Lockergesteine zur Ablagerung, sondern auch Produkte, die technisch verändert wurden und/oder technischen Ursprungs sind. Letzteres sind technogene Substrate (Burghardt 1988, AK Stadtböden 1989). Wesentliche Vertreter sind Bau- und Trümmerschutt, Straßenaufbruch, Bahnschotter, Aschen, Schlacken, Müll, kommunale (Klär-)Schlämme und die große Vielzahl industrieller Schlämme. Jeder Reinigungsprozeß verschiebt die Emission in Richtung Boden in Form von Stäuben und Schlämmen und damit Substraten, die deponiert werden. Technisch veränderte und technogene Substrate sollen weiter unten noch näher behandelt werden. Dies ist erforderlich, da sie bisher kein Gegenstand bodenkundlicher oder verwandter Forschung waren. Trotz ihrer großen Bedeutung sind technogene Substrate nur wenigen bekannt.

Zu diesen technogenen Substraten kommen heute weitere aus der Bodenreinigung. Es sind Substrate der Bodenreinigung durch Extraktion, thermische Behandlung und biologische Verfahren (Burghardt 1992a, Hiller und Burghardt 1993).

2.3 Ablagerung und technische Überformung

In Siedlungs- und Industriegebieten werden die natürlichen Substrate überdeckt, ausgetauscht, ergänzt und verändert.

Die Auftragsform der Substrate über bereits bestehenden Böden findet in der Ausweisung der Kipprohböden (Wünsche et al. 1981) der Bergbaufolgelandschaften aus der Braunkohlegewinnung bereits Beachtung. Wird damit unterstellt, daß diese Auftragsform die Substrateigenschaften wesentlich beeinflußt, dann muß eine Anzahl weiterer Auftragsformen zur Substratkennzeichnung und Gliederung herangezogen werden. Tabelle 1 enthält eine Zusammenstellung. Zu fordern ist allerdings, daß diese Substrate eindeutig erfaßt werden können.

Tabelle 1. Substratgliederung nach Merkmalen der Ablagerung

Gliederung nach Ablagerungsart	Merkmale	Vorkommen
Schüttsubstrate, Baggersubstrate	Locker, nicht entmischt, nicht sortiert	Bahnanlagen, Straßen, Bodenumlagerung
Kippsubstrate	Locker bis dicht, teilweise entmischt, schräg schichtig gelagert	Bergbau, Halden
Planiersubstrate	In Lagen verdichtet	Junge Hochbau- und Grünflächen
Spülsubstrate	Mäßig dicht, stark schichtig	Spülfelder
Gußsubstrate	Fest, massiv	Hüttengelände, Halden
Zerfallsubstrate	Locker, teilweise entmischt, und zerkleinert	Ruinengelände
Abrißsubstrate	Locker bis verfestigt, nicht entmischt, teilweise zerkleinert	Sanierungsflächen
Trümmersubstrate	Locker, sortiert	Zerbombte Flächen
Versiegelungssubstrate	Verfestigt, dicht	Siedlungsgebiete, Straßen

Daneben treten Modifikationen von Substraten durch Substratbehandlung auf (Tabelle 2). Besonders sind zu nennen Mischsubstrate, wobei Substrate unterschiedlicher Ausgangstextur (Korngrößenzusammensetzung), Oxidations- und Reduktionszustände sowie Gefügeformen unvollständig bis vollständig gemischt vorliegen können. So treten z.B. Sandadern zwischen Lehmen oder Lehmklumpen im Sand auf. Fleckenhaft können Gefüge aus Einzelkörnern zusammen mit gut aggregrierten Polyedergefügen auftreten. Auf diese Weise entstehen sehr komplexe Systeme.

Tabelle 2. Substratgliederung nach Merkmalen der Modifikation durch Substratbehandlung

Gliederung nach Art der Modifikation	Merkmale
Mischsubstrate – vollständiger bis unvollständiger Mischung	Mischung verschiedener – Substratmaterialien – Bodenarten – Gefügeformen – Oxidations- und Reduktionszustände
Anreicherungssubstrate	Anreicherung mit Humus
Kontaminationssubstrate	Verunreinigung mit geringen Mengen an Schadstoffen
Schichtsubstrate	Schichtung verschiedener – Substratmaterialien – Bodenarten – Gefügeformen – Oxidations- und Reduktionszustände
Zerkleinerungssubstrate	Gebrochene Gesteine
Sortier- oder Trennsubstrate	Einengung des – Stoffbestandes – der Korngrößen

Veränderungen treten auch besonders in Form von Verdichtungen auf, die einen Meter und mehr an Mächtigkeit erreichen können (Abb. 1). Durch die übliche Praxis des Auftrages und der Planierung durch Erdraupen entstehen Abfolgen von ca. 40 cm mächtigen Bodenschichten.

2.4 Textur und Skelettgehalte der Substrate

Ergänzungen der Substrate erfolgen über Importe meist sandiger und kiesiger Baustoffe, im Bereich von Bauwerken durch Baustoff- und Abbruchreste, aber auch als Streusalzersatzstoffe verwendete Granulate. Austausch von Böden erfolgt insbesondere bei Leitungen durch deren Abdeckung mit Sanden. Städte verändern so ihre Bodeneigenschaften durch Versanden.

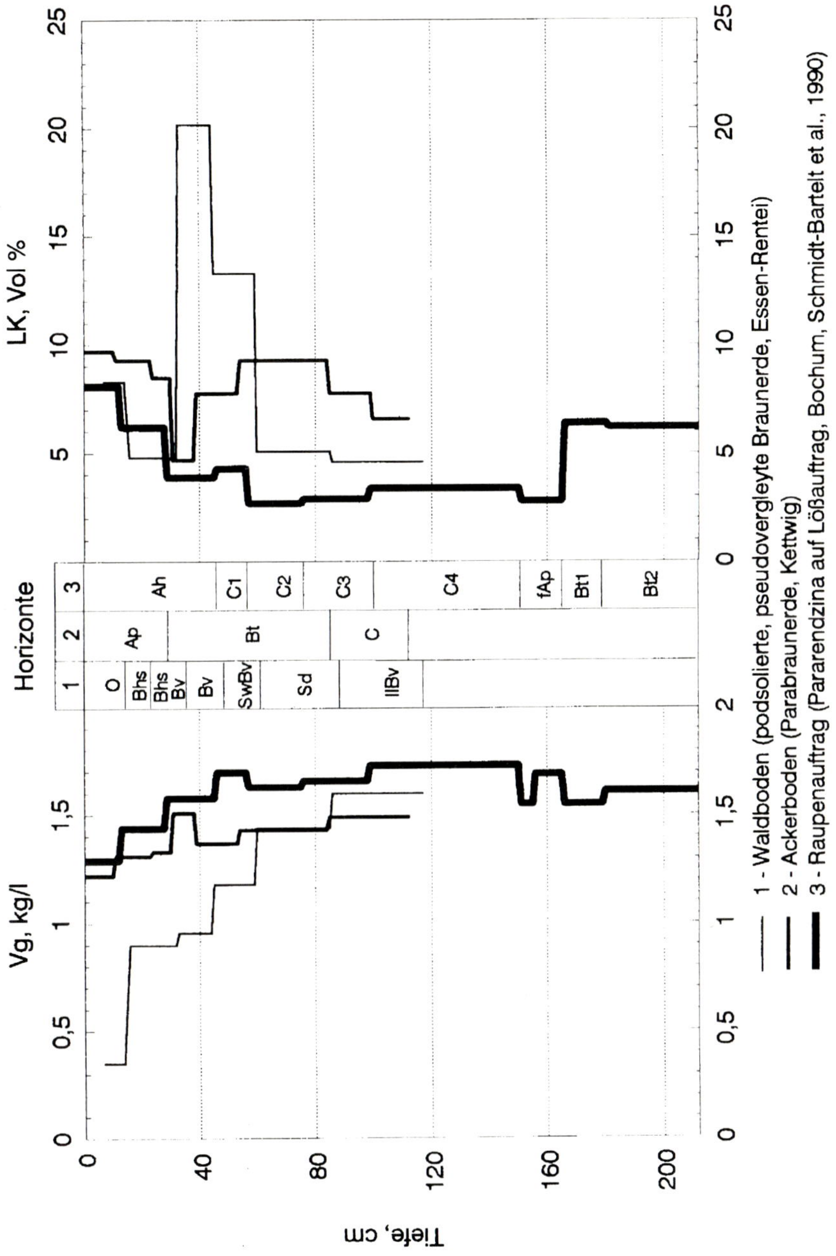

Abb. 1. Vergleich der Bodendichte (Vg) und Luftkapazität (LK) unterschiedlich stark anthropogen überformter Lößböden des Ruhrgebietes

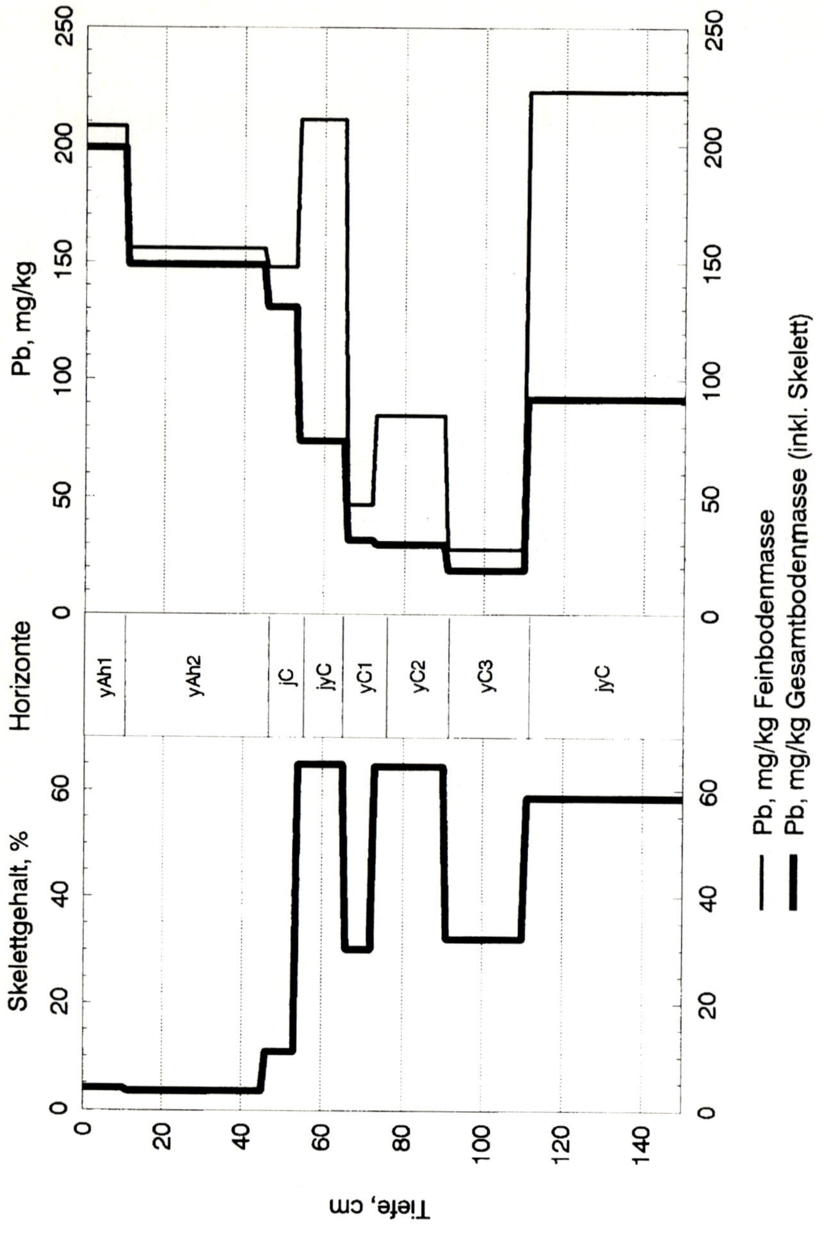

Abb. 2. Einfluß des Skelett- (Stein-, Grus,- Kies-) Gehaltes eines feinsandigen Mittelsandes über Bauschutt auf den auf Feinbodenmasse und Gesamtbodenmasse bezogenen Bleigehalt im Boden

Viele dieser Substrate enthalten Kies, Grus und Steine (Bodenskelett). Stadtböden weisen somit nicht nur erhöhte Sand- sondern auch Skelettgehalte auf (Burghardt 1991). Sie ähneln daher Mittelgebirgsböden. Dies hat entscheidende Folgen (Burghardt 1993, 1994). Das Skelett mindert u.a. das Speichervolumen für Schad- und Nährstoffe (Abb. 2) sowie für Bodenwasser (Abb. 3).

Auf das gesamte Bodenvolumen bezogen treten geringere Schad-, Nährstoff- und Wassergehalte auf, als die Feinbodengehalte angeben. Anreicherung von Schad- und Nährstoffen, aber auch von Humus erfolgt außerdem in einer verringerten Feinbodenmenge, wodurch im Feinboden der Gehalt dieser Stoffe ansteigt. Niederschläge dringen tiefer in den Boden vor und mit diesen die in ihnen gelösten Schadstoffe. Ebenso wird die Sickerwasserbildung erhöht. Der Grund ist, daß bei normalerweise begrenztem Wurzeltiefgang und größerer Versickerungstiefe weniger Wasser durch die Verdunstung an die Atmosphäre zurückgeführt wird. Diese Ausführungen machen deutlich, daß die Beurteilung der Bodeneigenschaften, der Prozesse und der Schadstoffgehalte im Feinboden als Grundlage der Gefährdungsabschätzung durch den Skelettgehalt erheblich verändert wird. Eine Einteilung der Substrate nach Skelett- und Feinbodengehalten ist daher sinnvoll (Tabelle 3).

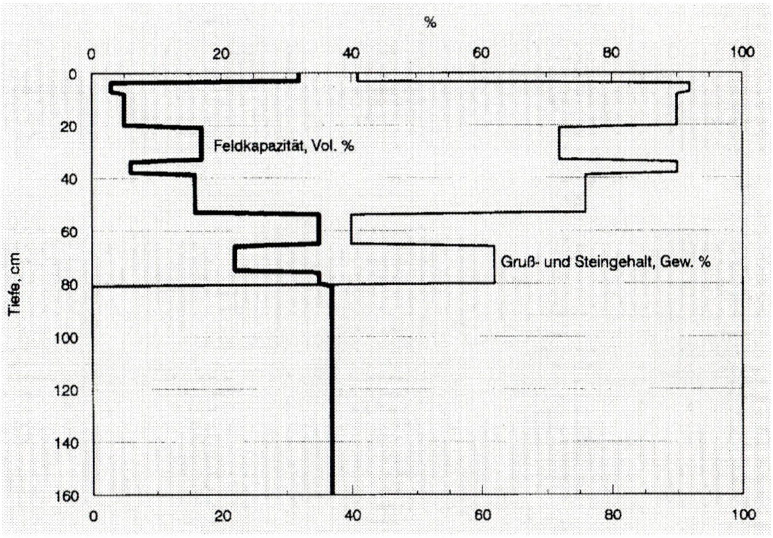

Abb. 3. Einfluß des Skelettgehaltes auf die speicherbare Wassermenge (Feldkapazität) einer Pararendzina auf Substraten einer Kokerei

Tabelle 3. Gliederung der Substrate nach Skelettgehalten (Kies-, Grus-, Stein-) und Feinbodengehalten (Arbeitskreis Stadtböden 1989)

Skelettgehalt Vol.% (Flächen %)	Bezeichnung	Bedeutung
< 1	Sehr schwach skeletthaltig	Hinweis auf Substratbeimengung
1-10	schwach skeletthaltig	Hinweis auf Substratbeimengung
20-30	skeletthaltig	Hinweis auf Substratbeimengung, Veränderung der Stoffverteilung
30-75	stark skeletthaltig	Verringerter Feinbodengehalt, veränderte Speicher- und Stofftransporteigenschaften
75-95	schwach feinbodenhaltig	Verringerter Feinbodengehalt, stark veränderte Speicher- und Stofftransporteigenschaften, eingeschränkte Durchwurzelbarkeit
> 95	sehr schwach feinbodenhaltig	lückige Transport- und Speichereigenschaften, Konzentration der Transport- und Speicherleistung sowie der Durchwurzelbarkeit auf wenige Spalten zwischen dem Skelett, Teilversiegelungswirkung

Anmerkung: Das Bodenskelett wird auch als Grobboden bezeichnet. Es sind die Bodenbestandteile > 2mm.

3 Substratvorkommen

Hier sollen nur die technogenen Substrate behandelt werden.

Einige technogene Substrate kommen in jeder Stadt vor. Diese sind vor allem Bauschutt und Straßenaufbruch. Aber auch Asche aus dem Hausbrand, dem Betrieb von Dampfkesseln und neuerdings teilweise von Müllverbrennungsanlagen sind in vielen Städten vorhanden. Im näheren Umkreis der Städte oder schon in den äußeren Stadtbezirken und Freiflächen in der Stadt liegen Klärschlammvorkommen und Rieselfelder vor. Standorte mit diesen Substraten können systematisch gesucht und erfaßt werden.

Regional begrenzt sind Vorkommen von Schlacken, industriellen Schlämmen und von Bergematerialien. Für Schlacken ist zu beachten, daß sie in vielfältiger Form zu Baustoffen verarbeitet wurden, so z.B. Hüttenbims, Hüttenwolle, Hüttensand, Hüttenzement. Schlacken werden als Gleisschotter sowie im Straßen- und Deichbau eingesetzt. Schlackenprodukte sind daher in montanindustriellen Gebieten, wie z.B. im Ruhrgebiet, wesentlicher Bestandteil des Bauschutts. Ihr Verbreitungsradius erreicht 70 km und mehr.

Die Deponierung technogener Substrate kann gezielt zur Erfüllung bestimmter Flächennutzungsansprüche oder zur Entsorgung erfolgen. Zur Verbesserung der Flächennutzungseignung erfolgt der Auftrag schichtig in Lagen. Diese Lagen sind wenige Zentimeter bis einige Dezimeter mächtig. Dies ist häufig bei Aschen und bei Bergematerialien zur Platz- und Wegebefestigung der Fall. Schichtiger Aufbau ist auch bei Einebnung von Bauschutt zu beobachten (Burghardt 1993). Ebenso liegt dieser Aufbau bei Überdeckung mit natürlichen Substraten und Mutterboden vor. Entsprechend entstehen Böden mit einer schichtigen Abfolge teils sehr unterschiedlicher Substrate.

Zur Entsorgung werden Substrate hingegen in Geländemulden abgekippt oder als Halden aufgetragen und bilden dann mächtige Pakete.

Die Regelmäßigkeit der Schichtung und Deponierung wird bei einer erneuten Umlagerung der Substrate durchbrochen. Dabei entstehen stark unregelmäßig zusammengesetzte und räumlich stark wechselnde Substrate. Diese sind nur durch einen weitgesteckten Erfassungs- und Bewertungsrahmen kennzeichenbar.

In die Erfassung der Vorkommen bodenbildender Substrate ist somit außer deren Materialzusammensetzung auch das vertikale und horizontale räumliche Verteilungsmuster einzubeziehen. Es enthält wesentliche Informationen zur Aussagesicherheit der auf der Fläche gewonnenen Ergebnisse und damit zum Risiko der Fehlinformation aus Bodenuntersuchungen im Gelände und darauf aufbauender Beprobung und Analytik. Untersuchungs- und Bewertungssysteme, die dieses berücksichtigen, gibt es noch nicht.

4 Merkmale einzelner Substrate

Häufige Merkmale technogener Substrate sind zunächst pH-Werte, die über 7 liegen. Vielfach werden pH-Werte von 7-8 angetroffen (Burghardt 1991). Mit technogenen Substraten angereicherte Stadt- und Industrieböden sind daher mäßig basisch. Dies läßt den beruhigenden Schluß zu, daß in diesen Böden die Mobilität der Schwermetalle herabgesetzt ist. Ursache der erhöhten pH-Werte ist das Vorkommen von Carbonaten und von Oxiden der Erdalkalien (Ca, Mg) und Alkalien (Na). Dabei können im Extremfall bei Schlacken pH-Werte von 12 erreicht werden, was sich z.B. mit der Bildung von Kalklaugen aus der Reaktion von Branntkalk mit Wasser erklären läßt (Heinen und Burghardt 1988, Burghardt 1988).

Inwieweit die basischen pH-Werte technogener Substrate tatsächlich zur Schwermetallfestlegung führen, ist nicht geklärt. Es liegen Untersuchungen vor, die für einige Wildpflanzen auch bei erhöhten pH-Werten einen hohen Schwermetalltransfer Boden–Pflanzen aufzeigen (Burghardt et al. 1991a; Abb. 4).

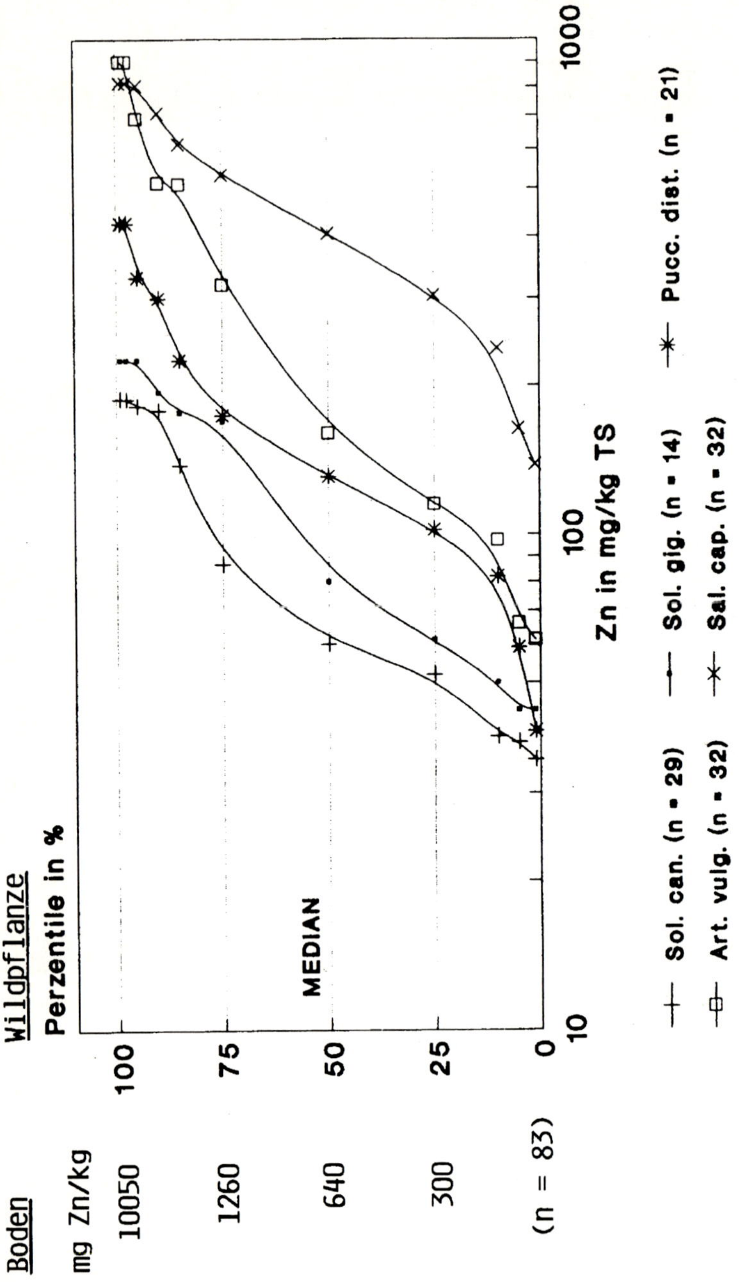

Abb. 4. Perzentile des Zn-Gehaltes in Wildpflanzen und Boden auf Standorten der Eisen- und Stahlindustrie (nach Burghardt et al. 1991)

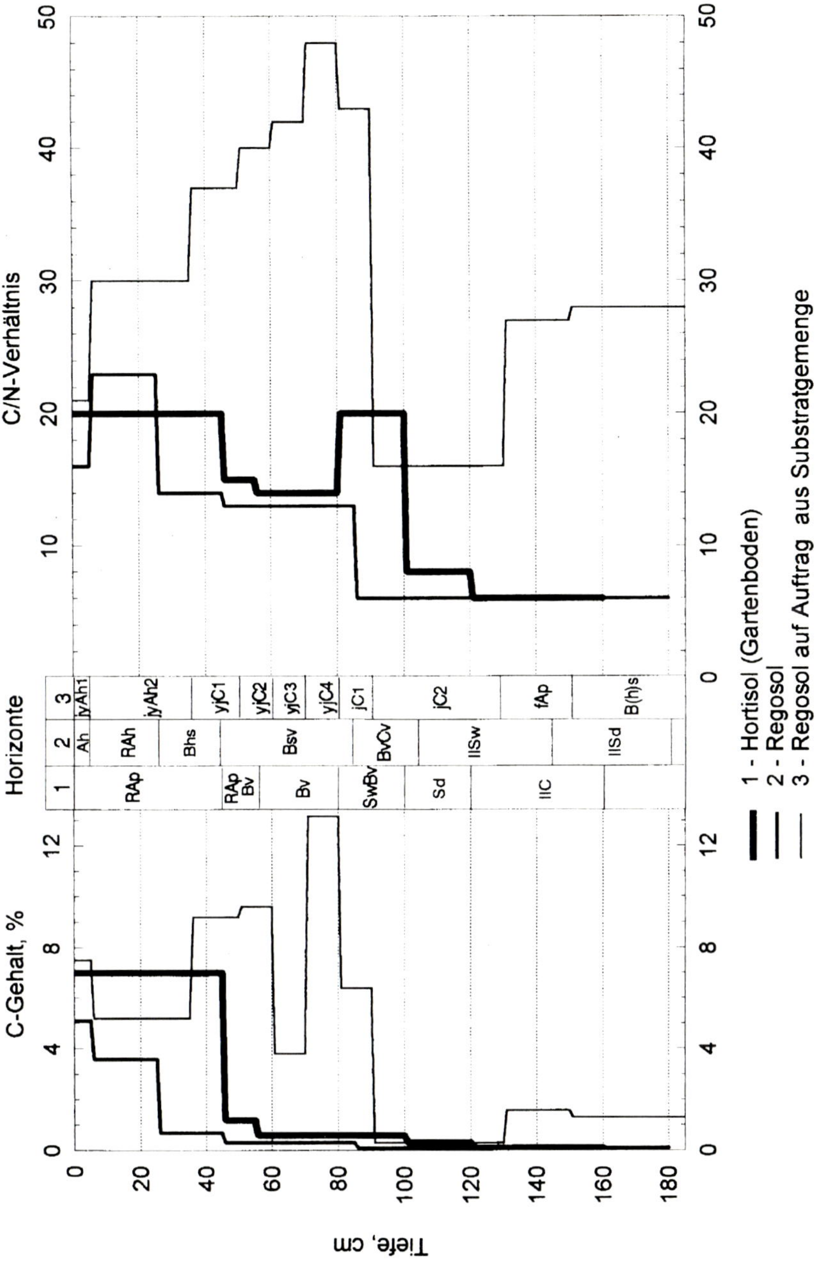

Abb. 5. Tiefenverteilungsmuster des C-(Humus-)Gehaltes und C/N-Verhältnisses in Stadtböden

Technogene Substrate weisen häufig stark erhöhte Kohlenstoffgehalte auf. Diese stammen meist nicht aus humosen Stoffen, sondern es liegt reiner Kohlenstoff vor, z.B. als Ruß, Kohle, Koks (Burghardt et al. 1988). In Aschen ist die organische Substanz meist unvollständig verbrannt. Die Folge ist, daß Stadtböden entsprechend der Mächtigkeit der aufgetragenen Substrate bis in große Tiefen humos und kohlenstoffhaltig sind (Abb. 5).

Die technogenen Substrate sind grob texturiert und bestehen so zu großen Teilen aus Skelett (Kies, Grus, Steine). Die Bedeutung des Bodenskeletts wurde oben schon behandelt.

Das Volumengewicht und damit die Porosität wechseln zwischen den Substraten erheblich. So sind z.B. Aschen generell stark porös (Burghardt 1992a). Schlacken weisen hingegen zwischen dichten Baggerschlacken und Hüttenbims eine große Bandbreite an Porengehalten auf. Ebenso kann Bauschutt porös sein. Er enthält auch poröse Steine, die Speicherfunktionen erfüllen (Runge 1978).

Spezielle Größenverteilungen von Poren sind weitere typische Merkmale von Substraten. Hier gibt es besonders große Unterschiede zwischen den einzelnen Aschen (Abb. 6). Bekannt sind z.B. grobporenreiche und mittelporenreiche Hausbrandaschen der alten Hausmülldeponien. Flugaschen hingegen sind nur feinporenreich. So weisen Aschen hohe Wasserspeicherkapazitäten, aber unterschiedliche Belüftungs-, Gas- und Wasserleitfähigkeitseigenschaften auf.

Die einzelnen Körper technogener Substrate können in vielfältigen Formen auftreten. Teilweise bewirken sie eine sperrige Lagerung, woraus sich hohlraumreiche Ausgangsgesteine der Bodenbildung ergeben. Als Beispiel seien Baustahlmatten mit Betonbruchstücken angeführt. Solche Hohlraumsysteme wechseln jedoch stark. Ein anderes Beispiel sind balkenähnliche Körper, z.B. Träger, die große Längen erreichen können. Sie können mehrere Bodenschichten verbinden. Die Existenz präferentieller Fließpfade, die bevorzugte Durchbruchstellen von Schadstofflösungen in den Untergrund sein können, ist die Folge.

Die Kornform bestimmt die Scherfestigkeit. Eckige Kornformen sind für Bruchsande aus Schlacken, für Bergematerial und für Aschen typische Merkmale. Sie erhöhen die Scherfähigkeit. Diese z.B. bei Platzbefestigungen und Gehwegen erwünschten Eigenschaften behindern die Durchwurzelung und die Arbeit der Regenwürmer (Tabelle 4). So werden Aschen erst dann durchwurzelt, wenn sie mit Humus vermischt werden, welcher als Gleitmittel den Scherwiderstand herabsetzt. Es läßt sich feststellen: Aschen und andere grusartige Substrate bilden Barrieren für einen Teil der Bodenorganismen.

Tabelle 4. Häufigkeitsverteilung der Begrenzung der Durchwurzelungstiefe durch kantiges Skelett (Aschen und Bergematerial) in Oberhausen Brücktorviertel (Burghardt 1994)

Tiefe der Durchwurzelung (cm)	< 20	20-40	40-60	60-80	> 80
Häufigkeit (%) n = 22	23	32	14	8	23

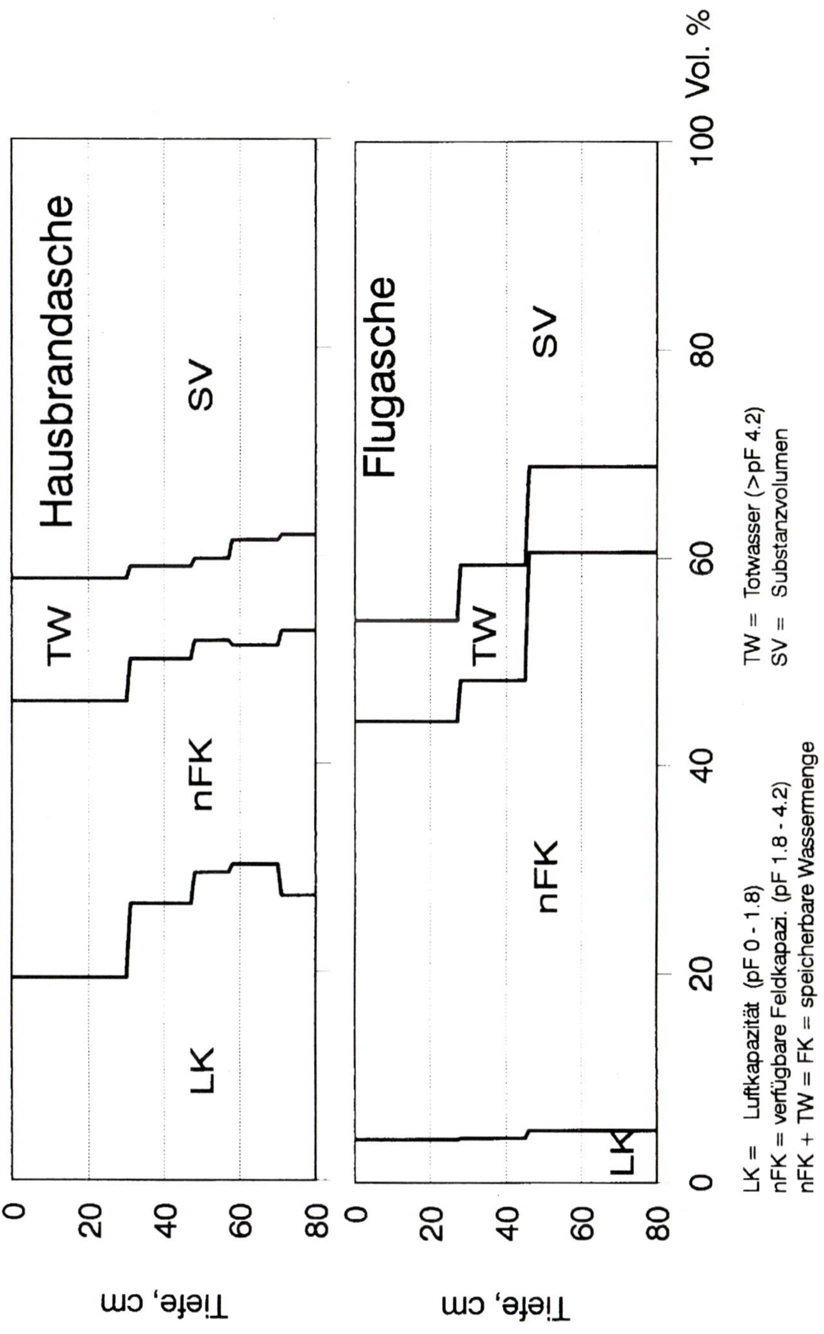

Abb. 6. Porenraumgliederung eines Hortisols aus Hausbrandasche und einer Pararendzina aus Flugasche

5 Kennzeichnung von Bodeneigenschaften durch Substrate

Die einzelnen Substrate weisen eine Anzahl von jeweils für sie typischen Merkmalen bzw. Merkmalskombinationen auf. Mit der Identifikation der Substrate und der Erfassung der Einzelmerkmale der Substrate können eine Vielzahl von Informationen über den Boden gewonnen werden. Substrate sind in der Fläche kartierbar. Es sind somit Aussagen über Flächen möglich.
Diese Aussagen betreffen

- die stoffliche Zusammensetzung der Böden. Die Substratermittlung erlaubt Aussagen zu Gehalten und zur Verteilung von Schadstoffen und Pflanzennährstoffen, weiterhin zu Substanzen, die die Bodenversauerung verzögern, Oxidation und Reduktion von Stoffen beeinflussen, Mobilisierung und Festlegung von Schadstoffen steuern und die als Speicher dienen;
- die Textur der technogenen Substrate, d.h. die mengenmäßigen Anteile der Partikel verschiedener Größe. Die Bedeutung des Feinboden- und des Skelettgehaltes wurde oben schon herausgestellt;
- die Durchlässigkeit und Speichereigenschaften für Wasser und andere Flüssigkeiten, gelöste Stoffe und Luft bzw. Gase;
- die Kornform, die zusammen mit der Korngröße den Scherwiderstand und damit die Durchwurzelung und die Besiedlung durch Bodentiere (z.B. Regenwürmer) bestimmt;
- die mechanische Belastbarkeit und Verdichtungsneigung.

Somit ist verständlich, warum die Identifikation und Erfassung der Substrate ein wesentlicher Bestandteil der Stadtbodenkartierung ist. Die zur Stadtbodenkartierung erforderlichen Kenntnisse über das Erscheinungsbild und zur Bestimmung einzelner Substrate sollen hier nicht weiter vertieft werden. Sie würden einen eigenen Berichtsband füllen.

6 Kennzeichnung mit Schadstoffen belasteter Böden durch Substrate

Substrate können zur Identifikation von Schadstoffbelastungen, aber auch von Pflanzennährstoffgehalten der Böden dienen. Dazu ist jedoch folgendes zu berücksichtigen: Substrate sind entweder selbst Träger der Belastung oder sie sind nur Indikatoren für Belastungen aus anderen Quellen. Dabei geben Substrate Belastungsbereiche an. Sie liefern Aussagen, ob die Belastung oberhalb, unterhalb oder im Bereich eines Grenz- oder sonstigen Wertes liegt. Es ist jedoch nicht sinnvoll, zur Belastungsausweisung durch Substratermittlung Gehaltswerte aus der Literatur zu benutzten. Vielmehr sind die für die Region typischen Belastungsparameter der einzelnen Substrate zu ermitteln. Sie sollten, wie dies bereits

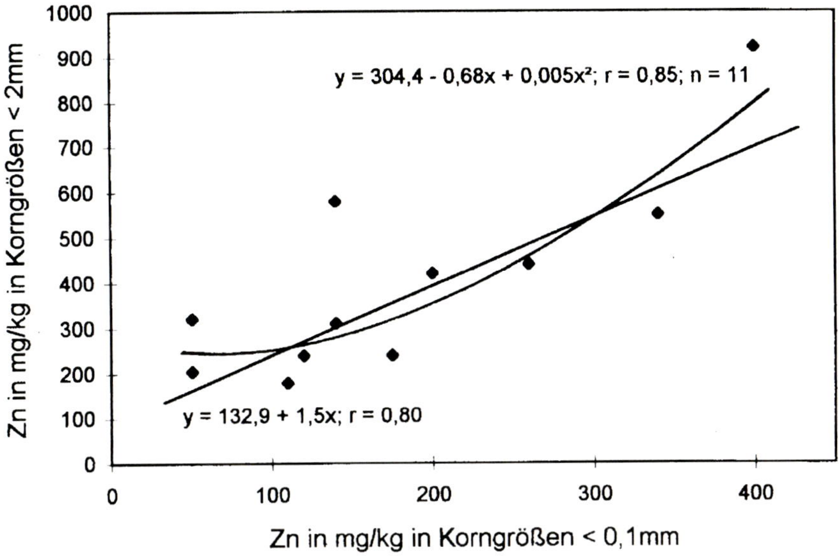

Abb. 7. Verhältnis der Zinkgehalte der Korngrößenfraktionen < 2 mm und < 0,1 mm

für Altlastenverdachtsflächen üblich ist, in den zuständigen Ämtern dokumentiert werden und zur Verfügung stehen.

Weiterhin ist zu berücksichtigen, daß die Akkumulation von Schadstoffen in vielen Fällen mit den feineren Korngrößen korreliert. Die Korngrößenfraktion < 2 mm, die als Feinboden bezeichnet wird, hat in vielen Fällen nur 25-50% der Schadstoffgehalte der feineren Fraktion < 0,1 mm (Abb. 7). Somit können je nach kleinräumiger Streuung der Korngrößenverteilung auf wenige Dezimeter Entfernung z.B. unterschiedliche Schwermetallgehalte auftreten. Bei Proben, die im seitlichen Abstand von nur 20 cm entnommen wurden, waren Gehaltsunterschiede der Schwermetalle von über 100% ermittelt worden (Tabelle 5). Dies war besonders dann der Fall, wenn Substrate selbst verunreinigt wurden. Als einfaches Beispiel sei die Bleiverunreinigung von Müll durch das Zerreiben von Bleimanschetten von Weinflaschen angeführt. Trotz dieser zunächst entmutigenden Aussagen lassen sich über Substrate dennoch Belastungsbereiche ausgrenzen.

Substrate weisen jedoch auch auf das Vorkommen von Schadstoffen in Partikeln bestimmter Größe hin, was die Schadstoffverfügbarkeit beeinflußt. Teerhaltige Substrate sind z.B. hoch mit polyzyklischen aromatischen Kohlenwasserstoffen belastet. Die übliche Analytik nach Aufschluß in organischen Lösungsmitteln weist solche Substrate als gefährlich aus. Es kann sich dabei aber um Teerpartikel handeln, die als Partikel harmlos sind. Ähnlich können Schwermetalle in größeren Konkretionen vorliegen (Hiller 1991). Als große Partikel können sie nicht auf allen Pfaden den Menschen erreichen. Auch hier sind die Kenntnisse minimal und entwicklungsbedürftig.

Tabelle 5: Verteilung der Gehalte einiger Schwermetalle und von Kohlenstoff (Humus) von in 20 cm seitlichem Abstand entnommenen Proben einer vermutlich durch Einträge kontaminierten Aschenlage

Gehalt	Pb (mg/kg)	Zn (mg/kg)	Cd (mg/kg)	C (%)
Probe 1	3840	125	2,0	10,3
Probe 2	1690	130	1,7	13,1
Probe 3	2630	254	1,9	15,4

7 Prognose der Bodenbildung

Bodenbildung ist von mehreren Einflußfaktoren abhängig (s. Beitrag Burghardt "Boden und Böden in der Stadt"). Wesentliche Bedeutung haben die Substrateigenschaften. Durch Bodenbildung werden jedoch die Eigenschaften der Substrate ergänzt und verändert. Gegenstand der Darstellung der Substrate ist daher auch das Wechselspiel von Substraten und Bodenbildung. Nachfolgend werden dazu drei Beispiele aus der großen Zahl potentieller Bodenbildungen angeführt.

Der bedeutendste Prozeßs der Bodenbildung in Stadt- und Industriegebieten ist die Humusanreicherung. Humus beeinflußt die Speicher- und Transporteigenschaften von Böden für Wasser, Schad- und Nährstoffe sowie Wärme in sehr starkem Maße. Da Humus an der Bodenoberfläche, d.h. an der Grenzfläche von Boden (Pedosphäre), Biosphäre und Atmosphäre angereichert wird, stellt Humus die entscheidende und wirksamste Kontrollsubstanz für die Ausbreitung von Schadstoffen dar. Die vorhandenen Kenntnisse weisen darauf hin, daß die Humusanreicherung in 10-25 Jahren erfolgt (Sauerbeck 1985). Untersuchungen des Einflusses einzelner Substrate und deren Ablagerungsart auf die Humusmasse und die Humusqualität sind nur in Einzelfällen bekannt (Burghardt 1989). Die sich einstellenden Humusgehalte werden von der Vegetation, vom Luft- und Wasserhaushalt, Kalkgehalt, Nähr- und Schadstoffgehalt der Substrate abhängig sein. Prognosemodelle der Bodenbildung durch Humusanreicherung und damit zur zukünftigen Bodengüte sind daher möglich.

In zahlreichen zur Ablagerung kommenden Substraten ist bereits organische Substanz eingemischt, z.B. als Komposte, Klärschlamm oder Müllbestandteile. In größeren Mengen führt dieses im Boden zur Sauerstoffzehrung und damit zu Böden mit niedrigen Redoxpotentialen. Dieser Bodenbildungsprozeß hat zunächst die Mobilisierung, im Extremfall die Immobilisierung von Schadstoffen zur Folge. Ebenso ist die biologische Aktivität und damit der Abbau organischer Schadstoffe davon abhängig.

Tabelle 6. Beispiel eines Substratsteckbriefes (Arbeitskreis Stadtböden 1989)

I.	Hauptkomponentengruppe	- Schlacken
II.	Komponentengruppe	- Eisenhüttenschlacken
III.	Komponenten	- Hochofenschlacke (H), Hochofenstückschlacken, (HO), Hüttensand (HS), Hüttenbims (HB)

1 *Begriffsdefinition:* Technogenes Substrat, das bei der Erzaufbereitung und Verarbeitung von Metall durch Schmelzen abgetrennt wurde

2 Merkmale

2.1 Merkmale zur *Identifikation* (Eisenhüttenschlacke):

a) *Form des Substrats:* vielgestaltige, wulstige, schlierenartige, porige, glatte bis schwach rauhe Oberfläche; im gebrochenen Zustand vielgestaltige, teils porige, rauhe, scharfkantige Oberfläche

b) *Farbe:* meist grau, von fast weiß (kieselsäurereich) bis dunkelgrau (eisenreich); andere Farben sind möglich

c) *Aussehen:* kristallin, glasig, amorph oder faserig

d) *Geruch:* keiner

e) *Körnung:* HOS – massige Lagen; als Baggerschlacken Bruchstücke bis 400 mm Durchmesser;
nach Aufbereitung als Splitt, Schotter, Brechsand Korngrößen 0/2-55/57 mm
HB – Stücke bis 30 mm Durchmesser, nach Zerkleinerung Korngemisch 0/3-3/20 mm
HS - Korngemisch 0-7, selten bis 20 mm; teils gesiebt, teils gebrochen

f) *Gefüge:* Einzelkorngefüge, Kittgefüge, massiv; häufig geschlossene Poren; aus Makroporen Porenvolumen bei Bruchstücken schätzbar

g) Beläge, Filme, Cutane: keine

h) Art der organischen Reste: keine

i) *Zusammensetzung/Inhaltsstoffe* (Schadstoffe, Nährstoffe, Eisen-, Manganverbindungen, Carbonate etc.): Calciumoxid, Kieselsäure, Aluminiumoxid, Magnesiumoxid in den Mischkristallen, Melith (2 Ca · MgO · 2 SiO_2) und Gelinit (2 CaO · Al_2O_3 · SiO_2)

2.2 Eigenschaften:

j) *pH-Wert:* über 7, bis 12

k) *Durchwurzelbarkeit:* unbekannt; wahrscheinlich wie Kies und Sand

l) *Wasser- und Lufthaushalt, Konsistenz:* nFK, PW, kf, Kapillarität sind unbekannt

m) *Sonstiges:* Rohdichte 0,8-2,4 g/cm^3

3 Transport und Ablagerungsart

3.1 Im Hüttenbereich in Becken und Halden

3.2 Als Baustoff wie Bauschutt des Hoch-, Tief- und Verkehrswegebaus

4 Potentielle Veränderbarkeit (Pedogenese): Hüttensand verfestigt sich, bildet Kittgefüge

5 Flächenhafte Verbreitung: Als mächtige Deponie, Reste von Tiefbetten und Lagerflächen an Hochofenstandorten, Tragschichten von Verkehrsbauten, Rest von Hoch- und Tiefbauten

6 Kontamination und Austragsverhalten: Bewirkt pH-Erhöhung; Austrag von Sulfaten

Einige Stadtbodensubstrate enthalten Sulifde, die durch Oxidation zu Schwefelsäure werden, und/oder Kalk, der der Säurebildung entgegenwirkt. Das Vorkommen dieser Stoffe bewirkt bzw. verhindert die Bildung von schwefelsauren Böden. Dies beeinflußt die Entwicklung der Mobilisierungs- und Festlegungspotentiale von Böden für Schadstoffe.

8 Substratsteckbriefe

Die Nutzung der Substratinformationen für den urbanen Bodenschutz macht die Anlage von regionalen Substratkatastern erforderlich. Dafür hat der Arbeitskreis Stadtböden (1989) einen Vorschlag erarbeitet und als "Substratsteckbriefe" vorgestellt. Gliederung und Inhalte der Substratsteckbriefe enthält das Beispiel der Eisenhüttenschlacken in Tabelle 6. Aus den Substratsteckbriefen werden u.a. die Defizite hinsichtlich der Kenntnisse zu einzelnen Substraten deutlich.

9 Schlußfolgerungen

Technogene Substrate verändern die Eigenschaften von Böden als Speicher-, Senken- und Transportsysteme erheblich. Die Funktionalität von Böden in der Stadt entspricht daher nicht der des ländlichen Raumes. Eine Übertragung der vielfältigen an Böden des ländlichen Raumes gewonnenen Kenntnisse auf Stadtböden ist daher nicht oder nur bedingt möglich (Burghardt 1992b).
Deutlich wird aus obiger Darstellung der Substrate, daß eine Vielzahl wesentlicher Informationen zum Bodenschutz in Stadt- und Industriegebieten mit einfachen Mitteln gewonnen werden können, vorausgesetzt, wir kennen die Substrate und ihre Merkmale hinreichend genau. Daher stehen zwei Forderungen im Raum:

1. an die Praxis: bei jeder Bohrung sind die Substrate und ihr Verteilungsmuster sorgfältig mit zu erfassen;
2. an die Forschung: die vielfältigen Eigenschaften der einzelnen Substrate sind zu ermitteln und zu dokumentieren.

Die Stadt Essen verlangt bereits bei Kleingarten-, Spielplatz- und sonstigen bodenkundlichen Untersuchungen zu jeder Bohrung eine Substraterfassung (Meuser 1993). Damit lassen sich Schichten belasteten Bodens besser abgrenzen sowie Ursachen und Verhalten der Belastung ableiten, was die Entscheidungssicherheit wesentlich erhöht.

In eigenen Arbeiten wurde auf Industrie- und Bahnflächen die Substratkartierung benutzt, um die Massen belasteter und damit zu entsorgender Böden zu ermitteln. Die zu entsorgenden Massen können deutlicher abgegrenzt und damit reduziert werden. Es lassen sich der Bedarf an Deponieraum und Sanierungskapazitäten genauer planen. Kostenermittlung und Angebote haben dadurch eine sicherere Grundlage.

An die Substrate können eine Vielzahl von Aussagen geknüpft werden. Allerdings fehlt hierzu die Grundlagenforschung. Es besteht daher die Forderung nach einer intensiven Substratforschung, die auch die Substrate an ihrem Ort der Ablagerung erfaßt. Der Arbeitskreis Stadtböden der Deutschen Bodenkundlichen Gesellschaft hat sich darauf aufbauend die Aufgabe gestellt, das Wissen über Substrate zu sammeln, um die in der "Kartieranleitung Stadtböden (Arbeitskreis Stadtböden 1989)" konzipierten "Substratsteckbriefe" weiter zu entwickeln.

Eine wesentliche Strategie im Umgang mit Stadtböden und den Problemen, die die Komplexität dieser Böden aufwirft, ist somit die Substratkartierung. Einzelnen Substraten können Eigenschaften und Schadstoffspektren zugeordnet werden. Dazu sind Identifikationskriterien, Belastungsstrukturen und Eigenschaften, die Bodenfunktionen bestimmen, für die einzelnen Substrate zu ermitteln. Damit wird es über Substratkartierung möglich, Schadstoffbestände zusammen mit deren Verhalten und dem damit verbundenen Gefahrenpotential zu erfassen. Ein weiterer Vorteil solcher Verfahren ist die Möglichkeit der begründeten räumlichen Ausweisungen von Gefahrenpotentialen. Substratuntersuchungen sind daher zentraler Bestandteil der Stadtbodenforschung.

Regional können unterschiedliche Substrate auftreten oder die Eigenschaften der Substrate Besonderheiten aufweisen. Daher wird empfohlen, daß die Umweltämter wie auch die mit diesen zusammenarbeitenden Ingenieurbüros Substratsammlungen mit den dazugehörigen Daten zu Vorkommen, Eigenschaften und Belastung der Substrate anlegen.

Literatur

Arbeitskreis Stadtböden, Burghardt, W. (1988) Substrate und Substratmerkmale von Böden der Stadt- und Industriegebiete. Mitt. Dtsch. Bodenkundl. Ges. 56: 311-316.

Arbeitskreis Stadtböden der Deutschen Bodenkundlichen Gesellschaft (Vorsitz: W. Burghardt) (1989) Empfehlungen des Arbeitskreises Stadtböden der Deutschen Bodenkundlichen Gesellschaft für die bodenkundliche Kartieranleitung urban, gewerblich und industriell überformter Flächen (Stadtböden). Umweltbundesamt, Texte 18/89, 171 S.

Burghardt, W. (1989) C-, N- und S-Gehalte als Merkmale der Bodenbildung auf Bergehalden. Mitt. Dtsch. Bodenkundl. Ges. 59: 851-856.

Burghardt, W. (1991) Wasserhaushalt von Stadtböden. In: Urbane Gewässer (Schuhmacher, H., Thiesmeier, B., Hrsg.) Reihe Ökologie 4, Westarp-Wissenschaften, 395-412.

Burghardt, W. (1992a) Altlasten und Abfälle. In: Natur in der Stadt – der Beitrag der Landespflege zur Stadtentwicklung. Schriftenreihe des Deutschen Rates für Landespflege, Heft 61: 96-103.

Burghardt, W. (1992b) Ökosystemare Fragestellungen des Bodenschutzes anhand von Untersuchungen der Auswirkungen verdichteter Siedlungsformen. Konzeptvorschlag vor eine anwendungsorientierte Bodenforschung aus naturwissenschaftlich-technischer Sicht. In: Bodenbelastung und Wasserhaushalt, Statusseminar 28.2.-2.3.1990. Berichte aus der Ökologischen Forschung, 7, Forschungszentrum Jülich GmbH, 145-151.

Burghardt, W. (1993) Böden auf Altstandorten. In: Die benutzte Erde (Alfred-Wegener-Stiftung, Hrsg.) Ernst, 217-230.

Burghardt, W. (1994) Soils in urban and industrial environments. Z. Pflanzenernähr. Bodenkunde 157: 205-214.

Burghardt, W., Dettmar, J., Jacobi, T., König, W., Wilkens, M. (1991a) Schwermetalltransfer Boden/Wildpflanze auf Standorten der Eisen- und Stahlindustrie. Mitt. Dtsch. Bodenkundl. Ges. 66/II: 605-608.

Burghardt, W., Hiller, D.A., Hintzke, M., Meuser, M., Wessel, R. (1991b) Abiotische und biotische Eigenschaften eines thermisch gereinigten Bodens. Mitt. Dtsch. Bodenkundl. Ges. 66/II: 609-612.

Gierse, R., Gräfe, H., Kuhs, R., Burghardt, W. (1988) Anthropogen geprägte Böden im Umfeld einer Zechensiedlung. Mitt. Dtsch. Bodenkundl. Ges. 56: 357-362.

Heinen, P., Burghardt, W. (1988): Bodenmerkmale eines Bolzplatzes. Mitt. Dtsch. Bodenkundl. Ges. 56: 369-374.

Hiller, D.A. (1991) Elektronenmikrostrahlanalysen zur Erfassung der Schwermetallbindungsformen in Böden unterschiedlicher Schwermetallbelastung. Dissertation, Universität Bonn.

Hiller, D.A., Burghardt, W. (1993) Neues Leben im toten Boden. Eigenschaften und Rekultivierbarkeit nach Behandlung mit einem Niedertemperaturverfahren. Die Geowissenschaften, Nr. 1, Jhg. 11, 10-16.

Meuser, H. (1993): Technogene Substrate in Stadtböden des Ruhrgebietes. Z. Pflanzenernähr. Bodenkd. 156: 137-142.

Runge, M. (1978) Untersuchungen zur Wasserdynamik skelettreicher Ruderal-Standorte. Z. Flurber. 19: 157-168.

Sauerbeck, D. (1985) Funktionen, Güte und Belastbarkeit des Bodens aus agrikulturchemischer Sicht. Kohlhammer, Stuttgart, Mainz, 259 S.

Schmidt-Bartel, D., Behnke, R., Burghardt, W. (1990) Friedhöfe auf Löß und urban-industriell überprägten Substraten im Ruhrgebiet – Bodenmerkmale, Probleme und Lösungsansätze. Mitt. Dtsch. Bodenkundl. Ges. 61: 131-134.

Schroeder, D. (1983) Bodenkunde in Stichworten. Hirt, Unterägeri, 160 S.

Wünsche, M., Oehme, W.-D., Haubold, W., Knauf, C., Schmid, K.-E., Frobenius, A., Altermann, M. (1981) Die Klassifikation der Böden auf Kippen und Halden in den Braunkohlerevieren der DDR. Neue Bergbautechn. 11: 42-48.

Schadstoffeinträge in urbane Böden

Dieter A. Hiller

Zusammenfassung

Schadstoffeinträge in die Böden urban-industriell überformter, anthropogener Siedlungsbereiche erfolgen im wesentlichen über die Atmosphäre (Industrie, Hausbrand und Kleingewerbe, Verkehr), Hydrosphäre (Flußsedimentablagerungen, Sicker- und Grundwasser), natürliche Erosions- und Akkumulationsprozesse (Wasser, Wind) sowie durch den Auf- und Eintrag von Substraten (Umlagerung natürlicher, aber bereits belasteter Substrate; Umlagerung technogener Substrate; Ablagerung von Reststoffen bzw. Abfällen; Baustoffe als zukünftige Quelle). In dem Beitrag werden die Pfade der Schadstoffeinträge in die Böden an Hand von Beispielen aufgezeigt und die Vorgänge, welche zu einer Schadstoffverlagerung in tiefere Bodenschichten führen, beschrieben. Es wird herausgestellt, daß einer mühsam erreichten Minderung der Immissionen in Böden über die Atmosphäre und Hydrosphäre ein in Zukunft sich noch verstärkender Schadstoffinput über belastete Substrate gegenübersteht, welche aus der Produktion ausgeschleust werden – z.T. als "Recycling-" oder "Wertstoffe" deklariert.

1 Dominierende Pfade des Schadstoffeintrags in Böden

Schadstoffeinträge in die Böden urban-industriell überformter anthropogener Siedlungsbereiche erfolgen im wesentlichen über die in Tabelle 1 aufgeführten Wege. Die Vorgänge des Schadstoffeintrags lassen sich wie nachfolgend dargestellt beschreiben.

2 Schadstoffeinträge in urbane Böden über die Atmosphäre

Die über die Atmosphäre in fester (z.B. Schwebstaub), flüssiger (z.B. saurer Regen) oder gasförmiger Form (z.B. NO_x, SO_4) in Böden gelangende Schadstoffmengen sind in der Bundesrepublik in der Regel rückläufig. Als Hauptträger der über die Atmosphäre eingetragenen Schadstoffimmissionen in Böden ist der

Staub anzusehen, wobei städtische und industrielle Verdichtungsräume höhere Immissionsraten aufweisen als ländlich geprägte Gebiete.

Die Depositionsgeschwindigkeit des Staubes ist in erster Linie eine Funktion der Partikelgröße. Grobstäube mit einem Durchmesser von > 10 µm sinken schnell zu Boden. Feinstäube mit < 5 µm Durchmesser verbleiben als Schwebstaub so lange in der Luft, bis sie aufgrund von Aggregierungsprozessen zu Grobstaub werden oder an Hindernissen (z.B. der Vegetation) ausgefiltert werden und es dadurch zunächst einmal zu einer Belastung der obersten Millimeter bis Zentimeter der Bodenoberfläche kommt.

Zur Charakterisierung der Belastungen durch Schwermetallimmissionen über den Staub werden häufig Blei (Pb) und Cadmium (Cd) herangezogen. Es zeigt sich auch hier die gesicherte Entwicklung, daß in industriellen Kernzonen die Belastung rückläufig ist, wenngleich auch auf einem deutlich höheren Niveau als in den weniger industriell geprägten Gebieten.

Der Rückgang im Ruhrgebiet-West verlief für die mittlere Bleibelastung im Staubniederschlag von 182 (1985) über 138 (1986) auf 129 mg Pb/m² · d (1987). Bei Cadmium verhält sich dies ähnlich, wenn auch Schwankungen auftreten (UBA 1992). Als Beispiel ist in Tabelle 2 der Verlauf der Staubimmissionen für das Stadtgebiet von Duisburg exemplarisch aufgetragen.
Die Emittenten können dabei in drei Gruppen zusammengefaßt werden:

1. Industrie,
2. Hausbrand und Kleingewerbe,
3. Verkehr.

Tabelle 1. Wichtigste Schadstoffeintragspfade in die Böden urban-industriell überformter anthropogener Siedlungsbereiche

Über die Atmosphäre:	– Industrie – Hausbrand und Kleingewerbe – Verkehr
Über die Hydrosphäre:	– Flußsedimentablagerungen – Sicker- und Grundwasser
Natürliche Erosions- und Akkumulationsprozesse:	– Wasser – Wind
Auf- und Eintrag von Substraten:	– Umlagerung natürlicher, aber bereits belasteter Substrate – Umlagerung technogener Substrate – Ablagerung von Reststoffen, Abfällen – Baustoffe als zukünftige Quelle

Tabelle 2. Jahresmittelwerte der Staub-, Blei- und Cadmiumniederschläge für das Stadtgebiet Duisburg (Duisburger Umweltthemen 1992)

	Staub g/(m² · d)	Blei µg/(m² · d)	Cadmium µg/(cm² · d)
Immissionswert IW1 der TA Luft	**0,35**	**250**	**5,0**
1982	0,23	340	4,5
1983	0,23	340	3,7
1984	0,23	280	4,1
1985	0,24	280	3,8
1986	0,23	200	2,4
1987	0,23	190	2,4
1988	0,21	120	2,1
1989	0,20	220	2,1
1990	0,21	200	2,1

Zu 1. Industrie:
Insbesondere durch den Einbau von Filteranlagen oder durch die Umstellung von Produktionsverfahren konnten die Emissionen deutlich gesenkt werden. Der Rückgang der gesamten Emissionen betrug hierbei mehr als 50%. Als Beispiel kann hierfür die Stahlindustrie genannt werden, welche durch die Regelungen der TA Luft Maßnahmen zur Minderung der Staubemission vornehmen mußte (Abb. 1). Als Folge der Entstaubungsmaßnahmen sowie der Abkehr von der (staubintensiven) Thomas-Konvertertechnik zum Sauerstoffblasverfahren mit geringem Staubanfall konnte der Staubanfall bei der Stahlerzeugung von ca. 30 kg Staub auf unter 3 kg Staub pro Tonne Rohstahl gesenkt werden (Schulz 1992). Gleichzeitig konnte auch der Anteil der Eisenbegleitelemente im Staub wie Zink und Blei sowie die Legierungselemente Nickel und Chrom deutlich reduziert werden.

Zu 2. Kleingewerbe und Hausbrand:
Erhebungen im Kleingewerbe durch die Staatliche Gewerbeaufsicht sowie durch Ermittlung der Technologien zur Hausfeuerung, aus denen die Schadstoffemissionen abgeleitet werden können, ergaben, daß ein Rückgang der Emissionen von 1984-1988 um 42% erreicht werden konnte. Zurückzuführen ist dies auf den Einsatz emissionsärmerer Brennstoffe, auf verbesserte Wärmeleistungen und den Ausbau des Fernwärmenetzes.

Lokal können vom Hausbrand durchaus aber erhebliche Belastungen in die Umgebung eingetragen werden. Insbesondere die zur Zeit der Feststoffverfeuerung übliche Praxis, die Asche im heimischen Garten zur Düngung auszustreuen, hat häufig Gartenböden in besonderem Maße mit Schwermetallen belastet.

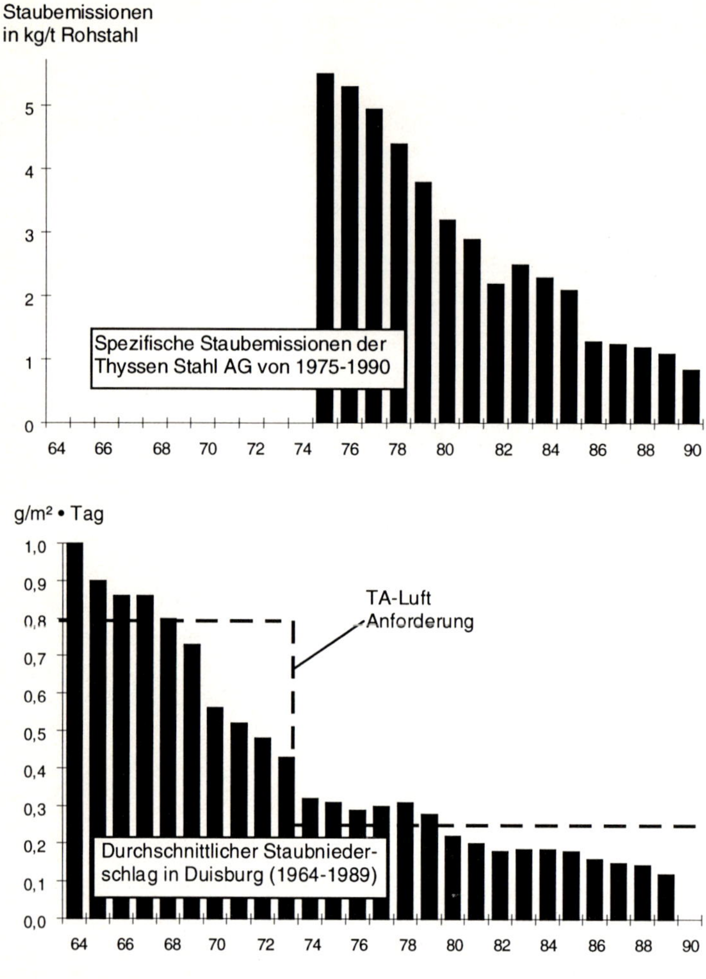

Abb. 1. Entwicklung der Staubemission bei der Stahlerzeugung und Verlauf der durchschnittlichen Staubniederschläge im Stahlstandort Duisburg (modifiziert nach Schulz 1992)

Zu 3. Verkehr:

Aus durch den Verkehr verursachten anteiligen Emissionen an den Gesamtemissionen ist zu entnehmen, daß der Staub nur eine untergeordnete Bedeutung inne hat (UBA 1991). Der Kfz-Verkehr hat aber bedeutenden Anteil beim Ausstoß von NO_x, CO und bei den organischen Verbindungen. Nachfolgend wird vorwiegend auf die Kfz-bürtige Bodenbelastung durch Schwermetalle und polyzyklische aromatische Kohlenwasserstoffe (PAK) eingegangen.

Aufgrund der betriebsbedingten Emission von Schadstoffen sind es vorwiegend die Straßenrandbereiche, in welche ein erhöhter Eintrag erfolgt. Neben der Umweltbelastung über die Abgase sind betriebsbedingte Vorgänge wie Fahrbahnabrieb, Korrosion, Abnutzung von Verschleißteilen und Tropfverluste mit zu berücksichtigen.

Die Höhe des Eintrags von Schadstoffen in straßennahe Bereiche wird von einer Vielzahl von Faktoren beeinflußt. Neben Windverteilung und -geschwindigkeit sind auch noch Bewuchs und Höhenlage der Trasse von Bedeutung. Trotzdem ist die Straße als Linienquelle für Schadstoffe anzusehen. In der Regel ist aber die Schadstoffdeposition im straßennahen Bereich von 10-20 m am höchsten, wobei die Belastung vom Oberboden ausgehend mit zunehmender Tiefe abnimmt. Im urbanen Raum wird die Verteilung der Schadstoffe größtenteils von vertikalen Strukturen (Häuserfronten, Lärmschutzwälle, Mauern u.a.) begrenzt, was in diesen Bereichen zu einer deutlich erhöhten Schadstoffanreicherung im straßennahen Bereich führt. Untersuchungen des Windfeldes zeigen darüber hinaus, daß zum einen bodennah emittierte Schadstoffe nur sehr langsam aus dem Straßenraum entfernt werden, zum anderen, daß als Folge einer Umkehr der Windrichtung im Bereich der leeseitigen Häuserfront es gerade dort zu erhöhten Schadstoffkonzentrationen führen kann (Abb. 2).

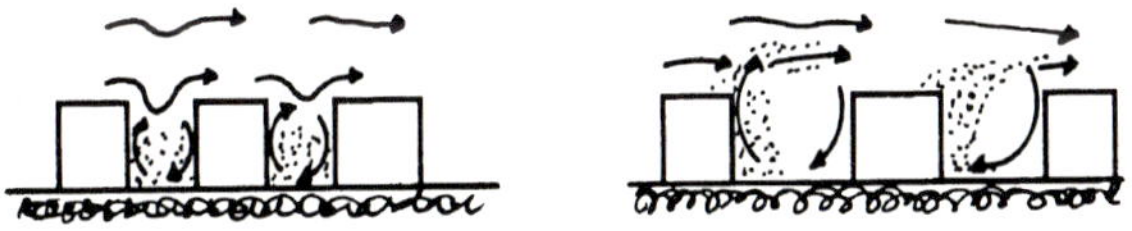

Abb. 2. Einfluß von Gebäuden auf den Wind und auf die Verdünnung bodennah emittierter Luftverunreinigungen (Häckel 1990)

Das in der öffentlichen Diskussion am häufigsten mit dem Verkehr in Beziehung gebrachte Schwermetall ist Blei. Dies wurde stufenweise seit dem Inkrafttreten des Benzinbleigesetzes von 1976 von zunächst 0,63 g/l im Normal- und 0,44 g/l im Superbenzin auf 0,15 g/l gesenkt; seit 1988 ist der Vertrieb von bleihaltigem Normalbenzin gänzlich untersagt. Der Rückgang in der Bleiimmission aus den Kfz-Abgasen kann auch schon in Waldböden am Rande von Autobahnen nachgewiesen werden, wo in der Rohhumusauflage aus den letzten Jahren die Bleigehalte der obersten Zentimeter zurückgegangen sind. Da jedoch Schwermetalle nicht abgebaut werden, ist die durch den Kfz-Verkehr emittierte Bleibelastung im (Ober-)Boden noch immer und auch künftig existent. Einen Überblick über die abgasbedingte Bleiemissionen in der BRD gibt Tabelle 3.

Tabelle 3. Abgasbedingte Bleiemission in der Bundesrepublik Deutschland (UBA 1991)

Jahr	1985	1986	1987	1988	1989	2005
Pb-Emission (t/Jahr)	3500	3300	2900	2200	1700	100

Die Emissionen von polyzyklischen aromatischen Kohlenwasserstoffen (PAK) sind in starkem Maße vom Aromatengehalt des eingesetzten Treibstoffs abhängig. Als Kfz-typische PAK-Verbindungen – sowohl für Benzin als auch für Dieselfahrzeuge – werden Benzo(ghi)perylen, Coronen und Cyclopenta(cd)pyren angesehen. Das Cyclopenta(cd)pyren trägt jedoch kaum zur Belastung der Böden bei, da es nach seiner Freisetzung schnell zerfällt. Darüber hinaus wird durch die Autoabgase auch das als besonders toxisch eingestufte Benzo(a)pyren ubiquitär verbreitet. Die jährlich in der BRD ausgestoßene Benzo(a)pyrenmenge beträgt ungefähr 2000 kg (UBA 1991).

Einen nicht zu vernachlässigenden Kontaminationspfad stellt der Eintrag von Straßendeckenabrieb in Böden dar. Insbesondere steinkohlenteerhaltige Straßenbeläge, welche bis vor ca. 30 Jahren in fast allen Bereichen des Straßenbaus eingesetzt wurden, beinhalten – im Gegensatz zu dem meist heute verwendeten Bitumen – erhebliche PAK-Belastungen (vgl. auch Tabelle 4).

Tabelle 4. PAK-Gesamtgehalte (16 PAK nach EPA, in mg/kg) in verschiedenen Entfernungen und Bodentiefen des angrenzenden Straßenbereichs sowie der Straßenteerdecke (Behnke und Steffens 1993)

Tiefe in cm	Entf. 3,5 m	Entf. 7,0 m		Entf. 24,0 m	Entf. 32,0 m	Entf. 35,0 m
0-2	40,4	16,8		4,7	5,8	24,1
2-5	41,7	19,7	Ge-	4,2	7,8	27,7
5-10	59,1	27,5	bäu-	6,3	6,4	28,3
10-30	17,8		de		8,0	19,2
30-50	9,94					
Teerdecke	1150					

Dies zeigt beispielhaft eine 1993 von der Abteilung Angewandte Bodenkunde der Universität-GH Essen in Zusammenarbeit mit einem Ingenieurbüro beendete Pilotstudie in Wuppertal zur straßenverkehrsabhängigen Kontamination von Böden entlang von Straßen. Diese ergab deutlich, daß bei Straßen im Siedlungsbereich (Frequenz ca. 13 000 Kfz/Tag) ein abgasbedingter Einfluß des Straßenverkehrs auf die PAK-Gehalte nur tendenziell ablesbar war. Es traten nur geringe Unterschiede zwischen straßennaher und straßenferner Belastung auf. Eine enge Beziehung zwischen Schadstoffquelle und -senke zeigt sich an Straßen im bebauten Siedlungsbereich, die durch Teerbeläge abgedeckt sind bzw. waren. Ein Beispiel ist in Tabelle 4 näher aufgezeigt; trotz untergeordneter Verkehrsbedeutung (Verkehrsfrequenz < 1000 Kfz/Tag) treten hier die höchsten PAK-Kontaminationen im Straßenrandboden auf.

3 Schadstoffeinträge in urbane Böden über die Hydrosphäre

Vorwiegend sind es Flußauen, in denen die Schadstoffbelastungen deutlich über den Gehalten der an diese angrenzenden terrestrischen Bereiche in den Städten liegen. Die Schadstoffbelastung ist vorwiegend auf die Sedimentation belasteter Schwebstoffe zurückzuführen, z.T. auch auf die Adsorption von Schadstoffen aus der gelösten Phase an Bodenkomponenten (Eisenoxide, Tonminerale, Humusstoffe). Extrem hohe Schwermetallanreicherungen in Flußsedimenten und den Fluß- und Bachauenböden werden meist im Abstrombereich von vergangener oder gegenwärtiger Erzverarbeitung gefunden (Hiller 1991). Infolge der teils großen Mächtigkeit der in den Auen abgelagerten Sedimentschichten, kann eine Belastung mit Schadstoffen auch noch in Tiefen von mehr als einem Meter häufig nachgewiesen werden. Die Tiefgründigkeit der Belastung in diesen Böden ist dadurch deutlich größer als bei Schadstoffimmissionen über die Atmosphäre.

Durch verbesserte Rückhaltemaßnahmen der Einleiter ist der weitere Schadstoffinput rückläufig, so daß in den derzeit zur Ablagerung kommenden Sedimenten weniger Schwermetalle bzw. organische Schadstoffe gemessen werden können. Die Schadstoffmengen der älteren Sedimente bleiben aber in ihrer Gesamtmenge weitgehend unverändert (Abb. 3).

Ein weiterer Eintragsfaktor, wie auch Ausbreitungsweg, ist das Ziehen belasteter Sicker- oder Grundwässer im Boden bzw. im Aquifer. Von Altlastenstandorten abgesehen, tritt dies vorwiegend im Umkreis von Aufschüttungen oder Aufhaldungen dann auf, wenn mehr Niederschlagswasser fällt, als vom Boden gegen die Schwerkraft gespeichert werden kann.

Im Ruhrgebiet sind Bodenbelastungen durch Stoffausträge von Bergematerialhalden des Steinkohlenbergbaus weit verbreitet. Auf den Halden verwittert das Bergematerial, und es werden mit den Sickerwässern in einer ersten Phase leichtlösliche Salze herausgelöst. Später werden dann die im Verlauf der Inkohlung gebildeten Schwefelverbindungen (vor allem das Eisensulfid Pyrit, FeS_2) oxidiert. Bei diesem Vorgang bildet sich Schwefelsäure, wodurch die durch Haldensickerwässer beeinflußten Böden versauern, das Grundwasser oder Oberflächenwässer stark mit Sulfat und anderen Ionen (Chlorid, Alkalien, Schwermetalle) angereichert werden (Benda et al. 1988).

4 Schadstoffeintrag in urbane Böden durch natürliche Erosions- und Akkumulationsprozesse

Lokal können durch natürliche Erosions- und Akkumulationsvorgänge erhebliche Schadstoffmengen umgelagert werden (Zuzok und Burghardt 1987). So finden sich in der Regel am Fuß von Aufhaldungen durch Wassererosion abgeschlämmte Schadstoffe im Oberbodenbereich wieder.

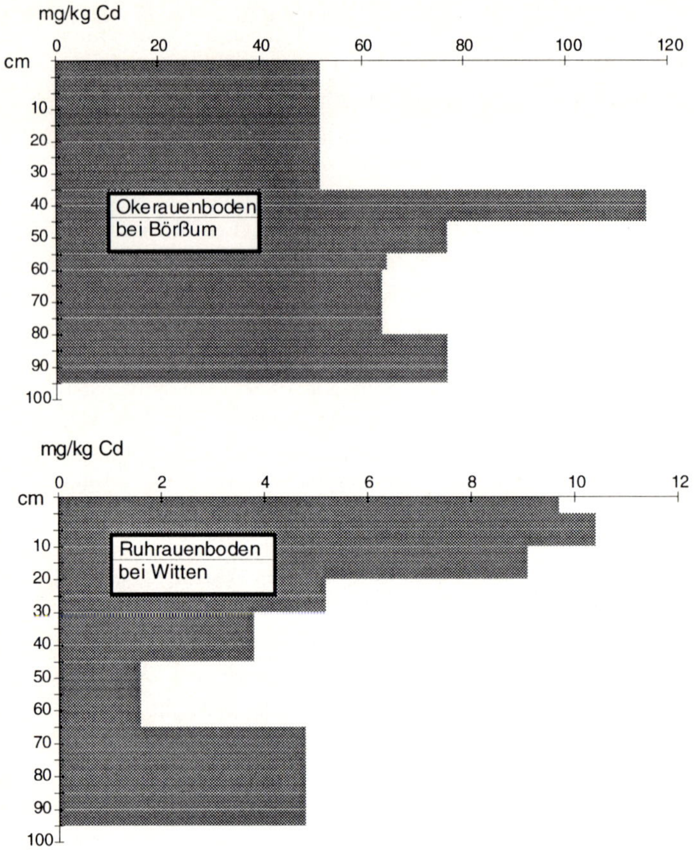

Abb. 3. Tiefenverteilung der Cadmiumbelastung in Auenböden der Oker und Ruhr (Hiller 1991)

Besonders anfällig für die Abschlämmung belasteter Feinmaterialien sind Haldenflankenbereiche, die nur eine unzureichende Vegetationsdecke aufweisen. Teilweise ist die Ausbildung einer geschlossenen Vegetationsdecke dadurch behindert, daß die Haldenflanken zu steil geschüttet sind. Hierdurch kommt es zum Abrutschen von (Abdeckungs-)Bodenmaterial und zur Ausbildung von Abflußrinnen, in denen flächig auftreffendes Niederschlagswasser sich "kanalisiert", wodurch die Erosivität des Wassers erhöht wird. Teilweise sind auch die Oberflächen der Halden mechanisch bzw. durch thermodynamisch begründete, chemische Umbildungen derart verhärtet, daß von der Vegetation kein ausreichend tiefgründiges Wurzelwerk aufgebaut werden kann.

Neben der Wassererosion ist auch der Austrag von schadstoffhaltigem Feinmaterial durch Ausblasungen zu beobachten, wobei vorwiegend auf den Leeseiten der Halden diese Stoffe an der Bodenoberfläche zur Ablagerung kommen. Je nach biologischer (Bodenwühler) oder anthropogener Aktivität (Leitungsbau u.a.) bzw. Löslichkeit des Schadstoffs erfolgt eine weitere Translokation der zunächst nur an der Bodenoberfläche vorliegenden Belastung, und es kommt zu einer tieferreichenden Schadstoffverlagerung im Bodenprofil.

5 Schadstoffeinträge in urbane Böden durch Auf- und Eintrag belasteter natürlicher und technogener Substrate

Der zur Zeit dominierende Eintragsweg von Schadstoffen in urbane Böden ist auf das gezielte oder unbewußte Einbringen von technogenen Substraten zurückzuführen. Extrembeispiele finden sich auf den Alt(lasten)standorten, auf denen nach Verunreinigungen durch

- Leckagen oder Handhabungsverluste während des Betriebes, Tank- und Kesselanlagenzerstörung durch Kriegseinwirkungen,
- Deponierung von eigenen und fremden Produktionsrückständen auf dem Betriebsgelände während und nach Beendigung des Betriebes,
- zurückgelassenes Material in den Anlagen nach Stillegung, Verlagerung bzw. Ausbreitung kontaminierender Substanzen durch Abriß und Planierungsmaßnahmen

tiefreichende hohe Schadstoffgehalte auftreten, die teilweise mehrere tausend mg Schadstoff pro kg Boden betragen können (Hiller 1994).

Jedoch beweisen bodenkundliche Profilaufnahmen von Stadtböden "ohne Industriegeschichte", daß die (ursprüngliche) Bodenoberfläche meist durch Auftragsschichten oder Beimengungen – teilweise ebenfalls belasteter – technogener Materialien wie Bauschutt, Aschen, Schlacken und Schlämmen überdeckt bzw. schadstoffbefrachtet ist. Ein noch ungelöstes Problem stellen die im Rahmen von Um- und Neubauten sowie Wartungs- oder Abrißarbeiten von Bauwerken, Straßen bzw. nicht bebauten Flächen durchgeführten unkontrollierten Transporte und Ablagerungen von Abbruchstoffen sowie Erdaushub dar. Insbesondere nach dem Krieg wurden bei der Trümmerbeseitigung schadstoffhaltige Massen in Bombentrichtern oder natürlichen Mulden, kleinen Tälchen oder Bachauen verkippt und mit einer mehr oder weniger mächtigen Bodenschicht abgedeckt. So ist es insbesondere in den Städten sowie deren unmittelbarer Umgebung nicht selten, daß unter einer (aufgetragenen) unbelasteten Bodenschicht eine mit mehr oder weniger starken Schwermetall- oder organischen Schadstoffbelastung befrachtete (Bau-)Schuttablagerung vorgefunden wird. Bei einer entsprechenden biologischen (Regenwürmer, Maulwürfe, Kaninchen u.a.) oder menschlichen Aktivität (Geländemodellierungsmaßnahmen, Leitungsgrabenbau u.a.) werden Schadstoffe in die oberen Bodenhorizonte umgelagert. Beispiele für eine minder starke Belastung im Untergrund durch Bauschutt – vormals städtische Parkfläche, jetzt Spielplatznutzung – sind in den Tabellen 5 und 6 aufgeführt.

Ursache für eine weitere diffuse Schadstoffanreicherung in urbanen Böden ist der Wiederverwertungsdruck auf das verarbeitende Gewerbe und die Industrie. Hierbei werden häufig schadstoffhaltige Rest- und Abfallprodukte in einem nicht unerheblichen Maße Baustoffen zugeschlagen (Tabelle 7). Gerade bei den Baustoffen hat der Endverbraucher nur selten die Möglichkeit, sich über eventuelle Beimengungen zu informieren. Nur ein Beispiel für eine verdeckte, diffuse Schwermetallverteilung ist die Entsorgung von Eisenoxiden aus industrieller Abwasserreinigung, deren Adsorptionskapazität mit potentiell toxischen Schwermetallen ausgeschöpft ist. Diese schwermetallangereicherten Eisenoxide werden u.a. als Farbpigment bei der Dachziegelherstellung dem Ton beigemengt. Ein anderes Beispiel ist der Zuschlag von Müllverbrennungssalzen und -flugaschen in Zement, oder die Verwendung von Schlacken als Kiesersatzstoff im Beton.

Tabelle 5. Schwermetallgesamtgehalte (in mg/kg) aus drei Bodenschichten eines Phyrosols auf Lößlehm über Bauschutt aus Essen (Hiller 1995)

Element in mg/kg	Humoser Oberboden 0-20 cm	Lößlehm-überdeckung 20-50 cm	Bauschutt-ablagerung > 50 cm
Kupfer	22,1	14,4	54,5
Nickel	21,1	21,9	18,8
Zink	154	82,4	310
Cadmium	0,33	0,20	0,60
Blei	57,7	23,7	185
Arsen	8,06	7,8	9,8
Chrom	26,4	27,0	26,1

Tabelle 6. Organische Schadstoffgehalte (PAK in mg/kg) aus drei Bodenschichten eines Phyrosols auf Lößlehm über Bauschutt aus Essen

PAK-Verbindung mg/kg	Humoser Oberboden 0-20 cm	Lößlehm-überdeckung 20-50 cm	Bauschutt-ablagerung > 50 cm
Benzo(a)pyren	0,57	0,15	1,2
16 EPA-PAK-Gesamt	11,4	2,62	36,3

Darüber hinaus werden belastete industrielle Reststoffe häufig in Lärmschutzwällen, (un)gebundenen Platz- und Wegedecken, Straßenober- und -unterbauten, im Füllmaterial von Geländemodellierungsmaßnahmen vorgefunden.

Tabelle 7. Zusammenstellung über den Einsatz industrieller Reststoffe im Garten- und Landschaftsbau (nach Meuser 1992, ergänzt)

Baustoff	Industrieller Reststoff	Schadstoffspektrum
Betonbau		
Zuschlagsstoffe	Hochofenstückschlacke, Hüttensand, Hüttenbims	Schwermetalle
Zement	Hüttensand, Müllverbrennungssalze, -stäube	Schwermetalle
Betonwerksteine	Tönungen, Hüttensand	Schwermetalle
Ortbetonwege	Hochofenstückschlacke	Schwermetalle
Wegebau		
Unterbau	(Eisenhütten-)Schlacken, Asphaltaufbruch, Bauschutt	Schwermetalle
Wassergebundene Decken	Rostaschen, Flugaschen und -stäube, Eisenhüttenschlaken, Ziegelmehl	Schwermetalle, org. Schadstoffe
Oberflächenschutzschicht	Bitumen, Bitumenemulsion, Steinkohlenteer, Verschnittbitumen, Heiß-/Kaltteer	Schwermetalle, org. Schadstoffe
Schwarzdecken	Bitumen, Bitumenemulsion, Steinkohlenteer, Verschnittbitumen, Heiß-/Kaltteer	Schwermetalle, org. Schadstoffe
Sportplatzbau		
Tennenbeläge	Kesselaschen, Ziegelschotter, Puddelofenschlacke	Schwermetalle, org. Schadstoffe
Unterbau	Bauschutt, Rostaschen, Müllverbrennungsschlacken	Schwermetalle, org. Schadstoffe

Literatur

Benda, B., Benda, R., Burghardt, W. (1988) Veränderung landwirtschaftlicher Grundwasserkontaminationen durch Stoffeinträge und hydrochemische Einflüsse anderer Formen der Landnutzung am linken Niederrhein. Mitt. Dtsch. Bodenkundl. Ges. 57: 31-36.

Behnke, R., Steffens, H. (1993) Straßenverkehrsabhängige Kontamination von Böden entlang von Straßen. Projektarbeit, Universität Essen.

Duisburger Umweltthemen (1992) Hrsg. von: Stadt Duisburg, Der Oberstadtdirektor, Umweltdezernat, Rathaus Burgplatz 19, 47051 Duisburg.

Häckel, H. (1990) Meteorologie, 2. Aufl., Stuttgart, 402 S.

Hiller, D.A. (1991) Elektronenmikrostrahlanalysen zur Erfassung der Schwermetallbindungsformen in Böden unterschiedlicher Schwermetallbelastung. Bonner Bodenkundl. Abhandl., Bd. 4.

Hiller, D.A. (1994) Leitlinien für den kommunalen Bodenschutz anhand von Fallbeispielen, 227-250. In: Ökologische Altlasten in der kommunalen Praxis (Hermanns, K., Walcha, H., Hrsg.). Dt. Gemeindeverlag und Kohlhammer-Verlag, Köln.

Mechanische Eingriffe in Stadtböden

Eckhard Cordsen

Zusammenfassung

Die *Hauptgründe* für die Durchführung mechanischer Eingriffe in Stadtböden liegen in der *fortschreitenden Siedlungstätigkeit* der Menschen. Damit verbunden sind zwar auch Veränderungen von Böden durch den *Abbau von Bodenschätzen* und die *Deponierung von Müll- und Abfallstoffen* zu verzeichnen, der Hauptteil der mechanischen Eingriffe in Böden erfolgt jedoch im Zusammenhang mit der Durchführung von Hoch- und Tiefbauten zur *Errichtung von Gebäuden und Verkehrswegen.* Dies trifft sowohl für Bodenauf- und -abträge als auch für Bodenversiegelungen zu, die beiden Gruppen, die man bei diesen Bodenbelastungen unterscheiden kann. Beide sind in vielen Fällen mit Bodenverdichtungen verbunden. Neben völligen *Zerstörungen von Böden* durch ihren Abtrag wirken sich Bodenbelastungen durch Aufträge und Versiegelungen negativ auf alle *Bodenfunktionen* und ihre Träger aus. Sowohl das *Bodenleben* als auch die Eignung von Böden als *Pflanzenstandort* werden nachhaltig gestört. Belastungen des *Stoff- und Wasserhaushaltes* sind die Folgen, die tiefgreifende Rückwirkungen auf die gesamten Ökosysteme haben.

1 Einleitung

Mechanisch in Böden eingreifen heißt, Böden unter Aufwendung von Energie mehr oder weniger tiefreichend zu *durchmischen*, Bodenmaterial *abzutragen* oder aber Materialien auf Böden *aufzutragen* sowie Böden zu *verdichten.* Auch Kombinationen dieser Eingriffe sind möglich, wenn nicht die Regel.

Mechanisch eingegriffen wird in land- und forstwirtschaftlich sowie garten*baulich* genutzte Böden ebensowie in Böden in *besiedelten* Bereichen. Dabei beschränken sich, außer im Falle von sogenannten Meliorationen, die mechanischen Eingriffe in den zur Pflanzenproduktion genutzten Böden zumeist auf Bearbeitungsmaßnahmen, d.h. weniger tiefreichende Durchmischungen und Verdichtungen. Die mechanischen Eingriffe in Böden besiedelter Bereiche haben dagegen häufig größere Ausmaße und sind mit Auf- bzw. Abträgen verbunden.

Besiedelte Bereiche bzw. Siedlungsflächen können einerseits als Stätten menschlicher *Produktionsprozesse* bzw. deren Gegenteil in Form von *Deponien* ausgeprägt sein. Die so genutzten Böden liegen nicht zwangsläufig in von Menschen direkt besiedelten, im engeren Sinne urbanen Räumen. Sie finden sich auch, wenn nicht genauso häufig oder vorrangig, innerhalb der genutzten Kulturlandschaft in den Außenbereichen.

Andererseits sind Siedlungsflächen im Sinne von von Menschen bewohnten urbanen Räumen als Dorfschaften und Städte ausgeprägt, die die Grundbedürfnisse Wohnen, Kommunikation und Fortbewegung/Mobilität befriedigen. Damit verbunden sind die Bauten von Hoch- und Tiefbauwerken in Form von *Gebäuden* und *Verkehrsflächen.*

Materialien, die auf Böden aufgetragen werden, können je nach Gründen der Auftragung sehr unterschiedlich beschaffen sein. Grundsätzlich lassen sich hierbei *Lockermaterialien*, die dementsprechend mehr oder weniger wasserdurchlässig sind, und *Festmaterialien*, die die Böden z. T. wasserundurchlässig versiegeln, unterscheiden.

Den einleitenden Gedanken entsprechend wird das genannte Thema im folgenden in zwei Abschnitte unterteilt: Der erste Abschnitt befaßt sich mit *Bodenauf-* und *-abträgen*, der zweite mit *Bodenversiegelungen.*

2 Bodenauftrag und Bodenabtrag

2.1 Gründe

Künstliche, von Menschen durchgeführte Aufträge von unterschiedlichen Lokkermaterialien auf Böden und Abträge von Boden- und Gesteinsmaterialien lassen sich in drei Gruppen unterteilen:

- Bodenauf- und -abträge im Zuge von *Hoch- und Tiefbaumaßnahmen,*
- Bodenauf- und -abträge im Zuge der *Gewinnung von Bodenschätzen,*
- Bodenaufträge durch *Deponierungen.*

Diese drei Kategorien unterscheiden sich in ihren Umlagerungsrichtungen, in ihren Ausmaßen bezüglich ihrer Flächenanteile, in der Intensität/Tiefe der durchgeführten Eingriffe in die Böden und in den Arten der auf- und abgetragenen Materialien.

Es bestehen *Wechselbeziehungen* zwischen den drei genannten Kategorien: Bodenabtrag im Zuge des Betriebes von Abbauen zieht Bodenmaterialaufträge andernorts nach sich. Stillgelegte Abbaue dienen als Deponieflächen für Müll und Abfall wie auch für abgetragene Bodenmaterialien aus Baumaßnahmen aller Art. Werden abgetragene Bodenmaterialien an anderer Stelle nicht zentral deponiert, sondern zur weiteren Nutzung aufgetragen ("eingebaut"), ist es wichtig, auf ihre *Zusammensetzung* und *Qualität* zu achten. Eventuelle Belastungen abgetragener Bodenmaterialien müssen vor einer Wiederverwertung untersucht werden. Belastete Bodenmaterialien dürfen nicht eingebaut werden.

Nur am Rande genannt werden sollen hier Verfahren, durch die im Zuge einer *"Verbesserung" für die pflanzliche Produktion land- und forstwirtschaftlich sowie gartenbaulich in ihrem Aufbau genutzte Böden* grundlegende Veränderungen erfahren. Sie betreffen im engeren Sinne nicht die urbanen Räume. In diesem Zusammenhang sind eine Reihe von Moorkulturverfahren, Maßnahmen zur Veränderung des Wasserabflusses (Dränungen, Grabenentwässerungen) wie auch in früheren Zeiten die Plaggenwirtschaft (Abtrag von Gras- und Heidesoden und nach ihrer Nutzung als Stalleinstreu folgender Auftrag auf Ackerflächen) zu nennen. Im gartenbaulichen Bereich entspricht diesem Verfahren z.B. der Auftrag von Komposten.

2.2 Durchführung

Hoch- und Tiefbaumaßnahmen werden in *Siedlungsbereichen* im Zusammenhang mit der Anlage von *Gebäuden und Verkehrswegen* durchgeführt. Auch die Anlage von Freizeiteinrichtungen ist häufig mit Auf- und Abträgen von Bodenmaterialien verbunden. *Hochbebauungen* in Siedlungsbereichen sind zunächst einmal mit der Erschließung der vorgesehenen Flächen verbunden. Dabei werden die Böden aufgegraben, von *Ver- und Entsorgungsleitungen* durchzogen sowie die Bodenoberflächen nivelliert. *Kellerbauwerke* werden erstellt und dabei große Mengen von Bodenmaterial abgetragen.

Die Anlage von *Verkehrsflächen* ist ebenfalls mit Eingriffen in die Böden durch die Verlegung von großdimensionierten Ver- und Entsorgungsleitungen verbunden. Es werden neue *Oberflächenformen* (Relief) geschaffen, die den vorgegebenen Straßenquerschnitten entsprechen. Sie umfassen über die eigentlichen Gehwege und Fahrbahnen hinaus auch deren Randbereiche (Straßengräben, Lärmschutzwälle, Böschungen). Teilweise werden Verkehrswege auf *Dämmen* gebaut und sind dann mit Aufschüttungen verbunden, wenn z.B. Niederungen durchquert werden sollen. Neben Landverkehrswegen werden auch *Wasserstraßen* gebaut. Der Bau von Kanälen bedingt den Aushub großer Mengen von Boden- und Gesteinsmaterial, das andernorts wieder abgelagert werden muß.

Auch *Freizeitbereiche* werden häufig im Hinblick auf ihre Böden grundlegend umgestaltet. Dies bezieht sich sowohl auf den engeren häuslichen Bereich (*Hausgärten, Grünflächen, Spielplätze*) als auch auf durch Sportaktivitäten genutzte Bereiche. Neben *Sportplätzen* der Gemeinden, Schulen und Vereine mit *Aschenbahnen* und begrünten, nivellierten *Spielflächen* sind hier ebenfalls *Golf- und Tennisplätze* zu erwähnen.

Auch *Begräbnisplätze* unterliegen durch tiefreichende Aufgrabungen und gestalterische Maßnahmen umfangreichen mechanischen Eingriffen.

Mechanische Eingriffe in Böden werden auch im Rahmen der Gewinnung von sogenannten "*Bodenschätzen*" vorgenommen, die in den meisten Fällen dem Gesteinsbereich entstammen. In diesem Zusammenhang werden zunächst in der Regel die über dem Wirtschaftsgut entwickelten Böden abgetragen und aufgehaldet. Dies betrifft auch diejenigen Gesteinsanteile, die für eine Nutzung nicht in

Betracht kommen. Unterteilt werden diese Eingriffe in die *Tagebaue* und die *Untertagebaue*. Urbane Räume betreffen sie insbesondere dann, wenn sie innerhalb sogenannter "Reviere" durchgeführt werden. Diese sind meist dicht besiedelt. Menschliche Ansiedlungen müssen teilweise weichen, wenn sie innerhalb dieser Reviere auf abbaubaren Vorkommen errichtet worden sind.

Deponiert werden Materialien, die zur Zeit nicht mehr genutzt werden sollen oder die als *Müll und Abfall* angesehen werden. Dementsprechend schwankt die Nutzbarkeit dieser Materialien zwischen einer vielseitigen Verwendbarkeit (Wirtschaftsgut) und der Notwendigkeit, sie gegen einen stofflichen Austausch mit der Umwelt zu versiegeln. Letzteres hängt nicht unbedingt von der technogenen oder natürlichen Herkunft der Materialien ab. Neben verschiedenartigem *Müll und Abfall* (Haus-, Gewerbe- und Industriemüll) handelt es sich dabei um *Klärschlamm* und um *Sedimentaushub* aus stehenden oder fließenden Gewässern, der je nach Herkunft bzw. Nutzungsformen im Einzugsgebiet mehr oder weniger belastet sein kann. Primär unbelastet sind deponierte Materialien aus Abgrabungen natürlich anstehender Böden und Gesteine. Sie werden im Zuge von Baumaßnahmen und der Gewinnung von Bodenschätzen abgetragen. Zu unterteilen ist zwischen *Hochdeponien*, der *Verfüllung von Geländevertiefungen*, die natürlicher oder anthropogener Entstehung (Abbaue) sein können, sowie *Hanganschüttungen*. Auch eine breitflächige Deponierung ist möglich, jedoch höchstens dann hinzunehmen, wenn die zu deponierenden Materialien nachweislich unbelastet sind.

2.3 Ausmaß

Das *Ausmaß* der Veränderung der Böden durch *Siedlungstätigkeiten* läßt sich grob anhand statistischer Werte ableiten. Geht man davon aus, daß in Böden im Bereich der Siedlungsflächen in den meisten Fällen mechanisch eingegriffen worden ist, beschreibt der Siedlungsflächenanteil an den Gesamtflächen das Ausmaß. Nicht beschrieben wird mit diesem Wert, wie tiefreichend diese Eingriffe sind und welche Materialvolumina bewegt worden sind. Aus dem Ruhrgebiet gibt es Untersuchungen, nach denen dort 70-90% der Böden umgelagert worden sind, wenn sie nicht versiegelt sind.

Der *Siedlungsflächenanteil* im Bundesgebiet (alt) ist von 7,5% (1950) auf 12,5% (1985) angestiegen (Tabelle 1). Den Hauptanteil daran haben die *Gebäude- und Freiflächen* (1985: 6,2%) und die *Verkehrsflächen* (1985: 4,9%). Regionale Unterschiede bezüglich der Siedlungsflächenanteile ergeben sich aufgrund der jeweiligen Siedlungsstruktur. Bezogen auf die alten Bundesländer weist Bayern den geringsten Siedlungsflächenanteil auf (1989: 8,5%), Berlin (West) den höchsten (1989: 72,2%). Diesbezügliche Daten für die neuen Bundesländer liegen aus der Flächenerhebung 1993 vor, deren Veröffentlichung noch aussteht.

Der Anteil der durch *Abbaue* veränderten Flächen am Bundesgebiet setzt sich aus denjenigen Betrieben zusammen, die zur Zeit bewirtschaftet werden, und denjenigen, die bereits ausgebeutet und stillgelegt sind. 1989 sind für das Bundesgebiet (alt) 84 400 ha als Abbauland ausgewiesen worden (0,3%). Durch den Übertagebau werden im Bundesgebiet (alt) jährlich weitere 6000 ha genutzt. Der jährliche Zuwachs an *Abbauland* in den heutigen neuen Bundesländern betrug seit 1958 jährlich 2000 ha. Für die *Aufhaldung von Bergematerial* werden für die Zeit zwischen 1980 und 2000 insgesamt 1800 ha veranschlagt. *Groß- und Tieftagebaue* greifen bereits bis zu Tiefen von 500 m in Böden und Gesteine ein.

Der Flächenverbrauch einer *Deponie* setzt sich aus der Deponiefläche selbst sowie der direkt beeinflußten Umgebung zusammen. Je nach Größe der Deponie werden *Belastungsradien* zwischen 100 und 500 m um die Deponie herum angenommen, die stofflichen Belastungen z.B. durch Auswaschungen und Auswehungen aus den Deponien, jedoch keinen mechanischen Eingriffen unterliegen. Durch die Entsorgung von Abfällen in ehemalige Abbaue ist der diesbezügliche Flächenbedarf teilweise bereits in den Zahlen für diese enthalten.

Tabelle 1. Steigerung der Siedlungsflächenanteile im Bundesgebiet (alt); Datengrundlage: Statistisches Bundesamt

Bundesweit zwischen 1950 und 1985: **1 252 000 ha**	
(zum Vergleich: Landesfläche Schleswig-Holstein: 1 572 900 ha)	
pro Jahr: **35 771 ha**	
(zum Vergleich: Landesfläche Bremen: 40 400 ha)	
Pro Tag	
zwischen 1950 und 1985	**98 ha**
zwischen 1950 und 1960	**66 ha**
zwischen 1960 und 1970	**115 ha**
zwischen 1970 und 1977	**104 ha**
zwischen 1977 und 1985	**112 ha**
Zwischen 1950 und 1985	
bundesweit	**+ 67 %**
in den Regionen mit großen Verdichtungsräumen	**+ 70 %**
in den Regionen mit Verdichtungsansätzen	**+ 63 %**
in den ländlich geprägten Regionen	**+ 49 %**

2.4 Folgen

Hinsichtlich der *Folgen mechanischer Eingriffe* in Böden ist grundsätzlich zwischen Aufträgen und Abträgen zu unterscheiden. Durch Bodenauf- und -abträge ändern sich die *Standorteigenschaften* entscheidend. Dies bezieht sich auf alle Funktionen von Böden, da grundlegende Veränderungen der Bodeneigenschaften vorgenommen werden. Von ihnen hängen die Fähigkeiten von Böden ab, *Bodenfunktionen* wie das Angebot von Wasser und Nährstoffen sowie die Filterung, Pufferung und Transformation (Veränderung der Eigenschaften) von stofflichen Einträgen auszufüllen. Sowohl aufgetragene Bodenmaterialien als auch nach

Abtragungen an der Oberfläche anstehendes unverwittertes Material können diese Funktionen nicht in gleicher Weise leisten. Bei Auftrag stofflich *belasteter Materialien* können die Minderung der Eignung von Standorten zum Anbau von Pflanzen zur Nahrungsmittelproduktion sowie die Gefährdung des Grundwassers hinzukommen. Die *Veränderungen der Oberflächengestalt* im Bereich auf- und abgetragener Böden kann Rückwirkungen auf den Wasserhaushalt und das Gelände- und Kleinklima haben.

2.5 Nachsorgende Maßnahmen

Zur weiteren *Nutzung von Standorten*, deren Böden abgetragen oder auf die Materialien aufgetragen worden sind, ist es notwendig, diese so herzustellen, daß auf ihnen die vorgesehene Nutzung auch durchgeführt werden kann. Damit verbunden sind häufig wiederum mechanische Eingriffe wie *Nivellierung* der auf- oder abgetragenen Flächen, *Abdeckung* deponierter Materialien, *Auftrag von humosem Oberbodenmaterial*, *Lockerung* oder *Verdichtung* aufgetragener Bodenmaterialien u.a.m. Darüber hinaus sind häufig technische Maßnahmen zur geregelten *Entsorgung* von flüssigen (Sickerwässer) oder gasförmigen (Deponiegase) Abbauprodukten aufgetragener Materialien notwendig.

3 Bodenversiegelung

3.1 Definition

Bodenversiegelung ist die *anthropogene Isolierung der Pedo- von der Atmosphäre* durch die Bedeckung mit undurchlässigen (impermeablen) Substanzen wie Teer, Beton oder Gebäuden. Vergleichbare Folgen kann auch eine hochgradige anthropogene Verdichtung von Bodenoberflächen bewirken. Bodenversiegelungen sind nicht auf Bodenoberflächen beschränkt, sondern können in Form von baulichen Anlagen auch darunter (Keller, Tiefgaragen) erfolgen.

3.2 Gründe

Der Grund für die fortschreitende Versiegelung der Böden ist die *fortschreitende Siedlungstätigkeit* der Menschen. Ihr Bedarf an Wohnraum sowie gewerblich und öffentlich nutzbaren *Gebäuden* (Schulen, Krankenhäuser, Verwaltungsgebäude, Schwimmhallen, Sporthallen) ist in den letzten Jahren weniger wegen einer Bevölkerungszunahme, die in Mitteleuropa weitgehend zum Stillstand gekommen ist, als vielmehr durch gestiegene Ansprüche gewachsen. Dasselbe gilt für den gestiegenen Bedarf an Infrastruktur: Der Individualverkehr hat stetig zugenommen. Damit verbunden ist nicht nur der Bau von *Straßen*, sondern auch die Anlage von Flächen für den ruhenden Verkehr, entweder in Form von Parkplätzen oder aber in Form von Parkhäusern, Tiefgaragen sowie privaten Garagen. Versiegelt werden auch innerstädtische Plätze, die Fußgängern vorbehalten sind, sowie Vorgärten, die so ihre eigentliche Funktion nicht mehr erfüllen können.

Demgegenüber kann die Versiegelung von Flächen im gewerblich und industriell genutzten Bereich aber auch als Maßnahme zum Schutz der Böden und der Umwelt notwendig werden. Versiegelungen unterhalb der Bodenoberfläche (Unterflurversiegelungen) sind Folgen des Baues von Kanalsystemen (abgedeckte Ver- und Entsorgungsleitungen), Untergrundbahnen und anderen Tunnelbauwerken, Tiefgaragen u.a.m.

3.3 Durchführung

Versiegelungen von Böden unterscheiden sich in ihren *Belagsarten.* Unterschiedliche Versiegelungsmaterialien finden Verwendung: Deckschichten mit und ohne Bindemittel, Pflaster- und Plattenbeläge. Auch die Pflasterformen, Fugenanteile, Fugenformen und Unterbaubeschaffenheit variieren. Daraus folgend treten Unterschiede in den Durchlässigkeiten von Bodenversiegelungen auf (Tabelle 2). Dabei sind z.B. Pflasterbeläge, die auf den ersten Blick aufgrund ihres hohen Fugenanteils eine gute Wasserdurchlässigkeit zu gewährleisten scheinen, teilweise auf undurchlässigem Untergrund verlegt und z.B. in ein Betonbett eingelassen.

Tabelle 2. Porosität und Durchlässigkeit typischer Belagsarten Relativwerte im Vergleich zu natürlichen Böden mittlerer Lagerungsdichte (modifiziert nach Schulze et al. 1984)

1.0	Natürliche Böden mittlerer Lagerungsdichte
0.6	Wassergebundene Decken (Schotterrasen, Kiesflächen, Grand- und Tennenflächen) und Rasengittersteine auf natürlichem Boden
0.4	Mosaik- und Kleinpflaster mit großen offenen Fugen und einem Sand/Kiesunterbau
0.2	Verbundpflaster, Kunststein- und Plattenbeläge (Kantenlänge der Einzelkomponenten über 16 cm)
0.1	Asphaltdecken, Pflaster- und Plattenbeläge mit Fugenverguß oder gebundenem Unterbau
0.0	Dachflächen von Gebäuden unter oder über Geländeoberfläche

3.4 Ausmaß

Zahlenmaterial zum *Anteil versiegelter Böden* an den Gesamtflächen liegt näherungsweise in Form der Daten zu den Verkehrs- und Gebäudeflächenanteilen an den Gesamtflächen vor. Dabei wird die Bodenversiegelung flächenmäßig jedoch überbewertet, da bei beiden Nutzungsarten überformte, jedoch unversiegelte Randbereiche und Räume zwischen Gebäuden hinzugerechnet werden.

Gebäude- und Freiflächen sind in ihrem Anteil an der Gesamtfläche des Bundes (alt) von 3,2% (1950) auf 6,2% (1989), *Verkehrsflächen* von 3,5% (1950) auf 5,0% (1989) angestiegen. Bezogen auf die alten Bundesländer weist Bayern den geringsten Gebäude- und Freiflächen- (1989: 4,0%), Bayern und Schleswig-Holstein die geringsten Verkehrsflächenanteile (1989: jeweils 3,9%) auf. Den höchsten Gebäude- und Freiflächenanteil weist Berlin (West) mit 42,4% (1989), den höchsten Verkehrsflächenanteil ebenfalls Berlin (West) mit 17,0% (1989) auf.

Genauere Daten zu Versiegelungsgraden sind aus Spezialerhebungen in einer Reihe von Großstädten vorhanden. Sie basieren auf detaillierteren Nutzungstypisierungen als sie bisher das statistische Datenmaterial anbietet und werden anhand von Luftbild- und Kartenauswertungen sowie Geländeuntersuchungen erhoben. Aus einer Untersuchung städtischer Teilgebiete Erfurts ergeben sich besonders hohe Versiegelungsgrade für industriell genutzte sowie für innerstädtische Bereiche.

3.5 Folgen

Vollständig versiegelte Böden verlieren ihre *Funktionen* als Pflanzenstandort, Lebensraum von Organismen, Grundwasserspender und -filter. Dies wirkt sich auch auf das Klima aus. Insbesondere der Bodenwasserhaushalt wird grundlegend verändert, die Grundwasserneubildung in Gebieten mit hohem Versiegelungsgrad wird verringert, der Oberflächenabfluß wird erhöht und führt zu Hochwasserspitzen im Gebietswasserhaushalt.

3.6 Vorsorgende Maßnahmen

Den besten *Schutz vor Bodenversiegelungen* bieten entsprechende *Planungen*, die sowohl über das Instrument der *Flächennutzungs- und Bebauungspläne* eine weitere Bebauung der Landschaft eindämmen (Flächen- und Gebäuderecycling, Vorschriften der Bauweise) als auch beim Einzelobjekt Versiegelungen auf das unbedingt notwendige Maß beschränken können. Auch über die *Verkehrswegeplanung* sind quantitativ und qualitativ verbesserte Entwicklungen möglich. Nicht zuletzt soll auf eine für die Erhaltung der Böden und ihrer Funktionen möglichst günstige *Belagsartenwahl* hingewiesen werden.

3.7 Nachsorgende Maßnahmen

Eine nachträgliche Möglichkeit im Sinne des Bodenschutzes in urbanen Räumen sind *Entsiegelungsmaßnahmen*. Sie sind in unterschiedlichem Umfang bei nahezu allen versiegelten Böden durchführbar. Dabei hat sich herausgestellt, daß sowohl *Änderungen der Belagsarten* als auch *vollständiges Entfernen von Versiegelungen* bei Gemeinbedarfsflächen und im öffentlichen Straßenraum am ehesten zu verwirklichen sind. Hier sind aufgrund der besseren Zugriffsmöglichkeiten sowie wegen der höheren sogenannten "Entsiegelungspotentiale" die höchsten Aussichten auf Erfolg gegeben.

4 Bewertung

Im Auftrag des Bundesministers für Forschung und Technologie ist ein Forschungsbericht zu Bodenbeanspruchungen erstellt worden (CASA 1991). Hier wird unter anderem der Versuch gemacht, Belastungen durch mechanische Eingriffe in Böden zu bewerten. Dabei werden geringfügige Eingriffe als kaum belastend mit dem Wert 0-0,1 eingestuft, besonders schwerwiegende Eingriffe mit dem Ergebnis der vollständigen Zerstörung des Bodenkörpers mit dem Wert 1,0. Als schwerere Belastungen der Böden werden diejenigen angesehen, die entweder mit einer Versiegelung der Bodenoberflächen und bzw. oder mit einem tieferreichenden Eingriff verbunden sind. Sie werden in die obere Hälfte der vorgelegten Belastungsskala eingestuft. Teilweise findet auch die Herkunft in die Standorte eingetragener Materialien Berücksichtigung. Keine Berücksichtigung im Zuge dieses Bewertungsversuchs findet dagegen eine mögliche Bodenschutzfunktion von Versiegelungen. Weiterhin ist die Angabe eines Belastungsgrads 0 aus ökologischer Sicht bedenklich, zumal wenn er für Eingriffe in belebte Oberböden Verwendung findet, die auf jeden Fall bereits durch Um- und Zwischenlagerungen aus ihrem ökologischen Zusammenhang genommen und dadurch geschädigt werden.

Literatur

Berlekamp, L.-R., Pranzas, N. (1992) Erfassung und Bewertung von Bodenversiegelungen unter hydrologisch-stadtplanerischen Aspekten am Beispiel eines Teilraums von Hamburg. Dissertation, Universität Hamburg.

Blume, H.-P. (Hrsg.) (1992) Handbuch des Bodenschutzes. 2. Aufl., ecomed, Landsberg/Lech.

CASA – Contor für Architektur und Stadtplanung Aachen (1991) Bodenbeanspruchung, bodenrelevante Aspekte und Veränderungspotentiale unterschiedlicher Wohnsiedlungsformen. Forschungsbericht 0339142A, Bundesministerium für Forschung und Technologie.

Mohs, B., Meiners, H.-G. (1993) Kriterien des Bodenschutzes bei der Ver- und Entsiegelung von Böden. Forschungsbericht 107 03 007/16, Bundesminister für Umwelt, Naturschutz und Reaktorsicherheit.

Rosenkranz, D., Einsele, G., Harreß, H.-M. (Hrsg.) (1988) Bodenschutz. Schmidt, Berlin.

Schulze, H.-D., Pohl, W., Grossmann, M. (1984) Grünvolumenzahl GVZ und Bodenfunktionszahl BFZ in der Landschafts- und Bauleitplanung. Gutachten im Auftrag des Amtes für Landschaftsplanung der Freien und Hansestadt Hamburg.

Das Infiltrationspotential von Stadtböden am Beispiel Hamburgs

Rüdiger Wolff

Zusammenfassung

Das Wissen über die Wasserdurchlässigkeit urban, industriell und gewerblich überformter Böden wird vom AK Stadtböden (1989) als erheblich defizitär bezeichnet. Um diese Defizite zu mindern, wurden innerhalb einer Stadtbodenkartierung umfangreiche Infiltrationsmessungen zur Wasserversickerung in repräsentativen Untersuchungsflächen der Hansestadt Hamburg durchgeführt. Die Infiltrationsmessungen weisen in bewachsenen Freiflächen hohe und sehr hohe Infiltrationsleistungen nach (Wolff 1993). Dargestellt werden die verwendete Methode der Infiltrationsmessung, Meßbeispiele und die zusammenfassende Darstellung der Ergebnisse. Die Infiltrationspotentiale der Hamburger Stadtböden werden vor dem Hintergrund möglicher Niederschlagsintensität diskutiert.

1 Einleitung

Der Begriff Infiltration beschreibt das vertikale Eindringen des Wassers (Niederschlag, Bewässerung, Oberflächenabfluß etc.) über die Bodenoberfläche in den Boden. Entsprechend der Stoffzusammensetzung, der Stoffverteilung und des Standes der Bodenentwicklung kann sowohl das Primärporensystem als auch das Sekundärporensystem infiltrationswirksam sein und die Höhe der Infiltrationsraten (mm/h) im Zeitablauf bestimmen. Die Ermittlung von Infiltrationsleistungen in Stadtböden ist bedeutsam für unterschiedliche Fragestellungen (Abb. 1). So könnte z.B. abfließendes Regenwasser von Dächern und anderen versiegelten Freiflächen bei entsprechendem Bodenaufbau innerhalb von Versickerungsflächen die Sielsysteme bei hoher Niederschlagsintensität entlasten und zusätzlich zur Grundwasserneubildung beitragen. In anderen Fällen mag es sinnvoll sein, eine hohe Wasserinfiltration in Stadtböden über Verdichtung oder Versiegelung zu verringern oder zu unterbinden, wenn aufgrund der Passage durch entsprechende Bodensubstrate damit zu rechnen ist, daß grundwassergefährdende Stoffe durch das Versickerungswasser transportiert werden können. Das Versickerungspotential in Stadtböden ist jedoch nicht direkt vergleichbar mit entsprechend durchlässigen naturnahen Standorten, da die Bodenbestandteile, der Bodenaufbau und die Bodenentwicklung (Pedogenese) in urban und industriell überformten Gebieten vorwiegend anthropogen geprägt sind (Burghardt 1994; Hiller 1994).

2 Zur Methode der Infiltrationsmessung und der Ergebnisdarstellung

Die Infiltrationsmessungen wurden mit Doppelringinfiltrometern durchgeführt (Methode modifiziert nach Scheffer u. Collins 1966). Der Außenring hat einen Durchmesser von 400 mm, der Innenring einen Durchmesser von 198 mm, das Material besteht aus 2 mm dickem verzinktem Stahlblech (Aufbau des Infiltrationsgerätes s. Abb. 2).

Innerhalb der Stadtbodenuntersuchung wurden in Hamburg aufgrund von 381 Infiltrationsmessungen an 178 Standorten 39 480 Infiltrationsraten vorwiegend in unversiegelten Flächen gemessen. 4/5 der Infiltrationsmessungen erfolgten auf der Bodenoberfläche und im Oberboden (0-≤ 4 dm unter GOK), 1/5 der Infiltrationsmessungen wurden in einem Tiefenbereich > 4 dm unter Geländeoberkante (GOK) durchgeführt.

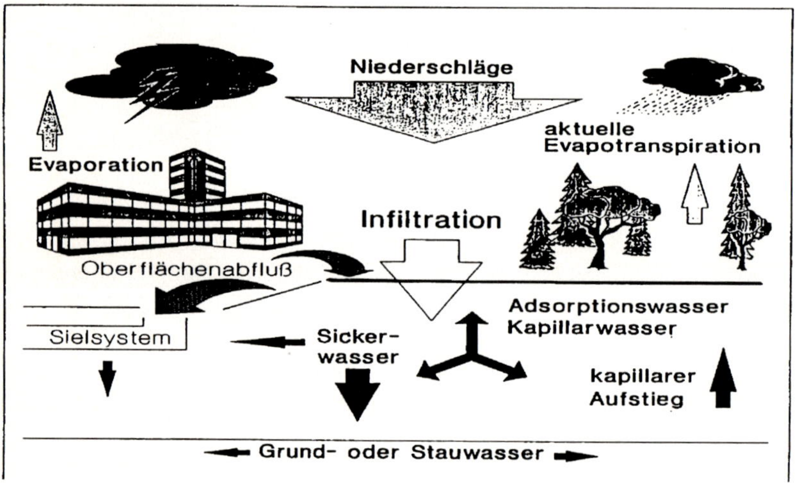

Abb. 1. Schema zur Darstellung der Infiltration und des Bodenwasserhaushalts in Stadtböden

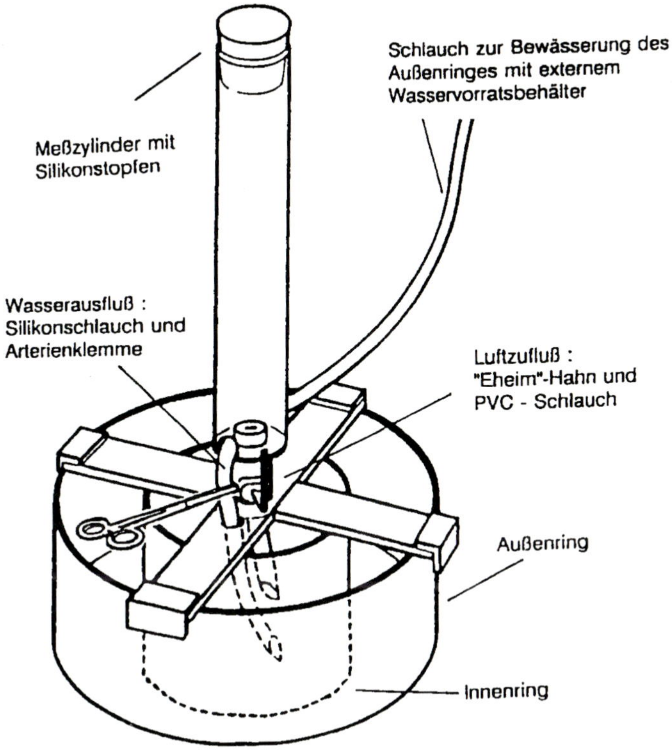

Abb. 2. Aufbau der verwendeten Infiltrationsgeräte (Wolff 1993)

Den Oberflächeninfiltrationen wurden "Kleinstnutzungen" zugeordnet. Hierbei handelt es sich um die "kleinste" beschriebene Nutzungseinheit innerhalb des Stadtbodenprojektes (siehe Wolff, 1993). Die Systematik der Nutzungstypen nach STABIS (Statistische Informationssysteme zur Bodennutzung, s. Pietsch u. Kamieth, 1991) konnte nicht verwendet werden, da eine Binnengliederung der einzelnen STABIS-Nutzungstypen auf dem Niveau von "Kleinstnutzungen" nicht vorliegt.

Zirka 59% der Infiltrationen wurden im Nutzungsbereich von Rasenanlagen und Wiesen durchgeführt. Hierbei handelt es sich um größere, mehr oder weniger gepflegte städtische Freiflächen mit Rasenbewuchs, wie sie z.B. in Parks und als Abstandsgrün zwischen Wohnblöcken in der Stadt angelegt wurden. Annähernd 23% der Oberflächeninfiltrationen erfolgten in Gebüsch- und Baumbereichen von Parks und Grünanlagen. Diese Bereiche sind i.d.R. ohne Rasenbewuchs, jedoch tiefgründig durchwurzelt. Zirka 5% der Infiltrationen wurden in Hausgärten und Beeten von Einzelhausbebauungen durchgeführt. Dieser "Kleinstnutzungsbereich" umfaßt vorwiegend Zier- und Nutzpflanzenbeete und ist vor allem durch intensive anthropogene Kulturmaßnahmen (z.B. Bodenlockerung, Düngung usw.) geprägt. 6% der Oberflächeninfiltrationen wurden im Bereich von Straßen, Wegen und Plätzen durchgeführt. Hierbei handelt es sich um verdichtete oder teilversiegelte Oberflächen, i.d.R. vegetationslos und biotisch verarmt, wie sie z.B. bei Wäschetrockenplätzen, unbefestigten Parkstreifen und bei Wegen vorliegen, die durch Sand, Schotter und Schlacken befestigt sind. 7% der Infiltrationen wurden "sonstigen" Nutzungsbereichen zugeordnet. Zu dieser Gruppe wurden z.B. Sandkisten, Pflanzkübel und Uferrandbereiche von Vorflutern gezählt.

Zur Interpretation des Infiltrationsverlaufs wurden mittlere Infiltrationsraten definiert: Die mittlere Anfangsinfiltration beschreibt die mittlere Infiltrationsrate im Zeitablauf vom Beginn der Infiltration bis zu 10 min, die mittlere Endinfiltration beschreibt die mittlere Infiltrationsrate im Zeitablauf vom Beginn der Infiltration bis zu 60 min (s. Tabelle 2 und 3). Diese Zeitintervalle wurden gewählt, um Aussagen zum Infiltrationsverlauf während der Infiltrationsdauer machen zu können. Als unzweckmäßig erwies sich in diesem Zusammenhang die Verwendung der ersten und letzten Infiltrationsrate, da diese meßtechnisch und standortbezogen nicht repräsentativ war (s. Abb. 3 und 4). Auch die zeitlichen Überschneidungen der Zeitintervalle wurden bewußt gewählt, da einzelne Infiltrationsversuche nach mehreren Minuten erste Meßwerte lieferten; andere Infiltrationsmessungen konnten nur für Zeitintervalle von wenigen Minuten durchgeführt werden, da es meßtechnisch nicht möglich war, extrem hohe Infiltrationsraten (>> 1200 mm/h) über längere Zeitintervalle (i.d.R. 60 min) zu messen.

Um die Infiltrationsmessungen besser veranschaulichen zu können, wurden zusätzlich pro Infiltrationsversuch Infiltrationskurven errechnet, die eine Anpassung an den Punktschwarm der einzelnen Meßraten darstellen (vgl. als Beispiele Abb. 3 und 4).

3 Ergebnisse

3.1 Zur Interpretation des Infiltrationskurvenverlaufs

Anfänglich sind relativ hohe Infiltrationsraten typisch, die sich mit fortschreitender Zeit asymptotisch einer konstanten Infiltrationsrate annähern. Nach Colemann und Bodmann (zit. aus Hartge 1978) sind beim Wasserüberstau im wasserungesättigten Boden 5 Zonen zu unterscheiden:

1. Sättigungszone,
2. Übergangszone,
3. Transportzone,
4. Befeuchtungszone,
5. von der Infiltration unbeeinflußte Zone des Ausgangswassergehalts.

Die Methode der Infiltrationsmessungen durch Doppelring-Infiltrometer (s. Abb. 2) setzt einen Wasserüberstau voraus, d.h., daß das Wasserangebot größer ist als das Infiltrationsvermögen. Der Bereich der Sättigungszone beträgt i.d.R. nur wenige Zentimeter. Nach einer Übergangszone folgt die Transportzone mit einheitlichem Wassergehalt. Die Befeuchtungszone stellt den Grenzbereich zur unbeeinflußten Zone des Ausgangswassergehalts im Boden dar. Der Matrixpotentialgradient zwischen der Sättigungszone und dem Anfangswassergehalt des Bodens unterhalb der Befeuchtungszone wird durch den anfänglichen Verlauf der Infiltrationskurven abgebildet. Im Infiltrationsverlauf wird die Bodenfeuchte zunehmend erhöht, so daß der hydraulische Gradient abnimmt und sich dem Wert 1 nähert.

Wegen dieser charakteristischen Änderung des Wassergehalts (bzw. des hydraulischen Gradienten) im Boden werden anfänglich relativ hohe Infiltrationsraten gemindert, und mit zunehmender Mächtigkeit der Transportzone werden i.d.R. zunehmend konstante Infiltrationsraten gemessen. In diesem Stadium entsprechen die Transportraten im mit Wasser unvollständig gesättigten Boden, d.h. in der Transportzone, denjenigen der Infiltrationsraten der an die Bodenoberfläche abgrenzenden und mit Wasser gesättigten Zone, so daß die Infiltrationsraten über einen längeren Zeitraum konstant bleiben. Während des Infiltrationsvorgangs ist in der Transportzone eine Wassersättigung des Porenvolumens von bis zu 80% möglich.

3.2 Beispiele einzelner Darstellungen von Infiltrationsmeßergebnissen in ausgewählten typischen Stadtböden

Die Interpretation des Infiltrationsverlaufs wird in der Literatur hinsichtlich des Einflusses unterschiedlicher Bodenmerkmale dargestellt. Hierzu zählen Körnung, Struktur, Feuchte, Temperatur, Schichtungen und Verkrustungen. Verwiesen sei auf Literatur unterschiedlicher Autoren, z.B. Hillel (1980), Elrick (1980) und Richter (1986).

Dargestellt und interpretiert werden nachfolgend die gemessenen Infiltrationsraten und Infiltrationskurven anhand von 4 ausgewählten Beispielen der insgesamt 381 Infiltrationskurven.

Schwach bis mittel humoses Sand- und Schluffgemenge mit geringen technogenen Grobbodenanteilen wurde in 36% der Fälle innerhalb der unversiegelten Bodenoberflächen des Untersuchungsgebietes in einem Tiefenbereich von 0 bis ≤ 4 dm unter GOF ermittelt. (Zur Typisierung der Substrate und Definition von Klassen und Tiefenbereichen vgl. Wolff, 1993.) Dieser Substrattyp charakterisiert in der ersten Tiefenstufe vornehmlich Rasenflächen von Parkanlagen und Abstandsgrün im Wohnblockbereich. Die Flächen werden i.d.R. gepflegt, d.h. gemäht und gedüngt, und sind von Regenwurmgängen durchzogen.

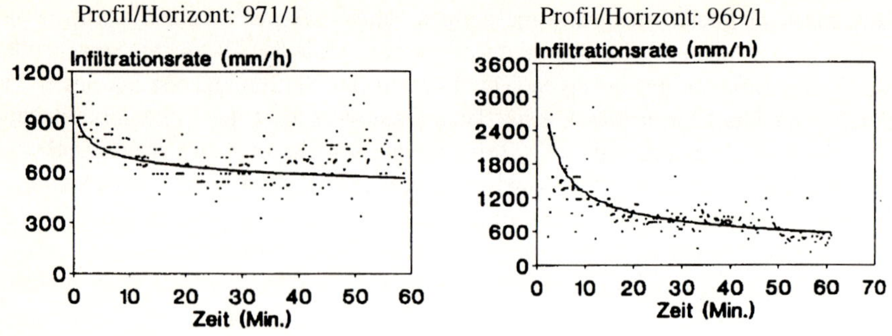

Abb. 3. Typischer Infiltrationskurvenverlauf eines schwach bis mittel humosen Sand- und Schluffgemenges mit geringen technogenen Grobbodenanteilen

Das erste Beispiel (Abb. 3) zeigt den Infiltrationsverlauf in einer parkähnlichen Rasenanlage im Wohnbereich einer Einzelhausbebauung (Profil/Horizont: 971/1). Der tiefgründige (bis 7 dm) mittel humose (3%) Oberboden wurde als stark schluffiger Sand bzw. schluffig-lehmiger Sand angesprochen (technogener Grobbodenanteil 1-2 Vol.-%). Mit zunehmender Tiefe nimmt der Aggregatanteil des Krümelgefüges ab und der Subpolyederanteil zu. Die gemessene Lagerungsdichte wurde als gering (1,3 g/cm^3), die FK als mittel (33,5 Vol.-%), die LK als hoch (17,7 Vol.-%) und auch der kf-Wert als hoch (40-100 mm/d) eingestuft. Als Infiltrationsraten wurden vorwiegend extrem hohe Werte (> 600 mm/h) gemessen.

Das zweite Beispiel (Abb. 3) zeigt den Infiltrationsverlauf in einer öffentlichen Parkanlage auf einer Rasenfläche (Profil/Horizont: 969/1). Der Wurzelfilzbereich ist durch Krümelgefüge geprägt, unterhalb des intensiv durchwurzelten Bodens überwiegen Subpolyeder. Die gemessene Lagerungsdichte im oberen Bodenbereich ist sehr gering (1,1 g/cm^3). Während im oberen Bodenbereich (0 bis ≤ 4 dm unter GOK) mittel humose, lehmige Sande dominieren, mit geringen technogenen Grobbodenanteilen, liegen im zweiten Tiefenbereich (> 4 dm unter GOF) humusfreie Sande mit teilweise hohen technogenen Grobbodenanteilen (bis 40 Vol.-%) vor. Dieser Substratbereich ist vorwiegend durch Einzelkorngefüge und geringe Lagerungsdichte geprägt. Die FK wurde als mittel (33,5 Vol.-%), die LK als hoch (17,7 Vol.-%) und der kf-Wert auch als hoch (40-100 mm/d) eingeschätzt. Als Infiltrationsraten wurden vorwiegend extrem hohe Werte (> 600 mm/h) gemessen. In beiden Fällen sind die extrem hohen Infiltrationsraten ohne die Vorgänge der Bioturbation durch die Bodenfauna und der Aggregierung der mineralischen und organischen Bodenkomponenten (Gefügebildung) nicht erklärbar. Auch die geringe und sehr geringe Lagerungsdichte weist auf das Fehlen von Verdichtungen hin.

Im zweiten Beispiel (Profil/Horizont: 969/1, Abb. 3) zeigt der Infiltrationsverlauf das tiefgründige Vordringen der Befeuchtungsfront im Grobporenbereich und das nachfolgende Vordringen in umgebende Matrixbereiche. Der Übergangsbereich, zwischen der Sättigungs- und Transportzone gelegen, ist in diesem Fall vorerst nicht auf die unmittelbare Bodenoberfläche beschränkt und dringt nicht horizontal in den Boden vor, sondern fingerförmig. Die Grenzflächen im Übergangsbereich werden durch das Grobporensystem bedeutend vergrößert, verursacht durch Prozesse der Pedogenese und des Substrataufbaus, wodurch die Höhe der Infiltrationsraten und der Verlauf der Infiltrationskurve erklärbar wird.

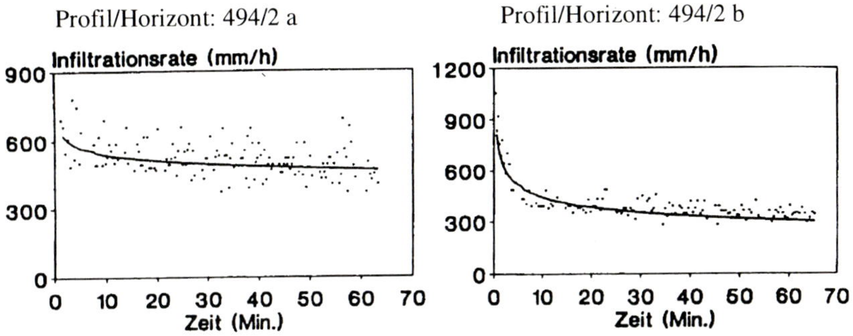

Abb. 4. Typische Infiltrationskurvenverläufe eines humusfreien Sandgemenges mit hohen technogenen Grobbodenanteilen; a und b sind Parallelmessungen

Humusfreies Sandgemenge mit hohen technogenen Grobbodenanteilen wurde als Substrat der Bodenbildung vorwiegend im Tiefenbereich > 4-≤ 10 dm unter GOK ermittelt (Häufigkeit 4%). Der Unterschied zum vorhergehenden Substrattyp besteht im hohen Anteil an technogenem Grobboden und im Fehlen von organischer Substanz. Die Beispiele der Abb. 4 zeigen zwei Parallelmessungen im Tiefenbereich von > 4 dm-≤ 10 dm unter GOK. Der Standort liegt in einer gepflegten Rasenfläche im Hinterhofbereich einer Blockbebauung.

Als Bodenart wurde Sand angesprochen, der Bauschuttanteil der Klasse > 30-≤ 50 Vol.-% zugeordnet, die gemessene Lagerungsdichte wurde als gering (1,2 g/cm^3) eingestuft. Als Grundgefüge wurde vorwiegend Einzelkorngefüge (> 2/3) und zu einem geringen Anteil (< 1/3) Kittgefüge angesprochen. Die FK wurde als sehr gering (5,6 Vol.-%), die LK als hoch (16,3 Vol.-%) und der kf-Wert als äußert hoch (> 300 mm/d) eingeschätzt. Der Feuchtezustand des Bodens wurde als schwach feucht eingestuft (zur Klasseneinteilung s. auch AG Bodenkunde 1994).

Die Infiltrationsraten sind anfänglich als extrem hoch (> 600 mm/h) und sehr hoch (> 300-≤ 600 mm/h) einzustufen und zum Abschluß der Infiltration als hoch zu bewerten (s. Tabelle 3). Das Einzelkorngefüge ermöglicht in dem Substratgemenge mit einem Grobbodenanteil von ca. 50 Vol.-% ein tiefgründiges Eindringen. Im ersten Beispiel streuen die Infiltrationsraten stärker und sind im Mittel ca. 100 mm/h höher als im zweiten Beispiel. Beide Kurvenverläufe weisen ein unterschiedliches Voranschreiten der Befeuchtungsfront aus. Während in dem ersten Fall das Wasser vornehmlich in Grobporen und Klüften vertikal in

das Substrat eindringt und anschließend in umgebende Matrixbereiche horizontal eindringt, wirkt das Matrixpotential im zweiten Beispiel vornehmlich zu Beginn des Infiltrationsvorgangs. Infiltrationswirksam ist in beiden Fällen das Primärporensystem des Einzelkorngefüges, da kein Aggregatgefüge existiert.
Die vorhergehend beschriebenen Infiltrationsbeispiele (Abb. 3 und 4) verdeutlichen den Infiltrationsvorgang in verschiedenen Tiefen unterschiedlicher Stadtböden. Durch Aufgrabungen einzelner Infiltrationsprofile konnten folgende Kenntnisse gewonnen werden:

- Anfänglich hohe und extrem hohe Infiltrationsraten und geringe Endinfiltrationsraten wurden in durchlässigen Bodenbereichen über stauenden Bodenbereichen gemessen. In Abhängigkeit von der Tiefe der stauenden Schicht kann diese Beziehung deutlicher oder weniger deutlich sein. Während des Infiltrationsvorgangs ist dieser Sachverhalt erkennbar durch das Absinken der Infiltrationsraten des Innenrings, während der Außenring des Doppelringinfiltrometers (s. Abb. 2) durchaus entsprechende Versickerungsleistungen im Zeitverlauf zeigt, wenn ein lateraler Wasserfluß auf der stauenden Schicht möglich ist (Wolff 1993).
- Tritt das Sickerwasser eines weniger durchlässigen Bodenbereichs über in einen stärker durchlässigen Bodenbereich, so verteilt sich unter Feldbedingungen die Wassermenge in dem gröberen Material nicht gleichmäßig, sondern dringt keil- bzw. fingerförmig vor. Die Zunahme der hydraulischen Leitfähigkeit des Bodens bewirkt letztlich die "Zergliederung" der Wasserfront, wobei die Raten von dem Bodenhorizont diktiert werden, der die geringste ungesättigte Wasserleitfähigkeit aufweist. Theoretisch könnte in extremen Fällen über sogenannte "Bypass-Bereiche" (z.B. Klüfte) Wasser direkt in den Grundwasserbereich überführt werden, ohne daß reinigende Filtermechanismen des Bodens wirken können.
- In Ausnahmen wurde eine kolbenförmige Sickerwasserfront festgestellt, hierzu zählen Sandschüttungen einheitlicher Korngröße, z.B. Sandkisten auf Kinderspielplätzen.

Innerhalb des Gesamtdatensatzes ergaben umfangreiche Verrechnungen von Infiltrationswerten, wie Anfangs- und Endinfiltration mit Standort- und Bodenmerkmalen, keine Grundlage zur Abschätzung von Infiltrationsleistungen in Stadtböden. Die Ergebnisse der Verrechnungen veranlassen zu folgender Aussage: In Stadtböden können Versickerungen aufgrund von Bodenmerkmalen nicht eindeutig geschätzt werden. Beziehungen zwischen einzelnen Bodenmerkmalen (einschließlich Nutzung) und Infiltrationsleistungen sind zwar auf der Auswertungsebene von Kontingenztabellen nachweisbar (vgl. Wolff 1993), bieten jedoch keine Basis zur Abschätzung mittlerer Infiltrationsraten im Gelände.

3.3 Infiltrationsklassen und Häufigkeitsverteilung mittlerer Infiltrationsraten

Die Einteilung der Infiltrationsklassen nach Kohnke (1968) – entsprechend verwendet durch den AK Stadtböden (1989) – ist aufgrund der Messergebnisse in Hamburger Stadtböden als unzweckmäßig anzusehen (Tabelle 1, 2 und 3).

Tabelle 1. Infiltrationsklassen und Infiltrationsraten nach Literaturangaben (nach Kohnke 1968)

Infiltrationsklassen	Infiltrationsraten
sehr gering	≤ 1
gering	> 1 bis ≤ 5
gering bis mittel	> 5 bis ≤ 20
mittel	> 20 bis ≤ 63
mittel bis hoch	> 63 bis ≤ 127
hoch	> 127 bis ≤ 254
sehr hoch	> 254

Eigene umfangreiche Messungen in Stadtböden weisen Mittelwerte aus (Tabelle 2), die nach Kohnke (1968) vornehmlich der Infiltrationsklasse "sehr hoch" (> 254 mm/h) zuzuordnen sind und somit keine weitere Differenzierung ermöglichen. Aufgrund dieser Meßergebnisse wurden neue Infiltrationsklassen definiert und den Meßergebnissen zugeordnet (Tabelle 3).

Tabelle 2. Zusammenfassende statistische Parameter der Anfangs- und Endinfiltration in zwei Tiefenbereichen der untersuchten Stadtböden

Tiefen stufen	Statistische Angaben zur Infiltration	Mittelwert	Standard-abweichung	rel. Variations-koeffizient (%)	Min.	Max.	Anzahl (n)
1.	mittlere	445	409	5,5	7	3660	266
2. und 3.	Anfangsinfiltration	287	235	12,1	13	1050	36
1.	mittlere	363	469	7,5	7	2500	332
2. und 3.	Endinfiltration	176	200	14,6	7	1000	49

Aus Tabelle 3 ergibt sich folgende Häufigkeitsverteilung:

Tiefenbereich 0 bis ≤ 4 dm unter GOK: Aufgrund der mittleren Infiltrationsraten innerhalb der ersten 10 min der Infiltration werden 55% dieser mittleren Anfangsinfiltrationen den Klassen sehr hoch bis extrem hoch (> 300 mm/h) zugeordnet. Der Anteil an diesem Klassenbereich ist im Zeitraum der mittleren Infiltrationsraten nach 60 min ca. 10% geringer. Die geringen und mittleren Infiltrationsraten (>1 bis ≤ 50 mm/h) sind im ersten Tiefenbereich (0 bis ≤4 dm unter GOK) selten. Im Bereich der mittleren Anfangsinfiltration beträgt deren Anteil ca. 3% , im Bereich der mittleren Endinfiltration 10%. Liegen in diesem Tiefenbereich sehr hohe bis extrem hohe Infiltrationsraten (> 300 mm/h) vor, so existiert im Mittel ein weitgehend linearer Infiltrationsverlauf. Bei geringen und mittleren Infiltrationsraten nimmt deren Höhe im Zeitverlauf (der Anfangs- und Endinfiltration) deutlich ab (vgl. Wolff, 1993).

Tiefenbereich > 4 dm unter GOK: In diesem Tiefenbereich sind die Klassen "gering bis mittel" (≤ 50 mm/h) der mittleren Anfangs- und der mittleren Endinfiltration deutlich häufiger vertreten als im Tiefenbereich 0 bis ≤ 4 dm unter GOK. Mittlere Infiltrationsraten im Bereich der Klasse "extrem hoch" (> 600 mm/h) fehlen im Tiefenbereich > 4 dm unter GOK vollständig.

Tabelle 3. Klassen und Häufigkeit mittlerer Infiltrationsraten in zwei Tiefenbereichen der untersuchten Stadtböden

Klassen der Infiltrationsraten (mm/h)	Infiltrationsklassen		Klassenzuweisung mittlerer Anfangsinfiltrationen 1.T. n	%	Anfangsinfiltrationen 2.und 3.T. n	%	Endinfiltrationen 1.T. n	%	Endinfiltrationen 2.und 3.T. n	%
≤ 20	gering	gering bis mittel	2	0,8	1	2,8	6	2,1	15	30,6
> 20-≤ 50	mittel		5	1,9	3	8,3	22	7,8	3	6,1
> 50-≤ 150	hoch		47	17,7	9	25,0	56	19,8	13	26,5
> 150-≤ 300			64	24,1	11	30,6	75	26,5	9	18,4
> 300-≤ 600	sehr hoch	sehr hoch bis extrem hoch	84	31,6	12	33,3	80	28,3	9	18,4
> 600-≤ 1200	extrem hoch		53	19,9	--	--	38	13,4	--	--
> 1200			11	4,1	--	--	6	2,1	--	--
Summe			**266**	**100**	**36**	**100**	**332**	**100**	**49**	**100**

1. T.: Tiefenbereich 0 bis ≤ 4 dm unter GOK;
2. und 3. T.: Tiefenbereich > 4 dm unter GOK
mittlere Anfangsinfiltration: mittlere Infiltrationsrate nach 10 min Infiltrationsdauer
mittlere Endinfiltration: mittlere Infiltrationsrate nach 60 min Infiltrationsdauer

3.4 Zur Niederschlagsintensität im Raum Hamburg und zum Infiltrationspotential der Stadtböden

Teile des Hamburger Sielsystems zählen zu den ältesten des Kontinents (entstanden nach dem großen Brand von Hamburg 1842). Das heutige Sielsystem umfaßt eine Länge von ca. 4400 km.Zirka 13 000 ha der Stadt werden nach dem Trennsystem besielt, ca. 11 000 ha sind nach dem Mischsystem besielt und weisen Überläufe in benachbarte Vorfluter auf.

Durch finanzielle Anreize fördert die Stadt die Bereitschaft zur Regenwasserversickerung und zur Nutzung des Regenwassers als Brauchwasser. So entsteht erst durch die tatsächliche Inanspruchnahme des Regenwasserkanals eine Beitragspflicht. Seit Herbst 1985 gewährt die Stadt Zuschüsse von bis zu 50% bei der Umwandlung von wasserundurchlässigen in wasserdurchlässige Hof- und Wegeflächen und bei der Anlage von Zisternen zur Brauchwassernutzung. Durch Rückhaltebecken und ähnliche Konstruktionen (z.B. Schlauchsystem "Moby Dick") versucht die Stadtentwässerung Niederschlagsspitzen abzufangen, die das Mischwassersystem überfordern und die Vorfluter erheblich belasten.

Trotz dieser Bemühungen werden an 76 Mischwasserüberläufen des Mischsystems pro Jahr ca. 30 Überlaufereignisse beobachtet, wobei 4-6 Mio. m^3 Mischwasser in die Alster und Nebengewässer gelangen.

Tabelle 4. Niederschlagsintensität und deren Ergebnishäufigkeit im Raum Hamburg. Daten: Deutscher Wetterdienst Hamburg; Wetterstation: Hamburg Fuhlsbüttel; Auswertungszeitraum: 1951 bis 1980; Auswertungsmonate: Mai bis September

Niederschlagsdauer (min)	Niederschlagshöhe (mm) und Ereignishäufigkeit				
	2 x pro Jahr	1 x in 2 Jahren	1 x in 5 Jahren	1 x in 10 Jahren	1 x in 20 Jahren
5	3,7	5,8	7,2	8,2	9,3
10	5,6	9,9	12,8	15,0	17,1
30	8,3	16,4	21,7	25,6	29,6
60	10,3	20,5	27,3	32,4	37,5

Die Meßergebnisse zum Infiltrationspotential weisen Versickerungsleistungen der bewachsenen und durchwurzelten Stadtböden aus, die genutzt werden könnten, um Niederschlagsspitzen in Freiflächen versickern zu lassen. Werden z.B. die mittleren Meßwerte der Infiltration (s. Tabelle 2 und 3) innerhalb der ersten 10 min und innerhalb von 60 min verglichen mit der Niederschlagshöhe und deren Ereignishäufigkeit in entsprechenden Zeitintervallen (s. Tabelle 4), so wird ersichtlich, daß die Infiltrationsleistung (mm/h) der bewachsenen Stadtböden um ein Vielfaches (10- bis 100fach) über der tatsächlich niedergehenden Regenintensität (mm/h) liegt.

Wenn diese hohe Infiltrationsleistung der bewachsenen Stadtböden beansprucht werden soll, so müssen neben der Stoffzusammensetzung des infiltrierenden Wassers und möglicher Schadstoffverlagerungen im Boden außerdem verschiedene Randbedingungen bewertet werden. Hierzu zählt die Funktion des Bodens als Filter (für grobdisperse Stoffe), als Puffer (für gelöste Stoffe) und als Pflanzenstandort (Nährstoff-, Luft- und Wasserhaushalt). Außerdem sind Fragen zur Hydrologie (z.B. Stauwasser und Grundwasserstand), Geologie (Abfolge und Mächtigkeit von Schichten) bis hin zu dem möglichen Einfluß des infiltrierenden Wassers auf die angrenzende Bausubstanz abzuklären.

4 Schlußfolgerung

Überraschend ist der große Prozentanteil der Anfangs- und Endinfiltrationen in der hohen bis extrem hohen Infiltrationsklasse, zumal in der Literatur "Stadtböden" i.d.R. auch als "verdichtet" eingestuft werden. So beschreibt Schulte (1988) in Bereichen geschlossener Bebauung Bodenverdichtungen im Oberboden bei Grünflächen, verursacht durch die Zerstörung oder Schädigung der Pflanzendekke. Sukopp (1979) weist darauf hin, daß vor allem im Bereich des Unterbodens bei Rekultivierungsmaßnahmen oder Auf- und Abtrag von Böden Verdichtungen durch Baumaschinen und Fahrzeuge erfolgten. Generell wurden diese Aussagen bei den Untersuchungen in Hamburger Stadtböden nicht bestätigt. Begründet wird dieser Sachverhalt mit der Tatsache, daß auch unversiegelte Stadtböden als Pflanzenstandorte aktive dynamische Systeme darstellen, die im Verlauf der Pedogenese – je nach Ausgangsmaterial – ein erhebliches Regenerationspotential aufweisen können. Ein Ausdruck der Bodenentwicklung im oberflächennahen Bereich ist die Gefügebildung durch Aggregation organischer und mineralischer Substanz. Die Infiltrationsleistung im Tiefenbereich von 0 bis ≤ 4 dm unter GOK erfolgt daher vorwiegend im "stabilen" Sekundärporensystem, einschließlich der Gänge und Röhren, verursacht durch Bioturbation, während in der anschließenden Tiefenstufe vorrangig das primäre Porensystem infiltrationsbestimmend wirkt.

Aufgrund dieser Untersuchungsergebnisse in Hamburger Stadtböden kann zusammenfassend von hohen mittleren Infiltrationsraten (> 50 bis ≤ 300 mm/h) ausgegangen werden; auf Grünflächen können sehr hohe (> 300 bis ≤ 600 mm/h) und extrem hohe (> 600 mm/h und > 1200 mm/h) mittlere Infiltrationsraten unterstellt werden. Die Höhe der Infiltrationsraten ist multifaktoriell bedingt. Sie wird verständlich bei Berücksichtigung der Bodenarten und deren Anteile an organischer Substanz und bei Berücksichtigung ihres Gefüges und ihrer Lagerungsdichte (vgl. Wolff 1993). Das Abschätzen von Infiltrationsleistungen allein über die Bodenarten, ohne Einbeziehung der Pedogenese, führt in belebten Böden zu falschen Ergebnissen. Daher sollten Interpretationen und kausale Beweisführung zur Erklärung von Infiltrationsraten zukünftig das Sekundärporensystem mit einbeziehen, einschließlich Lebendverbauung und Bioturbation.

Tatsächlich werden die nachgewiesenen hohen Infiltrationsleistungen der bewachsenen Hamburger Stadtböden z.Z. nicht in Anspruch genommen, um Niederschlagsspitzen abzufangen. So kommt es zu Überläufen aus der Mischwasserkanalisation, die einzelne Hamburger Oberflächengewässer ganz erheblich belasten. Dabei könnten in begrünten Muldensystemen ökologische Kreislaufsysteme eingerichtet werden, die vielfach positiver zu bewerten sind als die bisher vorherrschende Praxis, Stadtentwässerung als reines Entsorgungsproblem zu betrachten.

Literatur

Arbeitsgruppe Bodenkunde (AG) (1994) Bodenkundliche Kartieranleitung. Herausgegeben von der Bundesanstalt für Geowissenschaften und Rohstoffe und den Geologischen Landesämtern in der Bundesrepublik Deutschland, 4. Aufl., 392 S., Hannover. In Kommission: E. Schweizerbart`sche Verlagsbuchhandlung, Stuttgart

Arbeitskreis Stadtböden (1989) Empfehlungen des Arbeitskreises Stadtböden der Deutschen Bodenkundlichen Gesellschaft für die Bodenkundliche Kartieranleitung urban, gewerblich und industriell überformter Flächen (Stadtböden). UBA-Texte, 18/89, Berlin

Elrick, D.E. (1980) In: Hillel, D. (1980) Applications of Soil Physics. New York, 385 S.

Hartge, K. H. (1978) Einführung in die Bodenphysik, Enke, Stuttgart; 1. Aufl., S. 364

Hillel, D. (1980) Applications of Soil Physics. New York, 385S.

Kohnke, H. (1968) Soil Physics. McGraw-Hill, New York

Pietsch, J., Kamieth, H. (1991) Stadtböden: Entwicklung, Belastung, Bewertung und Planung. Taunusstein: Blottner 1991

Richter, J. (1986) Der Boden als Reaktor. Modelle für Prozesse im Boden, Enke, Stuttgart

Scheffer, G., Collins, H.J. (1966) Eine Methode zur Messung der Infiltrationsrate im Felde, Z. Kuturtech. Flurberein. 7: 193-199

Schulte, W. (1988) Auswirkungen von Verdichtungen und Versiegelungen des Bodens auf die Pflanzenwelt als Teil städtischer Ökosysteme. Informationen zur Raumentwicklung: Auswirkungen der Bodenversiegelung, H. 8/9, S. 505-516

Sukopp, H. (1979) Ökologische Grundlagen der Stadtplanung. Landschaft und Stadt; H. 4, S. 173-181

Wolff, R. (1993) Erfassung, Beschreibung und funktionale Bewertung der Eigenschaften von Stadtböden am Beispiel Hamburgs. Dissertation im Fachbereich Geowissenschaften der Universität Hamburg (Hrsg.: Verein zur Förderung der Bodenkunde in Hamburg, Allende-Platz 2, D-20146 Hamburg)

IV Stadtböden als Lebensraum

Besonderheiten urbaner Vegetation

Holger Kurz

Zusammenfassung

Der Schutz urbaner Böden kann nicht nur vom Streben nach Erhalt seltener Bodentypen und wesentlicher Bodenfunktionen bestimmt werden, sondern muß auch im Zusammenhang mit Pflanzen betrachtet werden, denen er als Lebensgrundlage dient. Es werden daher die Zusammenhänge zwischen Boden und Vegetation beschrieben und versucht, "Anforderungen" an urbane Böden aus der Sicht der Pflanzen zu definieren, um den Gesichtspunkt des Bodens als *Substrat* für Pflanzen und Tiere in Überlegungen zum Schutz einzubringen.

Die wahrscheinlichen Einflußgrößen werden dargestellt und ihre Folgerungen für den urbanen Bodenschutz diskutiert. Störung, Streß, Konkurrenz und Sukzessionsstadium werden als bestimmende Faktoren für "Einheitsböden" und Kalk- und Nährstoffgehalt, Feldkapazität, Drainierung usw. als bestimmende Faktoren für Böden mit besonderen Eigenschaften herausgearbeitet. Aus den für die Pflanzenwelt bestimmenden Einflußfaktoren werden Zielvorstellungen für den Schutz urbaner Böden abgeleitet, die die gesetzlich geforderte Erhaltung der Vielfalt des Naturhaushalts auch in der Stadt berücksichtigen.

1 Ökologische Faktoren in der Stadt

Seit den Arbeiten Sukopps (1973) rückte die Stadt als Gegenstand ökologischer Forschung in das Interesse der Ökologen. Packschies und Riedel (1986) stellten bereits vor fast einem Jahrzehnt fest, daß sich besonders am Stadtrand "... Biotope in einer Ausprägung und Vielzahl halten konnten, die in der reinen Agrarlandschaft schon längst nicht mehr selbstverständlich ..." sind. Im letzten Jahrzehnt konzentrierten sich folglich auch viele ökologische Arbeiten auf die Stadt und förderten zutage, daß besonders Stadtränder und Außenbereiche sowie Stadtbrachen interessante und artenreiche Lebensräume sein können. Welche Beziehungen bestehen nun zwischen urbaner Vegetation und urbanen Böden und welche Folgerungen für den Schutz urbaner Böden ergeben sich?

Urbane Vegetation, d. h. Vegetation im *besiedelten Bereich,* unterscheidet sich deutlich von der Vegetation im *Außenbereich.* Die Verletzbarkeit und Veränderbarkeit des Bodens, die unterschiedlich fortgeschrittene Sukzession, die wechselnden, teilweise sehr starken Kultureinflüsse des Menschen, aber auch die heterogenen Böden und lokalklimatischen Faktoren bedingen einen ungewöhnlich starken Wechsel der Vegetation in Raum und Zeit. Man findet meist ein kleinteiliges Mosaik verschiedener Bestände, bei denen weder eine genaue Beschreibung aller Vegetationseinheiten noch eine Zusammenfassung nach pflanzensoziologisch-systematischen Einheiten sinnvoll ist, da nur noch Rumpfgesellschaften vorkommen.

Um die Lebensräume in der Stadt zu beschreiben, geht man meist von Nutzungen aus und stellt Nutzungstypen auf, die mehrere kleinteilige Biotopeinheiten zusammenfassen. So hat es sich seit den Arbeiten Sukopps in Berlin eingebürgert, verschiedene Bebauungstypen als Grundlage der Beschreibung urbaner Vegetation zu verwenden. Man unterscheidet Block-, Einzelhaus-, Blockrand- und Zeilenbebauung, Kleingärten usw. Zusätzlich wurde die Stadtzone (innen/außen) berücksichtigt und das Alter der Bebauung. Der Boden wird jedoch in diese Gliederung kaum einbezogen.

1.1 Einflüsse des Stadtklimas

Die Stadtzone ist entscheidend für lokalklimatische Besonderheiten. Je weiter man in die Stadt dringt, um so mehr prägen sich typische klimatische Unterschiede zwischen Stadt und Land aus (nach Jäger 1989):

1. Der Erdboden ist weitgehend überbaut; die Materialien der Straßen und Dächer (Beton, Ziegel, Asphalt usw.) haben andere thermische Eigenschaften als der Naturboden (höhere Wärmeleitfähigkeit, größere Wärmespeicherkapazität). Mauern, Dächer und Straßenoberflächen speichern daher mehr Sonnenwärme als natürliche Ökosystemstrukturen (außer Felsen).
2. Die Stadt selbst ist Wärmeerzeuger, besonders im Winter.
3. Die Existenz einer Schmutz- und Staubglocke ist dafür verantwortlich, daß ein beträchtlicher Teil der von Oberflächen reflektierten Sonnenstrahlen wieder zurückgeleitet wird und der Wärmeabfluß somit verringert wird (Treibhauseffekt).
4. Mittels Versiegelungen, Rinnsteinen und Kanalisation werden Niederschläge rasch abgeleitet; Schnee wird z.T. abgetragen und aus der Stadt befördert.

Eine Großstadt stellt eine regelrechte "Wärmeinsel" dar, in welcher die Lufttemperatur stets höher ist als im Umland. Die Temperaturdifferenz beträgt am Tage etwa 1 °C, in der Nacht aber gewöhnlich 4-5 °C und kann sich an windstillen Wintertagen vor Sonnenaufgang auf über 10 °C erhöhen. Gleichzeitig ist trotz höherer Niederschläge das Stadtklima trockener (wegen der schnellen Abführung des Regenwassers) und nebelreicher (wegen zahlreicher Kondensationskerne der Staubglocke). Schließlich herrscht wegen der künstlichen Beleuchtung ein eigenes "Lichtklima".

Das besondere Stadtklima einerseits und die spezifischen abiotischen Strukturen (Bauwerke) andererseits erklären zumindest zum Teil die Existenz einer typisch zusammengesetzten Stadtflora, die auch durch zahllose vom Menschen angepflanzte fremdländische Bäume, Sträucher und andere Zierpflanzen geprägt ist. Manche nur eingeschränkt winterharte Gehölz- oder Staudenart kann sich bei uns in Städten halten. Es handelt sich dann nicht nur um Arten aus Süd- oder Osteuropa, sondern auch um Arten aus anderen Kontinenten, z.B. Schmetterlingsflieder aus Ostasien, Robinie aus Amerika oder Bocksdorn aus Westasien, die sich alle auch spontan, d. h. ohne Mithilfe des Menschen, in der Stadt ausbreiten können. Wo es Ödland oder Schuttflächen gibt, bildet sich eine typische Ruderalvegetation aus (von lat. *rudus*: Schutt). Charakteristisch sind auch Moos- und je nach Luftqualität Flechtenpolster auf Dächern und an Mauern.

1.2 Einflüsse der Stadtböden

Unter den verschiedenen Standortfaktoren der Stadt ist der Boden einer der wichtigen Aspekte. Pflanzen entsenden Wurzeln in ihn und brauchen ihn als Stütze, als Wasser- und als Nährstofflieferanten. Bei Stadtböden ist meist der Nährstoffstatus verändert; Verdichtungen und Überschüttungen sind häufig. Grundwasserböden sind stets verändert, da in Städten Grundwasser großräumig abgesenkt wird.

Bezüglich der Schadstoffe im Boden sind Belastungen mit Schwermetallen in der Stadt vor allem in Lee zu Industriegebieten häufig und rufen Veränderungen und vor allem Verarmungen der Vegetation hervor. Durch den Eintrag von Schwermetallen werden in erster Linie die Bodenorganismen geschädigt. Dies führt zu einer verminderten biologischen Aktivität des Bodens und damit zu gehemmter Nährstoffnachlieferung. Die Konkurrenzverhältnisse im Vegetationsbestand verschieben sich dann zugunsten der "anspruchslosen" Arten (ausführlich dargestellt in Preisinger 1987).

1.2.1 Nährstoffangebot

Sortiert man die gefährdeten Pflanzenarten der Roten Listen nach ihren Nährstoffansprüchen (z.B. nach Zeigerwerten), so stellt man fest, daß Organismen um so mehr gefährdet sind, je stärker sie auf Nährstoffarmut spezialisiert sind. Seit der Erfindung des Kunstdüngers werden nicht nur die landwirtschaftlichen Produktionsflächen immer nährstoffreicher, auch die Städte mit ihren Emissionen aus Hausheizung, Verkehr und Industrie tragen wesentlich zum Eintrag von Stickstoff auf Böden bei.

Vor allem bisher nährstoffarme Lebensräume leiden unter dem verschmutzten Regen, der heutzutage in der Stadt pro Quadratmeter etwa 6 g gebundenen Stickstoff pro Jahr einträgt. Dies entspricht etwa 20% der in der Landwirtschaft aufgebrachten Düngermenge. Nährstoffarme Standorte gehen daher dramatisch

Vielleicht wird für jede der "Pflanzen ungestörter Böden" ein anderer Grund zutreffend. Zusammenfassend kann man aber nicht umhin, das Phänomen zu registrieren und sich in einer Strategie zur Erhaltung der Vielfalt des Naturhaushalts darauf einzustellen.

Da es in der Stadt fast nur gestörte Böden gibt, fallen in der urbanen Vegetation die meisten "Pflanzen ungestörter Böden" aus. An dauernde Störungen des Bodengefüges angepaßte Ackerwildkräuter leben auf Mutterbodendeponien und anderen freiwerdenden Rohböden durchaus häufig in der Stadt. Nach kurzer Zeit werden sie von ausdauernden Stauden und Gräsern abgelöst. Die dann einsetzende natürliche Alterung des Bodens wird meist durch Bodenstörungen oder erneute Nutzungnahme unterbunden.

Ein Beispiel für "Pflanzen ungestörter Böden" in der Stadt stellen alte Mauern dar, deren Vegetation in den letzten Jahren stark zurückgegangen ist. So gibt es z.B. in Hamburg eine 50 m lange und 4 m hohe unzugängliche Gefängnismauer im Zuchthaus Fuhlsbüttel. Sie ist von etwa tausend der in Hamburg von Aussterben bedrohten Mauerrauten besetzt und Lebensraum einer auch sonst interessanten und seltenen typischen Mauervegetation.

1.3 Einflüsse des Alters der Bebauung

Da das Alter des Bodens eine Rolle spielt und mit der Bebauung einer Fläche in der Regel größere Bodenbewegungen einhergehen, stellt der Bebauungstermin meist den Beginnzeitpunkt einer Sukzession dar. In den unversiegelten Bereichen einer Wohnanlage oder eines Gewerbegebietes setzt eine Sukzession in der Regel mit der Fertigstellung der Gebäude ein. Ausnahmen sind bei Belassen unverletzter Bodenpartien möglich, aber selten. Die Sukzession wird durch Pflegemaßnahmen gestört.

Darüber hinaus spielt auch Mode eine Rolle. So gab es in den Baumschul- und Staudengärtnereikatalogen in den vergangenen Jahrzehnten ganz unterschiedliche Pflanzen im Angebot. In jedem Jahrzehnt kommen neue Züchtungen (Goldblättrige Formen und Farbvarianten bei Nadelbäumen, Korkenzieherformen bei den verschiedensten Laubbäumen, Kugelbäume, Trauerformen usw.) hinzu, neue Arten aus aller Welt werden für die Gartenkultur entdeckt und andere vergessen, z.B. Flieder und Weißdorn. Derzeit herrscht eine "Nadelgehölz-Mode", mit der exotische Himalaya-Zedern und Südhalbkugel-Araukarien in unsere Gärten Einzug halten.

Findet man heutzutage in Einzelhausgebieten Flieder im Garten, große Obstbäume oder gar Weißdornhecken, so handelt es sich mit Sicherheit um alte Anlagen aus der Zwischenkriegszeit bis in die frühen fünfziger Jahre. Diese Gärten sind wesentlich vielfältiger und für die heimische Tier- und Pflanzenwelt besser zu nutzen als die modernen Rasen-Rosen-Nadelbaum-Gärten, die auch im privaten Bereich die Tendenz zur Vereinfachung der Pflege repräsentieren.

Weitere Besonderheiten urbaner Räume sind alte Parks, d.h. die Mischung von großen Solitärbäumen mit Rasenflächen, großen alten Ziersträuchern wie Rhododendren und Eiben und gelegentlichen Zierhecken. Solche parkartigen Strukturen können schon auf kleinen Privatgrundstücken auftreten bis hin zu mehrere Hektar großen Stadtparks. Aufgrund der Baumgröße ist die Notwendigkeit höheren Alters augenfällig.

1.4 Einflüsse der Nutzung

In den bisherigen Einteilungen urbaner Vegetation wird stets nach Wohnbebauung, Gewerbe- und Industriebebauung sowie öffentlichen Gebäuden, Versorgungseinrichtungen usw. unterschieden. Dies ist vermutlich in Planzeichenvorschriften von Landschaftsplänen begründet, die entsprechend den stadtplanerischen Anforderungen gestaltet wurden.

Betrachtet man jedoch die Vegetation dieser in Plänen grundverschiedenen Einheiten, so erhält man oft ein vollkommen einheitliches Bild, nämlich große Rasenflächen, zeilenförmige Anlage von Gehölzstrukturen an Verkehrswegen (Zufahrten zu Parkplätzen und Tiefgaragen, Fußwege usw.), einzelne, noch junge Bäume im Rasen und kleine Zierstrauchbeete.

Der hier bestimmende Faktor der Vegetation ist die Leichtigkeit und Billigkeit der Pflege zum Erreichen eines "ordentlichen" Aussehens. Rasenflächen lassen sich besonders kostensparend pflegen, Bäume wachsen von allein, und Zierstrauchbeete werden so angelegt, daß die Kombination von Bodendeckern und schnellwüchsigen Sträuchern keine Wildkräuter aufkommen läßt, die von Hand entfernt werden müßten. Sowohl um eine Trafostation, eine Schule, einen Gewerbebetrieb wie um ein Hochhaus findet man daher identische Vegetation.

Wenn vom Besitzer eines Gewerbebetriebes auf "ordentliches" Aussehen kaum Wert gelegt wird, ergibt sich ein vollkommen anderes Bild, und man findet Wildkrautfluren, ungeordnet wachsende Pioniergehölze wie Salweiden, Birken und Zitterpappeln, kleine Magerrasen auf sandigen Wegen und hohe Wildstauden in ungenutzten Ecken. Nun können sich auch Bodenunterschiede ausprägen, die bei der oben genannten "modernen" Pflege aufgrund des viel stärker wirkenden Pflegefaktors nicht in Erscheinung treten.

Innerhalb des Nutzungstyps "Gewerbe- und Industriefläche" sind die Unterschiede der Vegetation wegen unterschiedlicher Pflege in der Regel größer als zwischen den meisten Gewerbeflächen und Hochhausbebauung, öffentlichen Gebäuden und Versorgungseinrichtungen einerseits und manchen Gewerbeflächen und Abgrabungsflächen usw. andererseits. Es kommt noch hinzu, daß sich an den Grenzen der Nutzungstypen oft interessante Saumbiotope bilden, die auf diese Weise überhaupt nicht berücksichtigt werden.

Im Gegensatz dazu ist der Standortfaktorenkomplex der "Nutzungseingriffe", nämlich der Pflanzung und Einsaat von Zierpflanzen und Rasengräsern und ihre gärtnerische Pflege, außerordentlich wichtig. Es ist sogar meist so, daß die Standortfaktorenkomplexe der Nutzungseingriffe die Faktorenkomplexe des Bodens überlagern (s. unten).

Die bisherige Einteilung der Stadtvegetation nach Nutzungstypen ist also für eine Beschreibung der Vegetation wenig sinnvoll. Wir verwenden daher für Städte eine Biotoptypenkartierung, die sich von stadtstrukturell definierten Nutzungstypen weitgehend löst und flächige, lineare und punktuelle floristisch und faunistisch definierte Biotoptypen sowie wertvolle Einzelbiotope abgrenzt.

2 Folgerungen aus den Standortfaktoren

2.1 Abhängigkeit der Vegetation vom Bodentyp

Die Folge der intensiven Bodenveränderungen in der Stadt ist eine Nivellierung der Standortfaktoren Nährstoff, Feuchtigkeit und Sukzession. Als typischer "Einheitsboden" der Stadt hat sich ein Boden mittlerer Feuchte (Feuchtezahl 5-6 nach Ellenberg 1992) und guter bis sehr guter Nährstoffversorgung (Stickstoffzahl 7-8 nach Ellenberg) herausgestellt (Preisinger 1991). Die Bodenqualitäten liegen also in einem Bereich, in dem die meisten Pflanzenarten siedeln können. Dies erklärt, daß die Differenzierung der Vegetation kaum nach Eigenschaften des Bodens als vielmehr nach Intensität und Häufigkeit der Störungen erfolgt.

Bodenmerkmale treten nur dort als differenzierende Standortfaktoren in den Vordergrund, wo Wasser- oder Nährstoffmangel, Staunässe oder phytotoxische Stoffe die Standortverhältnisse bestimmen. Bei den häufigeren "Einheitsböden" der Stadt bestimmen überwiegend die Faktoren der Nutzungseingriffe wie Verdichtung, Mahd, Bodenstörungen, Herbizide usw. die Vegetation.

2.2 Abhängigkeit der Vegetation von Nutzungseingriffen

Als Nutzungseingriffe werden im weiteren Sinn alle mechanischen und chemischen Einflüsse des Menschen auf städtische Vegetation verstanden. Die Einflüsse der Standortfaktoren auf die Vegetation beschreibt Grime (1974, 1979) in seinem CSR-Strategiekonzept (zitiert aus Preisinger 1991).

Das CSR-Strategiekonzept geht davon aus, daß die Hauptmechanismen, die die Merkmale und die Verbreitung der Pflanzenpopulationen, Arten und Gesellschaften bestimmen, von drei Selektionsprozessen herrühren. Sie werden als "Stress", "Störung" und "Konkurenz" bezeichnet. Die Begriffe sind folgendermaßen definiert:

Stress (S)
Die Standortfaktoren, die die Zuwachsrate an Trockensubstanz der Vegetation oder ihrer Teile begrenzen; Streßtoleranz ist die Fähigkeit der Arten, unter allgemein ungünstigen Standortbedingungen oder unter einem begrenzenden Faktor zu überleben und die arteigene Biomasse konstant zu halten oder zu vergrößern.

Störung (R)

Vorgänge, die die pflanzliche Biomasse begrenzen, indem diese teilweise oder völlig zerstört wird; Störungstoleranz ist die Fähigkeit der Arten, eine große zeitliche Variabilität des Standorts bzw. katastrophenartige Ereignisse mit Hilfe von vegetativen Pflanzenteilen (Rhizome, Wurzeln u.a.) oder mit Hilfe von generativen Pflanzenteilen (Sporen, Samen, Früchte) zu überleben und danach u.U. einen Konkurrenzvorteil zu erlangen.

Standorte mit hohen Intensitäten von "Streß" und "Störung" sind durch das Vorkommen von jeweils charakteristischen ökophysiologischen, morphologischen und Lebensformentypen gekennzeichnet. Diese beiden Begriffe umschreiben die Faktoren oder Faktorenkomplexe, die der Produktion von pflanzlicher Biomasse entgegengerichtet sind.

Sind die Intensitäten des Stresses und der Störung eines Standorts niedrig, so sind eine schnelle Umsetzung der Ressourcen und damit schnelles Wachstum möglich. In diesem Fall erlangt ein dritter Strategietyp die Hauptbedeutung, die "Konkurrenz", die wie folgt definiert ist:

Konkurrenz (C)

Das Bestreben benachbarter Pflanzen, dasselbe Lichtquantum, Nährstoffion, Wassermolekül oder denselben Raum für sich zu beanspruchen; Konkurrenzkraft ist die Fähigkeit einer Art, andere Arten, die auf demselben Standort als Mitbewerber vorkommen, aufgrund von verschiedenen physiologischen und morphologischen Eigenschaften zurückzudrängen.

Folgende Nutzungsfaktorenkomplexe können nach Preisinger (1991) und Grime (1974, 1979) für die spontane krautige Vegetation in der Stadt kleinräumig von ökologischer Bedeutung sein:

1 Störung
1.1 Befahren und Tritt (hohe Intensitäten)
1.2 mechanische Bodenbearbeitung
1.3 Ablagerung, Aufschüttung (Garten- und andere Abfälle, Gartenerde, Rindenmulch)
1.4 mechanische Entfernung des spontanen Pflanzenwuchses
1.5 phytotoxische Immissionen und Kontaminationen (einmalige "Katastrophen")

2 Streß
2.1 Abschattung
2.2 Faktorenkomplexe des Bodens
2.2.1 Wassermangel
2.2.2 Nährstoffmangel
2.2.3 mangelnde Bodendurchlüftung, Staunässe
2.2.4 phytotoxische Kontamination
2.3 phytotoxische Immissionen (niedrige, ± gleichbleibende Konzentrationen)

3 Störung und Streß kombiniert
3.1 Tritt (niedrige bis mittlere Trittbelastung)
3.2 Mahd
3.3 Äsung (z.B. Kaninchen, Rehe)
3.4 Fraß (z.B. phytophage Käfer und Wanzen)
3.5 phytotoxische Immissionen und Kontaminationen (wechselnde Konzentrationen und zeitliche Abstände)

Über das Modell von Grime hinaus geht der langzeitlich wirkende Faktor der Sukzession, der sich auf allen Standorten ausprägt und bei jungen Böden alle "Pflanzen alter Standorte" und auf lange unbewegten Böden alle Pionierpflanzen ausschließt. Dieser Faktor ist eng mit der Konkurrenz verbunden und stellt eine Präzisierung des Konkurrenzfaktors dar.

4 Sukzessionsstadium, Konkurrenz
4.1 Zustand bei Brachfallen, bzw. Beginn der Sukzession
4.2 Abgelaufene Zeit seit Beginn der Sukzession
4.3 Partielles Zurücknehmen der Sukzession durch Eingriffe
4.4 Änderungen des Konkurrenzverhaltens der Pflanzen im Verlauf der Sukzession
4.5 Lichtkonkurrenz durch höherwüchsige Pflanzen

2.3 Wirkungsdimensionen der Standortfaktoren

Mit diesen vier Faktoren Streß, Störung, Konkurrenz und Sukzessionsstadium lassen sich urbane Vegetationen erklären und in gewisser Weise vorhersagen. Die urbane Vegetation ist dabei zusammenfassend durch zwei ökologische Hauptgradienten geprägt, die Nutzungseingriffsgradienten und die Ressourcengradienten. Beide Gradienten sind allerdings in sich komplex zusammengesetzt und bestehen aus einer ganzen Reihe von Einzelgradienten:

1 Nutzungseingriffsgradienten
1.1 kurzfristige ("Störung" und "Streß", z.B. intensive Pflege, Düngung, Eintrag von Herbiziden oder Schwermetallen durch Luft und Oberflächenwasser, Moden der Bepflanzung)
1.2 langfristige ("Sukzession", z.B. Zustand bei Beginn und Dauer der Sukzession, Eingriffe in die Sukzession, Lichtkonkurrenz durch Gehölze)

2 Ressourcengradienten
2.1 Boden (z.B. Kalkgehalt, Nährstoffversorgung, Feldkapazität, Drainierung, stauende Schichten)
2.2 Klima (z.B. Sonnenscheindauer, Lichtklima, Beschattung, Frosthäufigkeit, Kontinentalität, Luftfeuchtigkeit, Trockenheit)

In Hamburg hat man festgestellt, daß im Gegensatz zu Berlin die Stadtzone und damit die Klimaunterschiede im Bereich der Stadt keine Wirkung auf die Verteilung der Vegetation zeitigen (Preisinger 1991).

3 Zielvorstellungen für urbane Vegetation

Eine Einführung in die Besonderheiten urbaner Vegetation im Rahmen eines Seminars über urbanen Boden*schutz* ist nur sinnvoll, wenn man sich mit Zielvorstellungen des Schutzes beschäftigt. Was ist erstrebenswert im Sinne der gesetzlich geforderten Erhaltung der Vielfalt des Naturhaushalts auch in der Stadt und im Hinblick auf den dafür notwendigen Bodenschutz?

3.1 Zeitliche und räumliche Dimension

Die urbane Vegetation ist das Ergebnis einer langen historischen Entwicklung. Man kann sie nicht einfach neu schaffen. Die Randbereiche alter Städte haben sich als die artenreichsten Gebiete Mitteleuropas erwiesen (Brandes 1985). Viele gefährdete Pflanzen- und wohl auch Tierarten lassen sich dann erhalten, wenn es gelingt, die Vielfalt städtischer und vor allem stadtspezifischer Lebensräume zu bewahren. Städtische Freiflächen sollten so lange wie möglich sich selbst überlassen bleiben. Es müssen unterschiedliche Lebensräume wie Bahnanlagen, Gärten, Parks, alte Mauern, Dorfkerne oder auch Kies- und Sandgruben erhalten bleiben.

Dies bedeutet jedoch nicht, daß jede Trümmerfläche und jeder Wegrand erhalten bleiben muß. Wichtig ist vielmehr eine ausreichend hohe "Gleichgewichtskonzentration" (Brandes 1985) dieser Lebensräume, da die an unterschiedliche Sukzessionsstadien gebundenen Pflanzen auch unterschiedlich lang ungestörte Böden vorfinden müssen. So ist ein partielles "Zurücknehmen" der Sukzession durch Zerstörung von Vegetation und Bodenschichtung für bestimmte Pionierarten wesentlich.

Die urbane Vegetation ist an Störungen und Veränderungen ihres Wuchsortes angepaßt, ja sogar auf sie angewiesen. Heute besteht jedoch die Gefahr, daß die Pflanzen den immer häufigeren und intensiveren Störungen nicht mehr nachkommen können. Der Erhalt einer "Gleichgewichtskonzentration" von unterschiedlich alten Lebensräumen bedeutet daher in unserer heutigen Stadtwelt, daß man auf einen verstärkten Schutz alter Lebensräume und lange ungestörter Böden hinarbeiten muß.

3.2 Neophyten und Hemerochore

Wie sind die für urbane Lebensräume typischen hemerochoren Pflanzenarten (Arten, die nur infolge direkter oder indirekter Mithilfe des Menschen ins Gebiet gelangt sind) zu beurteilen? In letzter Zeit nimmt mit Handel und Verkehr auch der Anteil der Hemerochoren an der Stadtflora zu; dem Stadtklima entsprechend handelt es sich dabei überwiegend um Arten südlicher Herkunft.

Es entstand eine Spielwiese für Raritätenbotaniker, die in Hamburg einen Ampfer aus Pennsylvania oder einen Fuchsschwanz finden können, der aus Asien über Soja-Saatgut in die USA und dann erst zu uns kam. Die interessantesten Funde liefert natürlich ein Hafen mit seinen Ölmühlen und früheren Wollkämmereien, die alle Reste in die Umgebung kippten und zum Reichtum der Hamburger Flora an neuseeländischen Arten beitrugen. Warum haben aber gerade die Arten aus fernen Ländern (Neubürger, Neophyten) so einen Vorteil in den Städten, und was läßt unsere einheimischen Arten immer mehr zurückgehen?

Die gärtnerisch angepflanzten wie auch die als Samen zu uns gekommenen Arten werden in der Regel ohne ihre Schädlinge eingeführt. Sie haben daher einen erheblichen Konkurrenzvorteil vor der einheimischen Flora. Dies gilt aber auch im Außenbereich. Man kann annehmen, daß sich in der Stadt zusätzlich der Faktor der gestörten Böden auswirkt, denn die allermeisten Neophyten sind Pionierbesiedler gestörter Böden und auf alten Standorten nicht konkurrenzfähig.

Bezüglich der Erhaltenswürdigkeit von Neophytengesellschaften in einer Stadt gehen die Meinungen auseinander. So stehen die Neubürger nicht auf Roten Listen, stellen aber dennoch stadttypische Gesellschaften dar. Viele Wissenschaftler sind daher der Ansicht, daß diese Lebensräume und die offensichtlich darin erfolgreichen Pflanzenarten erhalten bleiben sollten.

3.3 Bedeutung des Bodens

Während nährstoffreiche Böden mittlerer Feldkapazität und junge Sukzessionsstadien häufiger sind, sollte allen Ausnahmen von diesen Nivellierungen unsere Beachtung zuteil werden. Trockene, feuchte, nährstoffarme und alte Böden sind nicht nur in der Stadt, sondern auch im umgebenden Außenbereich selten geworden. Je mehr dieser selteneren Bodenkriterien zutreffen, um so vielfältiger und seltener wird die sich einstellende Vegetation. Trockenstandorte auf Ruderalflächen, Sandaufschüttungen, Schotter (alte Bahnanlagen), Gewässerufer und alle nährstoffarmen Lebensräume sind also von vornherein interessant, ebenso alle alten Lebensräume wie Nachkriegstrümmerbrachen, Parks, alte Ruderalflächen und "vergessene" Gartenbrachen. Dabei ist wegen ihrer Unersetzbarkeit in erster Linie auf den Schutz alter und ungestörter Böden und Mauern zu achten.

Als interessant haben sich konkret alte Nachkriegsruderalflächen, alte Mauern und oft auch Bahnanlagen herausgestellt. Bei Nachkriegstrümmerdeponien wie z.B. in Kiel haben sich nach fünf Jahrzehnten eine Reihe gefährdeter Arten eingestellt, vor allem, wenn eine natürliche Bewaldung durch Eingriffe oder ungeeignetes Substrat erschwert ist. Bei Betrachtung dieser Flächen wird auch deutlich, daß alte Standorte *ohne* Beschattung durch Bäume besonders selten geworden und lichtliebende Pflanzen ungestörter Standorte bei uns so gut wie ausgestorben sind.

Die meisten Bahnanlagen sind vor 100-150 Jahren entstanden und stellen oft interessante Lebensräume dar, da mit Pflegemaßnahmen eine Verbuschung der Bahneinschnitte und Dämme meist vermieden wird und in der Regel keine Bodenverletzungen stattfinden. Während jedoch im Außenbereich angewehter Dünger und hoher Nährstoffgehalt des Bodens überwiegend Allerweltsarten aufkommen lassen, konnte z.B. in Kiel-Meimersdorf unmittelbar am Fuße des Bahneinschnitts ein Trespen-Halbtrockenrasen mit Zittergras, Purgier-Lein und Tausendgüldenkraut nachgewiesen werden.

Derart seltene Pflanzen hatte niemand dort vermutet. Nicht einmal bei der Umweltverträglichkeitsuntersuchung zur Elektrifizierung der Strecke wurde an der Stelle, an der die Oberleitungsmasten gesetzt werden, das Vorkommen gefährdeter Arten festgestellt bzw. überhaupt eine Kartierung in Erwägung gezogen.

Mit dieser Einführung in die Eigenschaften schutzwürdiger Vegetationen und der dazugehörigen Böden in der Stadt ist es hoffentlich möglich, für den Schutz urbaner Vegetation wichtige Bereiche rechtzeitig zu erkennen.

Literatur

Brandes, D. (1985) Pflanzen in der Stadt – Besiedlung städtischer Lebensräume durch spontane Vegetation. 64 S., Ausstellungsführer, J. Cramer, Braunschweig.

Ellenberg, H. et al. (1992) Zeigerwerte von Pflanzen in Mitteleuropa, 2. Aufl. – Scripta Geobotanica 18: 1-258. Verlag Erich Goltze, Göttingen.

Grime, J.P. (1974) Vegetation classification by reference to strategies. Nature 250: 26-31.

Grime, J.P. (1979) Plant strategies and vegetation processes. Chichester: Wiley, 222 S.

Grime, J.P. (1984) The ecology of species, families and communities of the contemporary British flora. New Phytol. 98(1): 15-33.

Joger, U. (Hrsg.) (1989) Praktische Ökologie. Frankfurt/M: Diesterney und Sauerländer, 334 S.

Packschies, M., Riedel, W. (1986) Schleswig und Eckernförde im Spiegel ihrer Umwelterhebungen. Die Heimat 93: 257-274.

Peterken, G.F., Game, M. (1984) Historical factors affecting the number and distribution of vascular plant species in the woodlands of central Lincolnshire. J. Ecol. 72: 155-182.

Preisinger, H. (1987) Auswirkungen von Luftschadstoffen auf die Vegetation im Gebiet der Freien und Hansestadt Hamburg – Teil 1 & 2. Unveröffentl. Gutachten i. A. der Umweltbehörde, Amt für Landschaftsplanung.

Preisinger, H. (1991) Strukturanalyse der Vegetation ausgewählter Nutzungstypen im Hamburger Stadtgebiet. Themenheft. BMFT-Forschungsvorhaben 0339168A – Erfassung und funktionale Bewertung urban und industriell überformter Böden, Teilprojekt I, Teilthema b.

Sukopp, H. (1973) Die Großstadt als Gegenstand ökologischer Forschung. Schrift. Ver. Verbr. naturwiss. Kenntn. Wien 113: 90-140.

Sukopp, H. et al. (1980) Beträge zur Stadtökologie von Berlin (West). – "Landschaftsentwicklung und Umweltforschung", Schriftenreihe des Fachbereichs Landschaftsentwicklung der TU Berlin 3: 1-225.

Glossar

Feuchtezahl nach Ellenberg:	Die Feuchtezahl beschreibt in 12 Stufen das Vorkommen von Pflanzenarten im Gefälle der Bodenfeuchtigkeit vom flachgründig-trockenen Felshang bis zum Sumpfboden sowie vom seichten zum tiefen Wasser. So beschreibt z.B. die Zahl 5 einen Frischezeiger, dessen Vorkommensschwerpunkt auf mittelfeuchten Böden liegt.
Hemerochore:	Kulturfolger, Pflanzenarten, die nur infolge direkter oder indirekter Mithilfe des Menschen ins betrachtete Gebiet gelangt sind.
Neophyten:	Neubürger, Arten die erst seit der Entdeckung Amerikas im betrachteten Gebiet nachgewiesen werden konnten und aus anderen Kontinenten zu uns gelangten.
Ruderalvegetation:	(von lat.: *rudus*, Schutt) Schuttvegetation, heutzutage wird der Begriff auch übertragen auf Wegrandvegetation und andere Vegetationen ungenutzter Flächen in Städten benutzt.
Stickstoffzahl nach Ellenberg:	Die Stickstoffzahl beschreibt in 9 Stufen das Vorkommen von Pflanzenarten im Gefälle der Mineralstickstoff-Versorgung während der Vegetationszeit. So beschreibt z.B. die Zahl 8 einen ausgesprochenen Stickstoffzeiger.
Sukzession:	Als Sukzession wird die zeitliche Abfolge verschiedener Pflanzenarten und Pflanzengesellschaften auf einem Standort bezeichnet. Sie beginnt in der Regel mit unbewachsenem Rohboden, der sich mit Pionierpflanzen besiedelt und endet mit einem Wald.

Stadtböden als Lebensraum: Bodenmikroorganismen

Galina Machulla

1 Einleitung

Die aktuellen Bemühungen zum Naturschutz, die sich zunehmend auf den Biotop- und Artenschutz konzentrieren, können sich auf eine breit angelegte und meist auch gut gesicherte Kenntnis der Vegetation und der näheren Tierwelt stützen. Eine Wissenslücke, die erst jetzt recht zum Bewußtsein kommt, besteht aber in der Information über den biologischen Zustand der Böden. Besonders vernachlässigt wurden bei bisherigen Untersuchungen die Böden im städtischen Bereich, obwohl sie doch einerseits einer starken Belastung unterliegen und andererseits im Interesse der Bewohner einer gezielten Pflege bedürfen. Während in den landwirtschaftlich genutzten Böden die Mikroflora vorrangig als biologische Komponente der Bodenfruchtbarkeit angesehen wird, erwartet man in den urbanen Ökosystemen, daß das mikrobielle Potential ein wichtiger Träger der Sorptions- und Pufferfähigkeiten gegenüber abiotischen und biotischen Kontaminanten ist.

2 Die Rolle von Bodenmikroorganismen in Agroökosystemen und in urbanen Ökosystemen

Es ist unumstritten, daß die Bodenbiota, insbesondere die Mikroflora, an der Entstehung und Erhaltung aller Bodenfunktionen maßgebend beteiligt ist. Die Tätigkeit von Mikroorganismen greift auf den verschiedenen Stufen der Sekundärproduktion vorrangig in die Dekomposition pflanzlicher und tierischer Stoffe in Ökosystemen ein. In Agroökosystemen wird vor allem die Leistungseffizienz der vorliegenden mikrobiellen Populationen nach wie vor intensiv untersucht. Nach Beck (1990) laufen alle langjährigen Erfahrungen auf diesem Gebiet darauf hinaus, daß unter den verschiedenen Bewirtschaftungsformen nicht so sehr der Einsatz von Agrochemikalien als vielmehr die Vegetationsform bzw. die jeweilige Kulturpflanze und der Fruchtwechsel den deutlichsten Einfluß auf das mikrobielle Ökosystem im Boden ausüben. Somit ist in den Agroökosystemen bei der

Einhaltung agrotechnischer Normen nicht mit irreversiblen Veränderungen der Zusammensetzung der Bodenmikroflora und ihrer Aktivität zu rechnen.

In den urbanen Ökosystemen wurde die bodenmikrobielle Aktivität weit weniger als die der Agroökosysteme untersucht, obwohl gerade von den städtischen Flächen eine ausgeprägte Funktionsvielfalt und Aufrechterhaltung dieser Vielfalt erwartet wird.

Dabei werden solche Fähigkeiten der Bodenmikroorganismen gefordert wie:

- Toleranz gegenüber Bodenfremdstoffen aller Art,
- Anpassungsfähigkeit an extreme Umweltbedingungen,
- Anspruchslosigkeit beim Erschließen neuer Lebensräume,
- ausgeprägte Konkurrenzfähigkeit innerhalb der Mikrobozönose.

Aufgrund anthropogener Tätigkeit weisen die Böden in urbanen Ökosystemen gleichzeitig mehrfache Belastungen auf, die sich in erster Linie in den Veränderungen physikalischer und/oder chemischer Bodeneigenschaften äußern. So werden Stadtböden bzw. anthropogene Deckschichten durch folgende, das Bodenleben unmittelbar beeinflussende Eigenschaften gekennzeichnet:

- hohe räumliche Variabilität,
- ein sehr hoher Skelettanteil, der oft über 50% liegt,
- eine Inhomogenität in bezug auf die Korngrößenzusammensetzung (Billwitz und Breuste 1980),
- Verdichtungen, die zu einer Strukturveränderung führen,
- eingeschränkter Luftaustausch und verändertes Wasserregime,
- ein hoher Kalkgehalt (0,4-7,3%),
- neutrale bzw. schwach basische Reaktion,
- ein hoher Humusgehalt,
- unterbrochene Nährstoffkreisläufe,
- ein verändertes Temperaturregime,
- erhöhte Schwermetallgehalte im innerstädtischen Bereich (Abb. 1, Frühauf und Zierdt 1993).

Diese Besonderheiten der bodenökologischen Eigenschaften sind in den vegetationstragenden städtischen Freiflächen, Parkrasen, Grünstreifen, Wiesen, Straßenrändern, gärtnerisch genutzten Flächen, verkippten rekultivierten Böden mehr oder minder für die mikrobielle Biogenität prägend.

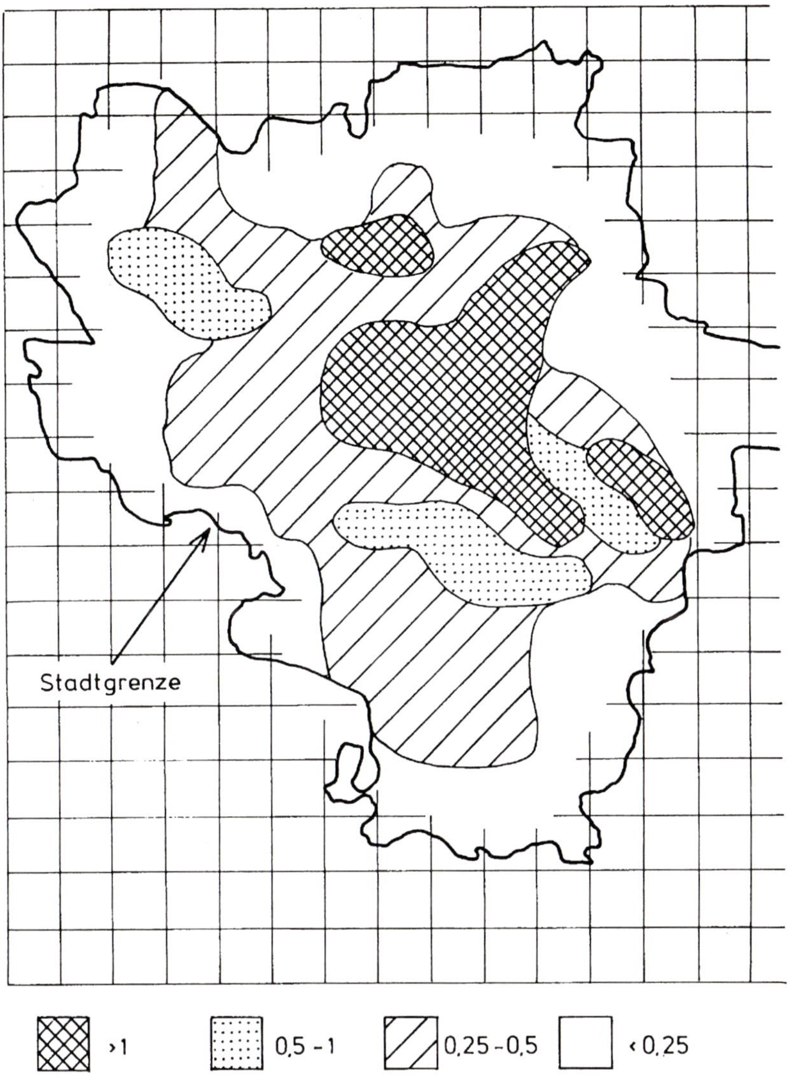

Abb. 1. Bleibelastungen in der Stadt Halle, (Aktuelle Bleikonzentration, Grenzwert nach Kloke; Frühauf und Zierdt 1993).

3 Mikrobielle Parameter als Zustandsanzeiger

Will man den Einfluß von anthropogen verursachten Faktoren auf das Bodenleben untersuchen, soll man zunächst die dafür geeigneten Parameter wählen. Aus dem bemerkenswerten Datenfundus landwirtschaftlicher Untersuchungen scheinen folgende Parameter geeignet zu sein:

- Enzymaktivität (z.B. Katalase, Dehydrogenase, Protease, Xylanase),
- mikrobielle Biomasse,
- Belebtheitsgrad = Zellzahl in 1 g Boden,
- Zellulosezersetzung,
- Nitrifikationsaktivität,
- Bodenatmung,
- Zusammensetzung des Artenspektrums.

Während die Bestimmungen der mikrobiellen Biomasse und der Bodenatmung zu den wichtigsten zentralen Meßdaten bei der Charakterisierung einer Biozönose gehören, sind die Untersuchungen des Artenspektrums zwar wünschenswert und von hoher Erkenntniseffizienz, werden aber wegen methodischer Schwierigkeiten kaum einen praktikablen Maßstab für das Bodenleben erreichen. Somit liegt der Schwerpunkt solcher Untersuchungen auf der Erfassung von Leistungen der Bodenmikroorganismen, d. h. auf ihrer Beteiligung im C-, N- und P-Umsatz im Boden.

4 Die mikrobielle Aktivität von Böden aus Kippsubstraten

Die meisten Arbeiten auf diesem Gebiet beziehen sich auf Untersuchungen von Rohböden in den Bergbauregionen. Dabei stellten die meisten Forscher fest, daß das Bodenleben sich sehr bald regenerieren kann (Armstrong und Bragg 1984; Harris 1991). Bereits nach 18jähriger landwirtschaftlicher Nutzung (Tabelle 1) ist die saprophytische Mikroflora rekultivierter Flächen in ihrer Besiedlungsdichte der von ungestörten Böden gleich (Machulla und Hickisch, 1988).

Die Zunahme des Belebtheitgrades geht konform mit den C- und N-Akkumulationen in verkippten Substraten. Dieser Prozeß kann durch ein- oder mehrmalige Ausbringung von Nährstoffen auf devastierte Flächen beträchtlich beschleunigt werden. So stellte Visser (1985) fest, daß sich die Zugabe von Torf auf die Anzahl und Aktivität der Pioniermikroflora am stärksten auswirkt, gefolgt von Gülle und mineralischen Düngern. Auch eine Vegetationsdecke trägt entscheidend dazu bei, daß eine in ihrer Zusammensetzung ausgewogene und aktive Mikrobozönose entsteht. Als besonders fördernd in dieser Hinsicht hat sich das Aussäen von Gräsern erwiesen.

Ihrem Ursprung nach stammt die Pioniermikroflora entweder von den benachbarten Flächen, oder sie stellt einen Bruchteil der ursprünglichen mikrobiellen Gesellschaft des Oberbodens dar. Überläßt man die verkippten Flächen sich selbst, geht die Flächenbesiedlung mit Moosen, Flechten und Mikroorganismen durch deren periphere Einwanderung sehr langsam vonstatten und kann unter Umständen nach Miller und Cameron, (1978) 60 Jahre in Anspruch nehmen. Deswegen verweisen Fresquez et al. (1987) auf die rebesiedelnde Rolle des ehemaligen Mutterbodens, der deshalb unbedingt als Deckschicht auf Kippsubstraten verwendet werden soll, um die Ausbildung einer in sich ausgewogenen Mikrobozönose in absehbaren Zeiträumen zu induzieren.

Tabelle 1. Die mikrobielle Besiedlungsdichte unterschiedlich alter Kippböden und Vergleichsflächen

Flächen	Bakterien $*10^5$/1g Boden	Pilze $*10^3$/1g Boden	Aktinomyceten $*10^3$/1g Boden
nicht verkippt			
Tagebaukante	50	21	4
Getreideschlag	41	16	3
verkippt			
1. Rekultivierungsjahr	5	0	0
9. Rekultivierungsjahr	47	10	3
9. Rekultivierungsjahr + Gülle	38	13	4
18. Rekultivierungsjahr	50	9	10
27. Rekultivierungsjahr	25	16	2

Tabelle 2. Die Besiedlungsdichte physiologischer Gruppen der Bodenmikroorganismen in unterschiedlich alten Kippböden und Vergleichsflächen

Flächen	**Zellulolyten** $*10^3$/1 g	**Zellulolyt. Aktivität** mg/1 Tag	**P-Mobilisierer** $*10^4$ /1 g Boden	**Pseudomonaden** $x10^3$/1 g	**Azotobacter** %
nicht verkippt					
Tagebaukante	21	2,51	73	3	2
Getreideschlag	13	4,38	33	8	3
verkippt					
1.Rekult.-Jahr	2	0,70	0	3	3
9.Rekult.-Jahr	9	2,03	23	25	1
9.Rekult.-Jahr + Gülle	18	3,36	23	26	2
18.Rekult.-Jahr	32	4,83	90	18	11
27.Rekult.-Jahr	12	2,57	40	7	5

Mit zunehmendem Rekultivierungsalter erfährt die Bodenmikroflora sowohl in quantitativer als auch in qualitativer Hinsicht eine Bereicherung. So geht aus Tabelle 2 hervor, daß die P-mobilisierenden und auch die zellulolytischen Mikroorganismen in den älteren Kippböden das Niveau der ungestörten Kippböden erreichen. Die enzymatische Aktivität bleibt jedoch noch einige Jahre nach der Rekultivierung von Kippen sehr niedrig (Abb. 2).

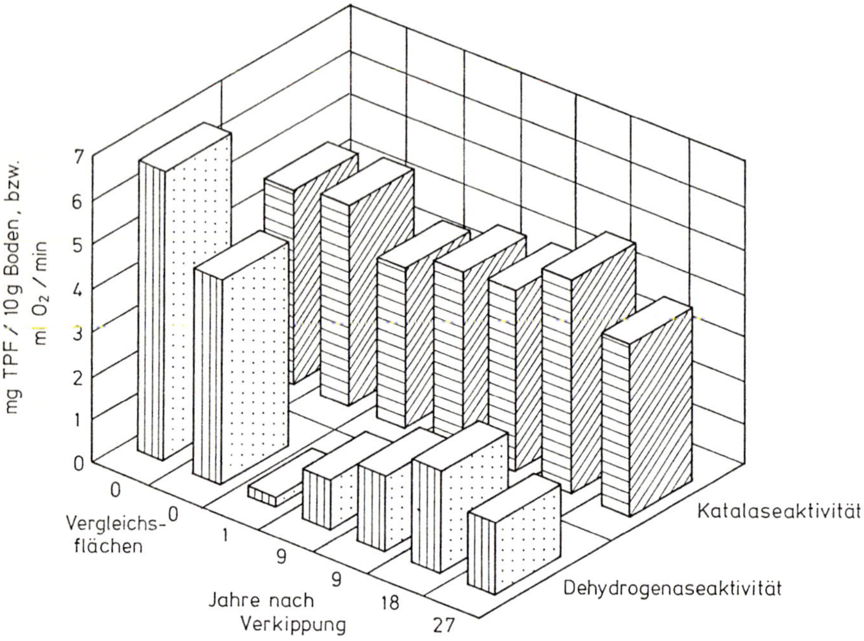

Abb. 2. Die Enzymaktivitäten unterschiedlich alter Kippböden und Vergleichsflächen (Machulla und Hickisch 1988)

5 Flächenutzung und bodenmikrobielle Aktivität

Die unterschiedliche Nutzung städtischer Freiflächen wirkt sich in hohem Maße prägend auf die mikrobielle Aktivität aus. Dabei laufen hier mehrere Faktoren zusammen, die als Belastung bezeichnet werden können. Weritz und Schröder (1988) stellten fest, daß eine Beziehung zwischen der mikrobiellen Aktivität und dem Nutzungstyp besteht. So weisen die vegetationstragenden Flächen – Parkrasen, Grünflächen, Grünstreifen, Wiesen – eine deutlich höhere mikrobielle Biomasse und Enzymaktivität als Brachen, Parkplätze oder Schrottplätze auf. Stark anthropogen beeinflußte bzw. veränderte Böden haben zwar geringere mikrobielle Aktivitäten, ihre Werte liegen jedoch in Bereichen, die auch noch in landwirtschaftlich genutzten Böden anzutreffen sind.

6 Der Einfluß von Schwermetallen auf die bodenmikrobielle Aktivität

Weit häufiger als die Flächennutzung wurde der Einfluß von Schwermetallen auf die Bodenmikroflora untersucht (Domsch 1985). Die Gefährdung, die durch eine Schwermetallbelastung des Bodens hervorgerufen wird, ist sowohl vom Gesamtschwermetallgehalt als auch vom Input und Gehalt an organischem Material abhängig. Dabei führen die Schwermetallkonzentrationen, die tolerierbar (nach Kloke) sind, nicht zu nennenswerten Veränderungen. Erst die sehr hohen Gehalte vermögen das Mikroorganismenspektrum und die Mikrobenanzahl zu beeinflussen, d. h. die Besiedlungsdichte der Bodenmikroorganismen nimmt ab, ihre Artenzahl verringert sich, und in extrem belasteten Standorten kommt es zur Verbreitung schwermetallresistenter Arten (Abb. 3).

Die Belastbarkeit und die Umstrukturierung von Mikrobozönosen sind vom jeweiligen Bodentyp abhängig. So setzen die Dominanzveränderungen (Abb. 4, Guzew et al. 1985) innerhalb einer mikrobiellen Gesellschaft eines Podsols bereits bei niedrigeren Cd-Mengen als bei einer Schwarzerde an.

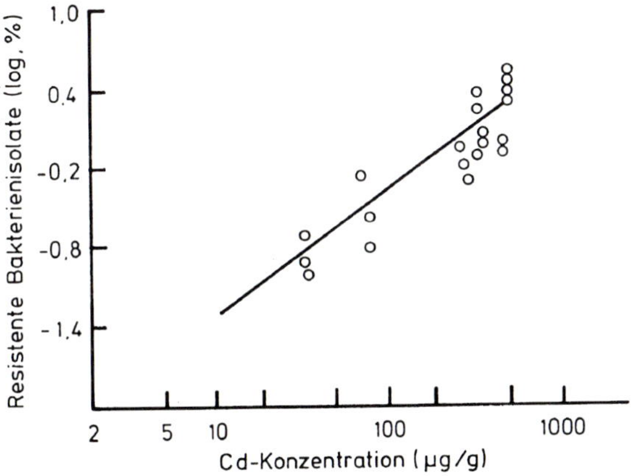

Abb. 3. Der Einfluß der Cd-Gehalte von Böden auf den Anteil Cd-resistenter Bakterienisolate (Domsch 1985)

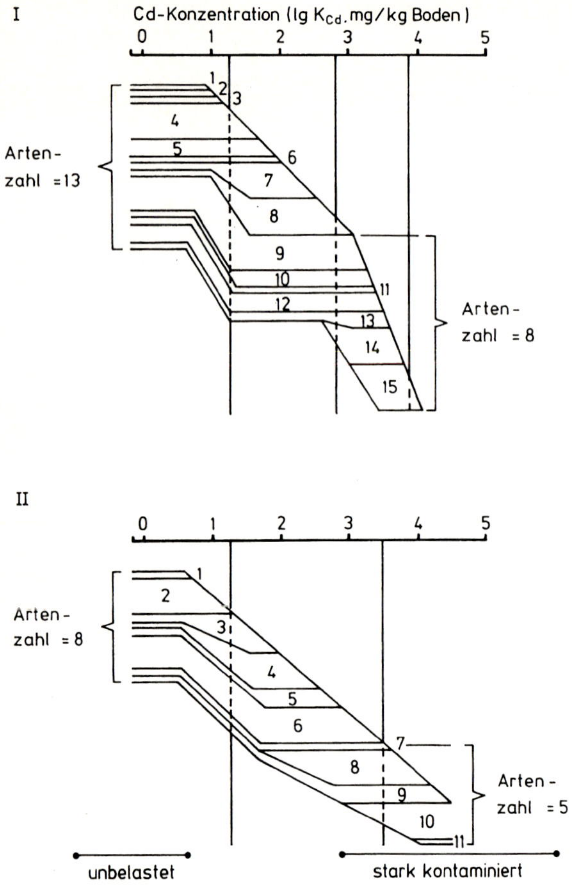

Abb. 4. Der Einfluß steigender Cd-Konzentrationen auf das Artenspektrum amylolytischer (stärkespaltender) Mikroorganismen einer Schwarzerde (I) und eines Podsols (II) (Guzew et al. 1985)

Diese Strukturveränderungen äußern sich z.B. in der Verringerung der Bodenatmung (Abb. 5, Domsch 1985). Die negative Wirkung hoher Schwermetallgehalte kann aber durch die unterschiedliche Flächennutzung entweder verstärkt oder aufgehoben werden (Weritz und Schröder 1989).

7 Zusammenfassende Betrachtung

Der gegenwärtige Kenntnisstand über die mikrobielle Aktivität von Stadtböden erlaubt folgende zusammenfassende Betrachtung:

- anthropogene Böden und Deckschichten weisen eine reduzierte mikrobielle Besiedlungsdichte sowie Biomasse auf;
- das Artenspektrum engt sich infolge von physikalischen und chemischen Stressoren ein;
- die mikrobielle Aktivität stark anthropogen beeinflußter Böden ist zwar dezimiert, die Werte liegen aber noch in Bereichen, die auch in landwirtschaftlich genutzten Böden anzutreffen sind.

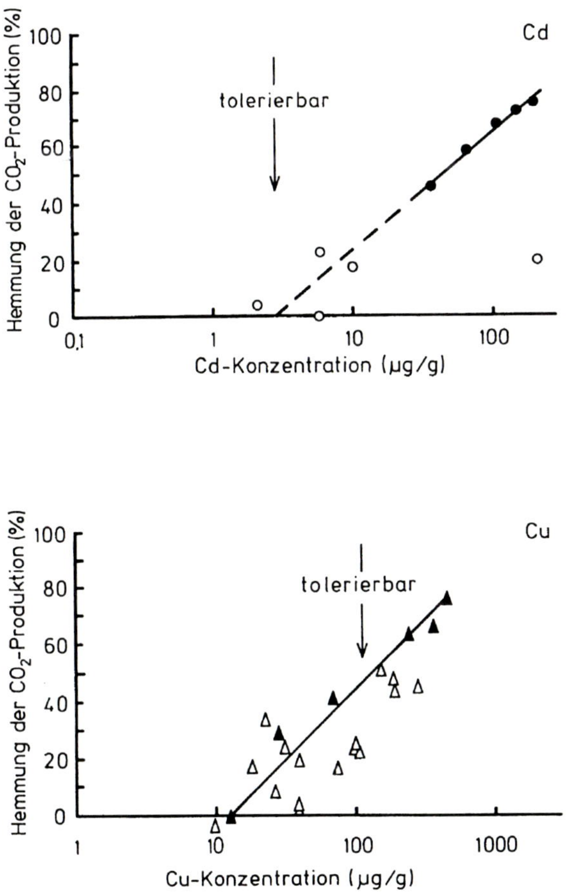

Abb. 5. Der Einfluß von Cd und Cu auf die CO_2-Produktion von Böden (Domsch 1985)

Literatur

Armstrong, M.J., Bragg, N.C. (1984) Soil physical parameters and earthworm population associated with open cast coal working and land restoration. Agriculture, Ecosystems and Environment 11: 131-143.

Beck, T. (1990) Der Einfluß langjähriger Bewirtschaftungsweise auf bodenmikrobiologische Eigenschaften. Kali-Briefe 20(1): 17-29.

Billwitz, K., Breuste, J. (1980) Anthropogene Bodenveränderungen im Stadtgebiet von Halle/Saale. Wiss. Z. Univ. Halle XXIX ,80 M, 4: 25 - 43.

Domsch, K.H. (1985) Funktionen und Belastbarkeit des Bodens aus der Sicht der Bodenmikrobiologie. Rat von Sachverständigen für Umweltfragen. Stuttgart und Mainz 13, 30-48.

Fresquez, P.R., Aldon, E.F., Lindemann, W.C. (1987) Enzyme aktivities in reclaimed coal mine spoils and soils. Landscape and Urban Planning 14: 359-367.

Frühauf, M., Zierdt, M. (1993) Geologische Untersuchungen zur Luft- und Bodenbelastung in Halle. Scientia halensis 1: 13 - 16.

Guzew, W.S., Lewin, S.W., Zwjagincew, D.G. (1985) Reakcija mikrobnoj sistemy pocv na gradient koncentracii tjazhelych metallow (Reaktion mikrobieller Systeme der Böden auf den Kozentrationsgradient der Schwermetalle). Mikrobiologija 54/3: 414-421.

Harris, J.A. (1991): The biology of soils in urban areas. In: Soil in urban environment (Bullock, P., Gregory, P.J., eds), 139-153. Oxford, London.

Machulla, G., Hickisch, B. (1988) Bodenmikrobiologische Charakterisierung unterschiedlich alter Kippböden. Tag.-Ber. Akad. Landwirtsch. Wiss. DDR, Berlin 269: 333-336.

Miller, R. M., Cameron, R. E. (1978) Microbial ecology studies at two coal mine refuse sites in Illinois. Argonne National Laboratory Report ANL/LRP-3.

Visser, S. (1985) Managment of microbial processes in surface mined land reclamation in western Canada. In: Soil Rehabilitation, Processes, Microbial Analyses and Application (TATE, R. K.III, KLEIN, D. A., eds), 203-241. Marcel Dekker, New York.

Weritz, N., Schröder, D. (1988) Mikrobielle Aktivität in Stadtböden unterschiedlicher Nutzung. Mitt. Dtsch. Bodenkundl. Ges. 56: 399-404.

Weritz, N., Schröder, D. (1989) Mikrobielle Aktivität in Stadtböden und ihre Bewertung unter besonderer Berücksichtigung von Schwermetallbelastungen. Mitt. Dtsch Bodenkundl. Ges. 59/II: 1015-1020.

Glossar

Aktinomyceten	pigmentbildende, stäbchenförmige Mikroorganismen mit beträchtlichen Nährstoffansprüchen
Azotobacter	freilebender Stickstoffbinder des Bodens
Belebtheitsgrad	Anzahl der mikrobiellen Zellen, z.B. in 1 g Boden
Biogenität	Gesamtaktivität und zahlenmäßige Präsenz der Mikrobiota eines Bodens
Bodenatmung	CO_2-Bildung
Mikrobozönose	mikrobielle Gesellschaft eines Bereichs der Biosphäre (Luft, Wasser, Boden)

Nitrifikationsaktivität	Effizienz der Oxidation von Ammonium zu Nitrit durch Mikroorganismen
P-Mobilisierer	Mikroorganismen, die phosphorhaltige Substrate zersetzen
Pseudomonaden	Bakterien der Gattung Pseudomonas, die ein sehr breites Substratspektrum nutzen und weit verbreitet sind
Zellulosezersetzer	zahlreiche zelluloseabbauende Mikroben

V Stadtbodenkartierung

Bodenkartierung im Stadtgebiet von Hannover

Jürgen Schneider

Zusammenfassung

Im Rahmen eines Forschungsvorhabens des BMFT wurden in Hannover stadtbodenkundliche Untersuchungen durchgeführt. Dabei Fanden Fragestellungen zur Überprüfung einer Arbeitshypothese – gleiches geogenes bzw. anthropogen verändertes Ausgangsmaterial und gleiche anthropogene Nutzungen bedingen gleiche bodenkundliche Merkmale, Kennwerte und Eigenschaften – ebenso Berücksichtigung, wie Fragestellungen zur Übertragbarkeit bzw. Prognose bodenkundlicher Untersuchungsergebnisse für Flächen gleicher Faktorenkombination.

Grundlage einer Überprüfung der Eignung bodenkundlicher Konzeptkarten für die bodenkundliche Kartierung von Stadtböden bildeten digitale Konzeptkarten, die durch die Überlagerung und Verschneidung bodenkundlich relevanter Vorinformationen erzeugt wurden. Diese dienten der Auswahl von Untersuchungsstandorten, die durch eine identische Faktorenkombination gekennzeichnet sind. Bei der Auswahl wurden Standorte unterschiedlicher stadttypischer Nutzungen berücksichtigt. Die Überprüfung der Übertragbarkeit und Prognose bodenkundlicher Ergebnisse für Flächen mit gleicher Faktorenkombination erfolgte durch den Vergleich bodenkundlicher Merkmale und Kennwerte, die jeweils an mehreren Untersuchungsstandorten mit identischer Faktorenkombination erhoben wurden.

Durch die Arbeiten in Hannover konnten die Eignung von Konzeptkarten für die bodenkundliche Kartierung und Regionalisierung urban, gewerblich und industriell überformter Flächen und das Interpretationspotential bodenkundlich relevanter Vorinformationen für die Kartierung und Regionalisierung von Stadtböden belegt werden. Durch die Bereitstellung bodenkundlich relevanter Vorinformationen in einer digitalen Konzeptkarte, durch gezielte Kartierung und Probenahme und die Kennzeichnung und Quantifizierung der Heterogenität ausgeschiedener Bodeneinheiten werden Anwender im kommunalen Verwaltungsvollzug in die Lage versetzt, notwendige Beurteilungen auf Grundlage der bereitgestellten Informationen durchzuführen.

Im Rahmen der vorliegenden Publikation werden in einem zweiten Beitrag Vorgehensweisen und Ergebnisse zur Stadtbodenkartierung vorgestellt. Diese wurden im Rahmen eines BMFT-Projekts zur "Stadtbodenkartierung in Hamburg" erarbeitet (s. Beitrag Schemschat).

1 Einleitung

Die Bodenkartierung im Stadtgebiet von Hannover wurde in einem interdisziplinären Forschungsvorhaben des Bundesministeriums für Forschung und Technologie unter dem Arbeitstitel "Modellhafte Entwicklung eines kommunalen Umweltinformationssystems im Rahmen des Ökologischen Forschungsprogramms Hannover" durchgeführt. Es war beabsichtigt, mit dem Forschungsvorhaben prototypisch Daten, Methoden und Instrumente für einen urbanen Raum zu erarbeiten, die für den kommunalen Vollzug relevant sind. Aus diesem Grund waren neben dem Teilbereich Boden noch weitere Projektbereiche (Grundwasser, Oberflächengewässer, Klima, Biotope und Raumstrukturen) in dieses Verbundvorhaben integriert.

2 Zielsetzung und Vorgehensweise

Ein wesentliches Teilziel und Grundlage der Bodenuntersuchungen war die Durchführung einer Analyse pedologisch bedeutsamer Faktoren zur Beschreibung des Wirkungsgefüges für die Böden (pedologisches Wirkungsgefüge) einer Stadt. Dies war vor dem Hintergrund beabsichtigt, daß überprüft werden sollte, ob eine Übertragung von gesicherten Erkenntnissen aus dem außerstädtischen Raum auf den urbanen Raum möglich ist. Aus dem außerstädtischen Raum ist z.B. bekannt, daß Böden unter gleichen Voraussetzungen identische Merkmale, Eigenschaften und damit auch Potentiale aufweisen. Für den innerstädtischen Raum sollte überprüft werden, ob diese Gesetzmäßigkeiten ebenfalls zutreffen und welche Konsequenzen dies für die Bereitstellung bodenkundlicher Daten für eine Kommune hat.

2.1 Pedologisches Wirkungsgefüge

Zur Ermittlung des pedologischen Wirkungsgefüges sind für den innerstädtischen Raum andere bzw. weitere Faktoren für die Bodenentwicklung zu berücksichtigen, als dies bei der bodenkundlichen Landesaufnahme für naturnahe Böden im außerstädtischen Raum der Fall ist.

Für den außerstädtischen Raum sind Faktoren wie Geologie, Relief, Klima und Nutzung als entscheidende Stellglieder für die Bodenentwicklung, die damit verbundenen Prozesse sowie resultierende Eigenschaften und Merkmale genannt. Diese Kausalität läßt sich auf den innerstädtischen Raum übertragen, obwohl modifizierte und modifizierende Faktoren zu geänderten Auswirkungen und Ausprägungen bodenbildender Faktoren führen.

Der geogenen Ausgangssituation, deren anthropogener Überprägung und den anthropogenen Nutzungen, welche die Bodenentwicklung, den Stoffeintrag, die Stoffbelastung, den Stofftransport etc. in einem entscheidenden Maße beeinflussen, kommen für den innerstädtischen Raum entscheidende Bedeutung zu.
Um diesen Erkenntnissen Rechnung zu tragen, wurden in Hannover aus folgenden Quellen wesentliche Basisdaten bereitgestellt:

- Geologische Karten,
- Bodenschätzungsdaten,
- Bodenübersichtskarte der Acker-, Grün- und Waldflächen,
- Karte des anthropogen veränderten Baugrundes,
- Karte der historischen Landnutzung,
- Kataster potentiell kontaminierter Gewerbe- und Industriestandorte,
- Karte der Altablagerungsverdachtsflächen,
- Karte der aktuellen Flächennutzung (Biotopkarte).

2.2 Konzeptkarte

Die aufgelisteten Informationen sind in Hannover bereitgestellt und digital aufbereitet worden. Sie liegen zum Teil flächendeckend, in jedem Fall aber für das gesamte Stadtgebiet vor. Die Geologischen Karten sind pz.B. ebenso wie die Karte der aktuellen Flächennutzung flächendeckend, die Bodenübersichtskartierung der Acker, Grün- und Waldflächen nur für die Areale mit entsprechenden Nutzungen vorhanden. Insgesamt hat das Stadtgebiet von Hannover eine Fläche von 204 m^2, was ca. 50 Karten im Maßstab 1:5000 (DGK5) entspricht.

Durch Überlagerung der Informationen bzw. Informationsebenen wurden für das gesamte Stadtgebiet Konzeptkarten erstellt. Dafür wurden alle 8 Informationsebenen im Blattschnitt und Maßstab der Deutschen Grundkarten (1:5000, DGK5) aufbereitet. Anschließend wurden diese DV-technisch überlagert. Durch das Überlagern der verschiedenen Geometrien (Flächen und Linien) entstehen neue Flächen, die mit den Inhalten der berücksichtigten Informationsebenen (geologische Karte, aktuelle Flächennutzung etc.) gekennzeichnet werden können (s. Abb. 1).

Der Vorgang der Erstellung der Konzeptkarten aus mehreren Einzelkarten (Überlagerung und Verschneidung) wurde im Rahmen der Stadtbodenkartierung Hannover rechnergestützt durchgeführt. Alle Basisdaten wurden digital aufbereitet, in einer Datenbank vorgehalten und mit einem Geographischen Informationssystem (GIROS) (Preuss 1988) verarbeitet (überlagert und verschnitten).

3 Geländearbeit

Die Konzeptkarten bildeten die Grundlage für die Auswahl zu kartierender stadttypischer Flächen gleicher Faktorenkombination. In den Konzeptkarten sind Bereiche abgegrenzt, die durch eine Faktorenkombination gekennzeichnet werden können und für die durch die Geländearbeit (bodenkundliche Kartierung und Probenahme) Daten erhoben wurden.
Die folgenden stadttypischen Nutzungen wurden im Rahmen der Stadtbodenkartierung Hannover berücksichtigt:

- Ackerflächen,
- Grünlandflächen,
- Stadtwaldflächen,
- Grünflächen/Parks,
- Kleingärten,
- Flächen des Straßenbegleitgrüns,
- Flächen der Wohnbebauung,
- Schienenstandorte,
- Tankstellen.

Zur Aufnahme bodenkundlicher Daten im Gelände wurden in einer ersten Phase der Feldarbeit der 1-m-Bohrstock (Pürckhauer-Bohrer) sowie die 2-m-Bohrstange eingesetzt. Die Tiefe der durchgeführten Bohrungen betrug in der Regel 2 m. Die Aufnahme der Untersuchungsergebnisse erfolgte entsprechend geltender Standards und Normen (AG Bodenkunde 1982, Oelkers 1984, AK Stadtböden 1989). Diese wurden auf speziellen Formblättern des Niedersächsischen Landesamtes für Bodenforschung zur bodenkundlichen Kartierung urban, industriell und gewerblich überformter Gebiete dokumentiert. In einer zweiten Phase wurden an Schürfgruben oder mit einer Rammkernsonde (80 mm) gestörte Bodenproben entnommen. Der Einsatz der Rammkernsonde hat sich vor allem auf den stark anthropogen überprägten Standorten bewährt.

Läßt sich aufgrund der Geländearbeit belegen, daß die erhobenen Daten für Bereiche mit gleichen Faktorenkombinationen identisch bzw. vergleichbar sind, so ist eine Übertragung der ermittelten bodenkundlichen Ergebnisse auch auf weitere Flächen gleicher Faktorenkombination möglich.

Wenige systematisch und nachvollziehbar ausgewählte Flächen können unter diesem Gesichtspunkt mit relativ hohem Aufwand repräsentativ für Flächen gleicher Faktorenkombination untersucht werden. Aspekte wie Flächenrepräsentanz oder Kosten bei der Bereitstellung bodenkundlicher Daten für den urbanen Raum können auf diesem Wege adäquat berücksichtigt werden.

4 Ergebnisse

Eine Auswertung von Datenbeständen, die im Rahmen der Stadtkartierung Hannover auf räumlich differenzierten Untersuchungsstandorten erhoben wurden (Schneider 1994), ermöglicht Aussagen zur Übertragbarkeit exemplarischer Untersuchungsergebnisse auf weitere Flächen gleicher Faktorenkombination.
So zeigt die Auswertung der ermittelten *Bodenart* für Standorte, die durch identische Faktorenkombination gekennzeichnet sind, daß die Übertragbarkeit für nahezu alle untersuchten Standorte möglich ist. Einschränkungen hinsichtlich der Prognosemöglichkeit von Bodenarten für Flächen gleicher Faktorenkombination ergeben sich lediglich für solche Flächen, deren Faktorenkombination einen Hinweis auf anthropogen veränderten Baugrund enthalten. Die Ergebnisse zeigen, daß auf Flächen mit anthropogen verändertem Baugrund sowohl natürliches als auch technogenes Substrat angetroffen werden kann. Flächen mit dieser Kennzeichnung müssen nach vorliegenden Erkenntnissen einer gesonderten, intensiveren Kartierung unterzogen werden. Für Nutzungen wie

- Grünland,
- Kleingarten,
- Stadtwald,
- Acker,
- Straßenbegleitgrün,
- Wohnbebauung,
- Schienenflächen.

kann hingegen auf Grundlage der Untersuchungen das Bodenartenspektrum für weitere Flächen mit gleicher Faktorenkombination abgeleitet werden.
Die Auswertung der *Auftragsmächtigkeit* auf den durch identische Faktorenkombination gekennzeichneten Untersuchungsstandorten zeigt, daß die Mächtigkeit anthropogen aufgetragenen Materials sich nur für zwei der untersuchten Faktorenkombinationen zuverlässig prognostizieren läßt. Diese sind durch die Nutzungen

- Schienenstandorte und
- Kleingärten

gekennzeichnet. Bei weiteren Untersuchungsflächen wurden keine Auswertungen hinsichtlich der Übertragung von Auftragsmächtigkeiten durchgeführt, da diese entweder durch die Faktorenkombination nicht als aufgeschüttete Flächen gekennzeichnet waren, oder so unterschiedliche Ergebnisse festgestellt wurden, daß diese keine Prognose der Auftragsmächtigkeiten für weitere Flächen mit identischer Faktorenkombination zuließen.

Die Übertragbarkeit der *pH-Werte* kann nach vorliegenden Ergebnissen für Standorte gewährleistet werden, die durch Nutzungen wie

- Ackernutzung,
- Grünlandnutzung,
- Straßenbegleitgrün und
- Gleisanlagen

gekennzeichnet sind.

Standorte und deren Faktorenkombination, die durch diese Nutzungen charakterisiert sind, weisen nur geringe Variabilitäten auf.

Als eingeschränkt übertragbar sind die pH-Werte der untersuchten Grünflächenstandorte zu bewerten, da diese Flächen z.T. aufgeschüttet sind und auf diesen Teilflächen anthropogene Veränderungen (technogene Beimengungen) zu Unterschieden bei den pH-Werten führen.

Untersuchungsstandorte, deren pH-Werte im Oberboden sehr hohe signifikante Unterschiede aufweisen, sind durch individuelle anthropogene Nutzungen bedingt. So führten unterschiedliche Bewirtschaftungen von Kleingartenflächen, trotz identischer Nutzung und identischem Ausgangsmaterial der Bodenbildung, zu deutlichen Unterschieden. Differenzierte Düngungs- und Kalkungsmaßnahmen bewirken hier offensichtlich die Unterschiede in der Bodenazidität.

Untersuchungsstandorte, deren Mittelwerte einem Pufferbereich zugeordnet werden können, obwohl eine Überprüfung der Homogenität des Datenkollektivs Unterschiede für die einzelnen pH-Werte ergab, sind als solche gekennzeichnet. Für diese Flächen ist zwar die Prognose konkreter pH-Werte im Oberboden nicht möglich, die Vorhersage der Pufferbereiche erlaubt jedoch eine Einschätzung bzw. Inwertsetzung hinsichtlich ökologischer Bewertungen.

Im Rahmen der statistischen Überprüfung der Homogenität der *C/N-Verhältnisse* wurde deutlich, daß die Mehrzahl der Untersuchungsstandorte im Oberboden signifikante bzw. sehr hoch signifikante Unterschiede aufweisen. Dies trifft vor allem auf anthropogen stark überprägte Flächen zu. Lediglich Ackerstandorte, Grünlandstandorte und öffentliche Grünflächen auf Auelehm konnten als übertragbar bewertet werden, da hier einheitliche (enge) C/N-Verhältnisse ermittelt wurden.

Neben der Überprüfung, ob Untersuchungsflächen mit gleicher Faktorenkombination identische Ausprägungen bodenkundlicher Merkmale und Kennwerte bedingen, erfolgte auch eine Auswertung der kartierten *Bodentypen* durch Quantifizierung des Flächenanteils bzw. Deckungsgrades der ausgewiesenen Leitbodentypen.

Die These, daß gleiche anthropogene Nutzungen und gleiches Ausgangsmaterial der Bodenbildung gleiche Bodentypen bedingen, erwies sich für folgende Untersuchungsstandorte als zutreffend:

- Flächen der Wohnbebauung,
- Flächen des Straßenbegleitgrüns,
- Schienenstandorte,

- Tankstellenstandorte,
- Kleingärten,
- Ackerstandorte,
- Flächen öffentlichen Grüns (Parks) auf anthropogen unverändertem Ausgangsmaterial der Bodenbildung.

Diese Aussage steht in direktem Zusammenhang zur benutzten Klassifikation der Bodentypen. Im Rahmen der Stadtbodenkartierung Hannover wurden die Empfehlungen des Arbeitskreises Stadtböden der Deutschen Bodenkundlichen Gesellschaft (1989) zur Kartierung urban, gewerblich und industriell überprägter Flächen angewandt.

5 Schlußfolgerungen

Stadtbodenkartierungen werden durchgeführt, um benötigte Daten zum Umweltkompartiment Boden bereitstellen zu können. Diese werden für ökosystemare Bewertungen, Planungen etc. benötigt. Mit dem Ansatz, der für die Stadtbodenkartierung Hannover verfolgt wurde, ist es möglich,

- Aussagen zum Boden aufgrund der bereitgestellten Vorinformation zu treffen (kleinmaßstäbig);
- Bodendaten für die kartierten Bereiche bereitzustellen (großmaßstäbig, parzellenscharf);
- Bodendaten auf weitere Flächen gleicher Faktorenkombination zu übertragen;
- auf Grundlage einer verhältnismäßig geringen Anzahl von Untersuchungen, relativ viele Flächen charakterisieren zu können.

Die vorgestellten Arbeiten wurden mit Hilfe geeigneter DV-Werkzeuge durchgeführt. Die gewonnenen Daten sind im Fachinformationssystem Boden des Niedersächsischen Bodeninformationssystems ebenso enthalten wie im kommunalen Umweltinformationssystem der Stadt Hannover.

Durch die Bereitstellung bodenkundlich relevanter Informationen in einer digitalen Konzeptkarte, durch zielgerichtete Kartierung und Entnahme von Bodenproben, durch die Kennzeichnung und Quantifizierung der Heterogenität ausgeschiedener Bodeneinheiten für städtische Räume wird es Anwendern im kommunalen Verwaltungsvollzug ermöglicht, Entscheidungen auf Grundlage dieser Daten zu treffen.

Für potentielle Nutzer (stadt)bodenkundlicher Daten ist es möglich, vorhandene Daten beim Niedersächsischen Landesamt für Bodenforschung abzufragen bzw. Daten durch vorhandene Methoden (DV-gestützte Methodenbank) auswerten zu lassen. So können Entscheidungsgrundlagen auch für Kommunen, Planungsträger oder Ingenieurbüros bereitgestellt werden, die nicht über geeignete DV-Werkzeuge verfügen. Konkrete Auswertungen zu stadtökologisch relevanten

Fragestellungen unter Einsatz der im Niedersächsischen Bodeninformationssystem – Fachinformationssystem Boden (NIBIS–FIS Boden) abgelegten Daten und Methoden sind im Endbericht des Teilprojekts Stadtböden dokumentiert (Bartsch et al. 1992).

Literatur

AK Stadtböden (1989) Empfehlungen des Arbeitskreises Stadtböden der Deutschen Bodenkundlichen Gesellschaft für die bodenkundliche Kartieranleitung urban, gewerblich und industriell überformter Flächen, UBA-Texte 18/89, 162 S., Berlin

Bartsch, H.U, Sbresny, J., Schneider, J. (1992) Modellhafte Entwicklung eines kommunalen Umweltinformationssytems im Rahmen des Ökologischen Forschungsprogramms Hannover, Endbericht des Teilprojektes Stadtböden, BMFT-Forschungsvorhaben 07160122

Oelkers, K.H. (1984) Datenschlüssel Bodenkunde, Hannover

Preuss, H. (1988) Map construction using advanced raster techniques, Geol. Jahrbuch, Reihe A, Heft 104, Hannover

Schneider, J. (1994) Eignung DV-gestützter Verfahren zur bodenkundlichen Datenerhebung in urbanen Räumen, Dissertation, Essen

Stadtbodenkartierung Hamburg

Bernd Schemschat

Zusammenfassung

Die Ergebnisse der Pilotphase der Stadtbodenkartierung Hamburgs belegen, daß der gewählte methodische Ansatz – Regionalisierung nach Konzeptkarteneinheiten – in der Lage ist, sowohl hinsichtlich Basismerkmalen und einfachen Schätzgrößen als auch in bezug auf komplexe Schätzgrößen und Multimerkmale eine nachvollziehbare und anwendungsorientierte Flächeninhaltsbeschreibung zu liefern, wobei zur Ableitung regionaler Bodeneinheiten in unbesiedelten Räumen bzw. in Stadtrandbereichen von den Vorinformationen der Konzeptkarten naturräumliche Gliederungen erwartungsgemäß die beste Basis liefern. Mit zumehmenden Stadtgradienten nimmt der Einfluß natürlicher Faktoren dagegen ab, im innerstädtischen Bereich erwies sich von allen verfügbaren Vorinformationen die Nutzungstypisierung als wichtigstes Abgrenzungskriterium.

Die statistische Sicherung der Befunde der Pilotphase wird für nachfolgende Kartierungen weiterer Stadtteile Hamburgs eine deutliche Verminderung des Kartieraufwands möglich machen. Viele Aspekte des Bodenschutzes im aktuellen Verwaltungsvollzug, in der ökologischen Planung und in der Bauleitplanung, in der UVP und in den diversen Fachämtern könnten damit eine ausreichende Basis erfahren. Voraussetzungen dafür sind eine standardisierte Vorgehensweise und Koordination der Kartierungen, für die sich der Arbeitskreis "Stadtböden" der Deutschen Bodenkundlichen Gesellschaft zukünftig verstärkt einsetzen wird und die auch in anderen Stadtbodenkartierungen verifiziert sind (s. auch Beitrag Schneider).

1 Ausgangspunkt

Ausgangspunkt für die Pilotphase der Stadtbodenkartierung waren die Arbeiten zum Fachgutachten Boden im Rahmen des Landschaftsprogramms Hamburg, für das ein 3teiliges Kartenwerk (1: 50 000) zu erstellen war:

- Bodenökologische Konzeptkarte,
- Bodenschutzkonzeptkarte und
- Maßnahmenkarte,

erarbeitet aus vorhandenen Unterlagen zur Regionalisierung übergreifender *Bodenschutzziele* als Grundlage für die Landschaftsplanung ohne die Durchführung bodenkundlicher Erhebungen im Gelände.

2 Zielsetzung

Ziel der im Auftrag des Amtes für Boden- und Gewässerschutz durchgeführten großmaßstäbigen *Pilotkartierung* in urban überformten Räumen ausgewählter Gebiete in Hamburg war die Regionalisierung *konkreter Bodenschutzziele* als Grundlage spezieller Fachplanungen. Die von 1986-1990 durchgeführte Pilotphase diente insbesondere zur Ermittlung eines repräsentativen Datenbestandes, zur Feststellung des notwendigen Kartieraufwands und der Möglichkeiten seiner Reduzierung sowie zur Überprüfung von Regionalisierungsverfahren.

3 Durchführung

Parallel zu der Pilotkartierung konnte im Rahmen eines vom BMFT geförderten interdisziplinären Projekts zur „Erfassung und funktionalen Bewertung von Stadtböden“ ein wissenschaftliches Begleitprogramm installiert werden, das in enger Zusammenarbeit mit dem Institut für Bodenkunde in Hamburg die Abarbeitung offener bodenkundlicher Fragen sicherstellen sollte (Wolff 1993).

Für die Pilotkartierung wurde von der Umweltbehörde Hamburg eine Fläche von etwa 6 Grundkartenblättern (DGK 5) ausgewählt. Dabei sollten typische Naturräume Hamburgs und unterschiedliche Überformungsintensitäten erfaßt werden. Aufgrund dieser Auswahlkriterien wurden als Kartiergebiete die Kartenblätter Bostelbek, Falkenstein, Wilhelmsburg und Wellingsbüttel sowie ein Zusammenhängendes Gebiet mit Teilen der Kartenblätter St. Georg, Hamm, Horn und Wandsbek (gleichzeitig Bestandteil des o.g. BMFT-Projekts mit ca. 1000 ha) festgelegt.

4 Methodik

Die ausgewählten Flächen wurden im 100 x 100-m-Raster kartiert (Nutenstangen- und Rammkernsondierungen sowie Profilgruben jeweils bis zu einer Tiefe von 2 m). Zusätzlich zu den 400 Rasterpunkten pro Grundkarte wurden zur Verdichtung des Rasters maximal 200 "freie" Punkte gesetzt bzw. an ausgesuchten Relief-, Nutzungs- oder Substratsituationen in direkter Sequenzfolge sondiert, um Grenzen zwischen unterschiedlichen standörtlichen Gegebenheiten erfassen und durch den gewählten Bohrabstand im Raster nicht erfaßbare Abhängigkeiten und kleinräumige Veränderungen darstellen zu können.

Die Vorgehensweise bei der Kartierung einschließlich der Merkmalserfassung erfolgte nach den Regeln der Bodenkundlichen Kartieranleitung (AG Bodenkunde 1982), ergänzt um Verfahren, die aus den besonderen Eigenschaften anthropogener Böden eingeführt wurden, z.T. finden sich diese in den Vorgaben des Arbeitskreises Stadtböden (AK Stadtböden 1989).

Die so gewonnenen Bodenmerkmale wurden digital erfaßt, je nach Fragestellung profilweise ausgewählt, kombiniert und/oder gruppiert und daraus neue Kennwerte errechnet. Damit kann jedes Profil einer bestimmten Kategorie zugeordnet und als Punktinformation mit Symbol in Auswertungskarten lagerichtig dargestellt werden. In Überlagerung mit weiteren, bereits digitalisierten Informationen der Konzeptkarte zum Gebietswasserhaushalt, zum Relief, zur Nutzung usw. können je nach Fragestellung neue Karten erzeugt werden, die entweder die punktbezogenen Informationen beibehalten oder die Abgrenzung von Flächen erlauben.
Aus den profilbezogenen Kennwerten wurden folgende Karten erstellt:

- Bodeneignung als Pflanzenstandort,
- potentielle Versickerung,
- Standortsensitivität für Schwermetalle,
- Erosionsgefährdung durch Wasser und
- Horizontfolgetypen und Bodenprozesse.

5 Ergebnisse

Es hat sich gezeigt, daß die Überformung urbaner Räume gleichermaßen in zwei Richtungen wirkt: Einerseits in der Veränderung der Bodenoberfläche, andererseits in der zunehmenden Mächtigkeit der Auftragsböden, die von den nahezu naturnahen Böden im unbesiedelten Raum über den Stadtrand, den verdichteten Siedlungsraum bis zur Kernstadt in Hamburg bis auf 5 m und mehr anwachsen können. Die Diversität (Zahl der Qualitäten) und die Variabilität (Zahl der Flächen) nehmen dabei zunächst zu, weil naturnahe und anthropogene Böden vergesellschaftet auftreten. Mit zunehmendem Überformungsgrad im Bereich der Kernstadt werden beide generell wieder geringer, da hier kaum noch naturnahe Böden auftreten. Die Diversität kann jedoch auch deutlich unter der des Freiraums liegen, die Variabilität kann dagegen beträchtlich höher liegen, wegen der kleingekammerten Nutzung (Abb. 1).

Diversität und Variabilität

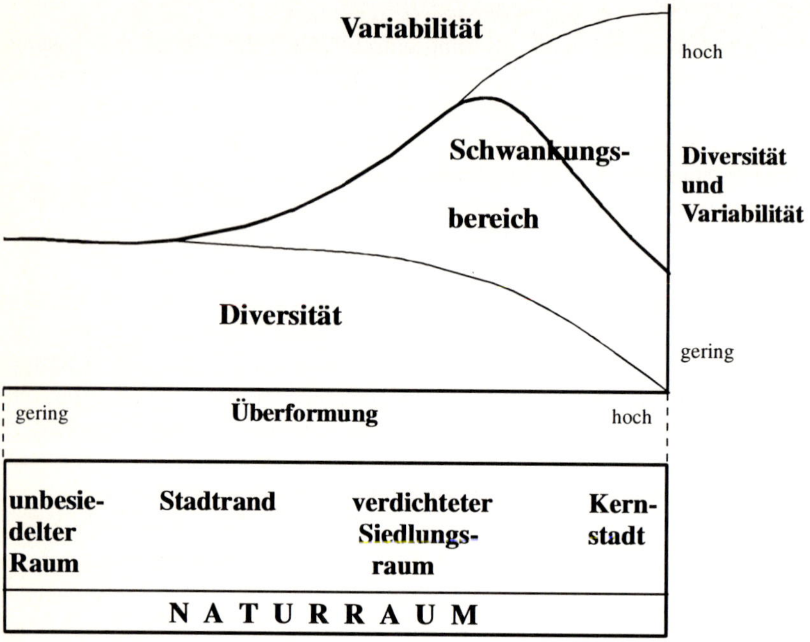

Abb. 1. Diversität und Variabilität der Böden in Hamburg

Bezüglich der Beziehung zwischen der Regionalisierung und dem Kartieraufwand bedeutet das (s. Abb. 2), daß der Ableitung von regionalen Bodeneinheiten aus Vorinformationen (Konzeptkarte) entscheidende Bedeutung zukommt. Während im Außenbereich naturräumliche Gliederungen erwartungsgemäß die besteBasis bilden, ist dies mit zunehmendem Stadtgradienten eher die Typisierung des Nutzungswandels. Im Kernstadtbereich wird man jedoch vornehmlich aus der Lage der Profile konstruktiv oder über regionalstatistische Verfahren eine Abgrenzung ableiten müssen. Da der Kartieraufwand bei gleicher Fläche des zu kartierenden Gebiets nicht nur von der Diversität und der Variabilität abhängt, sondern auch von der Qualität der Konzeptkarte, ist die Frage, ob der Kartieraufwand bei Stadtbodenkartierungen grundsätzlich größer ist als bei jenen der Außenbereiche, keinesfalls eindeutig zu bejahen (Abb. 2).

Die Sortierung der Kartiergebiete nach zunehmenden Stadtgradienten führt hinsichtlich einiger Bodenmerkmale zu eindeutigen Tendenzen (s. Tabelle 1). So nimmt der Skelettgehalt sowie das Auftreten von Auftragsböden mit zunehmender Überformumg tendenziell zu. Die Tongehalte sind dagegen stärker durch den Naturraum geprägt: höhere Gehalte in Wilhelmsburg (Elbmarschsedimente), geringere Gehalte in den übrigen Gebieten (vornehmlich sandige Sedimente). Die Humusgehalte werden in den ersten beiden Regionen ebenfalls stark durch die natürlichen Bedingungen bestimmt (niedrige Gehalte in Bostelbeck, hohe Gehalte in Wilhelmsburg). Die mittlere Gruppe (2-4% Humus) – Ergebnis einer nivellierenden, zunehmenden Überformung – steigt in kernstädtischen Bereichen (Wandsbek und Hamm) auf den höchsten Wert (Tabelle 1).

Regionalisierung und Kartieraufwand

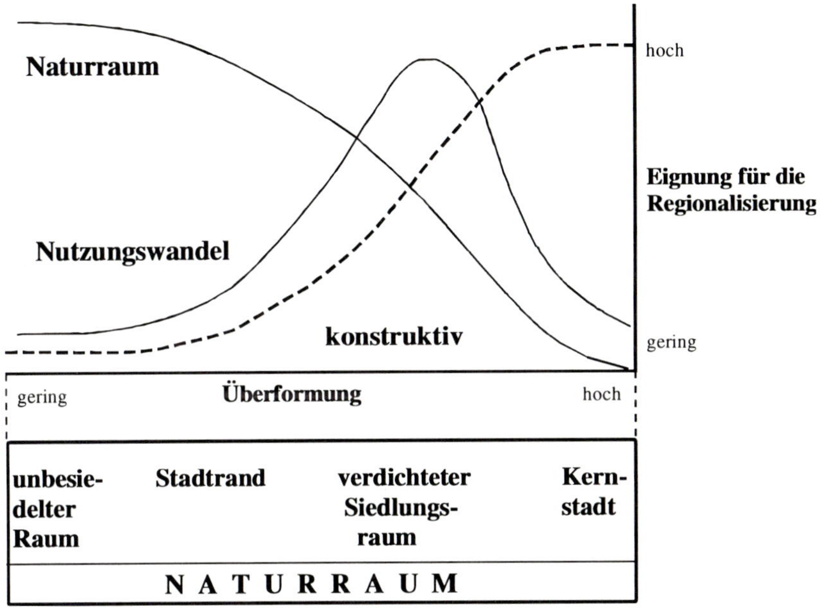

Abb. 2. Regionalisierungsverfahren

Die im vorangegangenen Abschnitt aufgezeigten Zusammenhänge haben in Hamburg bezüglich der Regionalisierung durch die Nutzungsintensität innerhalb eines Naturraums zu den in Tabelle 2 dargestellten Konsequenzen geführt. Während die Tongehalte unabhängig von der Nutzungsintensität – gemessen als Entfernung zum Stadtkern – als "gering" und deren Variabilität als gleichförmig einzustufen ist, liegen beim Humus, Karbonat und Skelett Abhängigkeiten vom Stadtgradienten vor. So sind die Humusgehalte der Freiflächen im Stadtkerngebiet als "mittel" einzustufen, bei geringer Variabilität. Zum Randbereich hin steigen sowohl die Gehalte als auch deren Variabilität. Die Karbonat- und Skelettgehalte sind im Stadtkernbereich hoch, bei geringer Variabilität, sie erreichen ihr Maximum bei ca. 2-4 km Entfernung zum Stadtkern und sinken zum Randbereich bei steigender Variabilität.

Tabelle 1. Statistische Auswertung ausgewählter Gebiete

Kartiergebiete	Skelettgehalt (Vol.-%)		Tongehalt (Gew.-%)
Bostelbeck	4,1		4,0
Wilhelmsburg	5,4		18,0
Wandsbek	11,8		7,5
Hamm	19,1		9,5
	Alle Auftragsböden (%)		**Reine Auftragsböden (Y bis 20 dm) (%)**
Bostelbek	22,6		14,6
Wilhelmsburg	57,7		20,6
Wandsbek	94,2		60,8
Hamm	95,8		74,6
	Humusgehalte des 1. Horizonts		
	< 2 %	**2-4 %**	**> 4 %**
Bostelbek	64	21	15
Wilhelmsburg	8	33	59
Wandsbek	21	51	28
Hamm	23	60	17

Tabelle 2. Regionalisierung durch Nutzungsintensität innerhalb eines Naturraums

Merkmal	Entfernung zum Stadtkern (km)				
	1 Stadtkern	**2**	**3**	**4**	**5 Randbereich**
	Gehalt/Variabilität				
Ton		gering/gleichförmig			
Humus	mittel/gering			höher/höher	
Karbonat	hoch/gering	maximal/mittel			gering/hoch
Skelett	hoch/gering	maximal/mittel			gering/hoch

Bezüglich der Möglichkeiten der Regionalisierung der punktförmigen Erhebungen der Profilmerkmale erwies sich für die im innerstädtischen Bereich liegende Fläche des BMFT-Projekts (St. Georg, Hamm, Horn und Wandsbek) von allen verfügbaren Vorinformationen die Nutzungstypisierung als wichtigstes Abgrenzungskriterium, wobei die Möglichkeiten der Regionalisierung durch die Realnutzung für ausgewählte Merkmale und Funktionen in folgender Reihe abnehmen:

Horizontfolgetyp > Substratfolgetyp > Eignung als Pflanzenstandort > potentielle Sickerwasserrate > Immobilisierungskapazität für Cadmium

Bei einem Grad der Einheitlichkeit von 70% bezogen auf die definierten Klassen (d.h., in einer Realnutzungseinheit entsprechen über 70% der Profile der jeweils betrachteten Merkmals- bzw. Funktionsklasse) lassen sich 55% aller Flächen für die Merkmale Horizont- und Substratfolgetyp (bei 9 bzw. 10 definierten

Typen) durch die Realnutzung regionalisieren. Dagegen lassen sich unter gleichen Bedingungen nur 10% bzw. 8% aller Flächen für die Funktionen potentielle Sickerwasserrate (3 Klassen) und Immobilisierungskapazität für Cadmium (5 Klassen) durch die Nutzungstypen abgrenzen (Tabelle 3; Kneib et al. 1990).

Tabelle 3. Regionalisierung durch Realnutzung

Merkmal bzw. Funktion für die Regionalisierung	**Zahl der definierten Typen bzw. Klassen**	**Prozent der Flächen bei einem Grad der Einheitlichkeit[a] von**		
		> 70 %[b]	**50 - 70 %**	**< 50 %**
Horizontfolgetyp	9	55	9	36
Substratfolgetyp	10	55	18	27
Eignung als Pflanzenstandort	9	48	26	26
Potentielle Sickerwasserrate	3	10	46	44
Immobilisierungskapazität bei Cadmium	5	8	52	40

[a] bezogen auf die definierten Klassen.

[b] In einer Realnutzungseinheit sind über 70% der Profile der jeweils betrachteten Merkmals- bzw. Funktionsklasse zugehörig.

Literatur

AG Bodenkunde (1982) Bodenkundliche Kartieranleitung (KA 3). Bundesanstalt für Geowissenschaften und Rohstoffe und Geologische Landesämter (Hrsg.), Hannover, 3. Aufl.

Kneib, W.D., Braskamp, A., Schemschat, B., Speetzen, F. (1990) Vier Jahre Stadtbodenkartierung von Hamburg/ Von der Kartierung zur Karte. Mitt. Dtsch. Bodenkundl. Ges. Bd. 61, S. 97-104

Wolff, R. (1993) Erfassung, Beschreibung und funktionale Bewertung der Eigenschaften von Stadtböden am Beispiel Hamburgs. Dissertation, Hamburger Bodenkundliche Arbeiten Bd. 21.

AK Stadtböden (1989) Empfehlungen des Arbeitskreises Stadtböden der Deutschen Bodenkundlichen Gesellschaft für die bodenkundliche Kartieranleitung urban, gewerblich und industriell überformter Flächen (Stadtböden). UBA-Texte 18/89, Forschungsbericht 107 03 007/03, UBA–FB 89-056, Umweltbundesamt (Hrsg.), Berlin

Typische Profile Hamburger Böden

Rüdiger Wolff

Zusammenfassung

Wer Stadtböden bewerten will, muß von der Beschreibung der Standorte und der Bodenprofile ausgehen. Im Rahmen einer Hamburger Stadtbodenexkursion erfolgte die Vorstellung von drei typischen Stadtbodenprofilen. Es wurden die Faktoren der Bodenbildung erläutert und die Merkmale der Horizonte beschrieben, aus denen die pedogenen Prozesse der einzelnen Horizonte abgeleitet werden konnten. Aussagen zur Horizontbezeichnung und zur Klassifikation von Stadtböden wurden diskutiert. Abschließend erfolgte jeweils die funktionale Bewertung der Standorte, wobei sowohl einfache und komplexe Bodeneigenschaften als auch die Ergebnisse chemischer und physikalischer Untersuchungen mit einbezogen wurden.

1 Einleitung

Im Rahmen des Seminars "Urbaner Bodenschutz" erfolgte in Hamburg am 26.05.94 eine Bodenexkursion, in deren Verlauf drei Stadtbodenprofile vorgestellt wurden. Diese Stadtbodenprofile waren u.a. innerhalb eines umfangreichen Stadtbodenprojekts (s. Beitrag Schemschat; Wolff 1993; Wolff et al. 1990) Gegenstand bodenkundlicher Standorte- und Profilbeschreibungen sowie unterschiedlicher physikalischer und chemischer Untersuchungen.

Prägender Faktor der Standorte dieser Bodenprofile ist der Mensch. Die natürlichen Faktoren der Bodengenese, wie das Gestein, das Relief, der Wasserhaushalt, die Vegetation, Fauna und Flora usw., sind an den betrachteten Exkursionsstandorten unterschiedlich stark durch die Nutzungsgeschichte und durch die aktuelle Nutzung der Standorte verändert und beeinflußt. Das Ausgangsgestein der Bodenbildung, das Bodensubstrat, ist an allen drei Standorten ortsfremd abgelegt und in Teilbereichen erheblich mit Substraten technogenen Ursprungs vermengt.

Die Merkmale der Standort- und Bodenbeschreibung wurden an den einzelnen Profilen dargestellt und erläutert. Die umfassende Beschreibung des Stadtbodens bildet die Voraussetzung, um u.a. eine gezielte Probenahme zu ermöglichen, um Meß- und Rechenwerte auf bestimmte Substrate und Substratgemenge zu beziehen und um so letztendlich funktionale Bewertungen durchführen zu können, die sich auf die (Ober-)Fläche und auf den Raum des Bodens (Volumenaussagen) beziehen.

2 Vorstellung der Exkursionsprofile

Der Standort des ersten Exkursionsprofils liegt im Stadtteil Hamm im Bereich der Landschaftseinheit des Elburstromtals, ca. 500 m südlich eines steilen Geesthanges. Die beiden anderen Standorte befinden sich im Stadtteil Wandsbek innerhalb einer gepflegten Parkanlage im näheren Bereich eines Zuflusses der Alster. Die ursprüngliche Landschaftseinheit des 2. und 3. Exkursionsprofils ist als reliefarme Geestlandschaft zu bezeichnen.

Zusammenfassende Profilbeschreibung: Profil Nr. 733

Horizont-bezeichnung[a]	Horizontbeschreibung
Ah (0-9 cm)	10YR 3.0/1 (sehr dunkelgrau); sehr schwach lehmiger Sand; stark humos (4-8%); natürlicher Grobboden 4-10 Vol.-%; vorwiegend Krümelgefüge; $Ld_{eff.}$ $<1,4$ g/cm^2; Wurzelfilz (>50 Feinwurzeln/dm^2).
jyhSC (9-100 cm)	5.0Y 4.0/2 (oliv-grau); toniger Lehm, Körnungsbesonderheit: gröbere Linsen; sehr schwach humos (1-2%); Bauschutt 1-2 Vol.-%; carbonatreich (10-25 Gew.-%); vorwiegend Kohärentgefüge; $Ld_{eff.}$ $>1,75$ g/cm^2; Fein- und Grobwurzeln <2n/dm^2.
jyhC (100-170 cm)	10YR 5.0/3 (braun); sandiger Lehm, Körnungsbesonderheit: gröbere Linsen; sehr schwach humos (1-2%); natürlicher Grobboden 1-2 Vol.-%, Bauschutt 2-5 Vol.-%; carbonathaltig (2-10 Gew.-%); vorwiegend Subpolyedergefüge; $Ld_{eff.}$ 1,4-1,75 g/cm^2.
jyhC (170-190 cm)	50GY 5.0/1 (olivgrau); schwach toniger Lehm; Körnungsbesonderheit: gröbere Linsen; schwach humos (1-2%); natürlicher Grobboden 1-2 Vol.-%, Bauschutt 10-30 Vol.-%; Kulturschutt 1-2 Vol.-%; carbonathaltig (2-10 Gew.-%); vorwiegend Subpolyedergefüge; $Ld_{eff.}$ 1,4-1,75 g/cm^2.

[a] Horizontbezeichnung nach H.-K. Siem (1994), GLA Kiel, mündliche und schriftliche Mitteilung, unveröffentlicht.

2.1 Exkursionsprofil (Profil Nr. 733)

Das erste Exkursionsprofil liegt innerhalb einer Rasenfläche, die zu einem Gemeindezentrum im Luisenweg gehört. Diese Rasenfläche wird 1- bis 2mal im Jahr geschnitten und zeitweise von Jugendgruppen zur Freizeitgestaltung genutzt.

Als Folge früherer Nutzung wurden auch in diesem Bereich der Elbniederung mächtige Aufschüttungen durchgeführt, so daß ehemals oberflachennah anstehende perimarine Substrate des Elbtals (Substratfolge: oberer Klei über Mudde über Torf über unterem Klei und Sanden) mehrfach überlagert wurden. Die ehemals nativen Böden des Elburstromtals existieren somit lediglich als fossile Böden, da seit der Besiedlung dieses Raumes durch den Menschen mit Aufschüttungen dem Risiko vor Überflutungen durch Elbhochwasser entgegengewirkt wurde.

Spätere Kriegseinwirkungen zerstörten nahezu den gesamten Bereich Hamm-Mitte, so daß beim Wiederaufbau nach 1954 in diesem Stadtteilbereich eine vollkommen neue Raumplanung durchgeführt wurde. Ehemalige Straßen, Fundamente, Plätze usw. wurden mit Trümmerschutt und ortsfremden Bodensubstraten überdeckt. Nach 1945 wurden aus dem Raum des heutigen Öjendorfer Sees u.a. Geschiebemergel in diesen Stadtteilbereich zur Aufhöhung und ebenerdigen Überlagerung der alten Nutzungsstrukturen abgelegt.

Baugrunduntersuchungen weisen eine ca. 4,5 m mächtige Auffüllung aus Bauschutt, Geschiebemergel und Sanden aus. Der Standort liegt ca. 3,6 m über NN. Grundwasser wurde während der Baugrunduntersuchungen in den unteren Sandschichten (>5 m unter GOK) angebohrt, es handelt sich um gespanntes Grundwasser, das während des Beobachtungszeitraumes auf ca. 3,5 m unter Geländeoberkante (GOK) anstieg. Der Standort ist somit als grundwasserfern einzustufen.

2.2 Exkursionsprofile (Profil Nr. 923 und 866)

Das zweite und dritte Exkursionsprofil liegt im Stadtteil Wandsbek in einer gepflegten städtischen Parkanlage innerhalb einer Rasenfläche, nördlich der Wandse, einem Nebengewässer der Alster. Die Fläche wird im Sommer als Spiel- und Liegewiese genutzt. Das oberflächennahe Grundwasser am Standort des zweiten Exkursionsprofils befindet sich ca. 2 m unter GOK, am dritten Exkursionsstandort bei ca. 3 m unter GOK (Geländeoberkante).

Mitte des 19. Jahrhunderts wurde das nähere Umfeld dieser Exkursionsprofile als Standort für zahlreiche Gewerbebetriebe genutzt. Hierzu zählten u.a. Kattundruckereien, -bleichen und Gerbereien. Im nahegelegenen Eichtalpark befand sich eine mit Wasserkraft angetriebene Lohmühle, die Baumrinde von Eichen zu Gerberlohe verarbeitete. Am Standort des 2. Exkursionsprofils (Profil Nr. 923) befand sich ca. 1 m unter der heutigen Geländeoberfläche eine Lederfabrik, die 1885 abbrannte und nicht wieder aufgebaut wurde. Verschiedene anderweitige Nutzungen folgten.

Zusammenfassende Profilbeschreibung : Profil Nr. 923

Horizont-bezeichnung[a]	Horizontbeschreibung
Ah (0-7 cm)	10YR 2.0/1 (schwarz); schluffig-lehmiger Sand, Körnungsbesonderheit: gröbere Linsen; stark humos (4-8%); natürlicher Grobboden 1-2 Vol.-%, Kulturschutt < 1 Vol.-%; vorwiegend Krümelgefüge; Ld_{eff}<1,4 g/cm^2; Feinwurzeln 5-10 n/dm^2
jyhC (7-35 cm)	10YR 3.0/1 (sehr dunkelgrau); schwach lehmiger Mittelsand, Körnungsbesonderheit: gröbere Linsen; mittel humos (2-4%); natürlicher Grobboden 1-2 Vol.-%, Bauschutt 1-2 Vol.-%, Kulturschutt 1-2 Vol.-% ; Carbonat in "Nestern"; vorwiegend Subpolyedergefüge, teilweise Krümelgefüge; Ld_{eff}<1,4 g/cm^2; Feinwurzeln <2n/dm^2.
jyhC (35-55 cm)	10Y 2.0/1 (schwarz); schwach schluffiger Mittelsand, Körnungsbesonderheit: gröbere Linsen und feinere Linsen; mittel humos (2-4%); Bauschutt <1 Vol.-%, Kulturschutt <1 Vol.-%; sehr carbonatarm (<0,5 Gew.-%); vorwiegend Subpolyedergefüge; Ld_{eff} 1,4-1,75 g/cm^2; Feinwurzeln <2n/dm^2.
jyhC (55-125 cm)	7.5 YR 3.0/1 (dunkelbraun); schluffig-lehmiger Sand, Körnungsbesonderheit: gröbere Linsen; mittel humos (2-4%); natürlicher Grobboden <1 Vol.-%, Bauschutt <1 Vol.-%; teilweise Einzelkorngefüge, vorwiegend Subpolyedergefüge; Ld_{eff}. 1,4-1,75 g/cm^2
jhC (125-170 cm)	10 YR 2.0/1 (schwarz); schwach lehmiger Sand, Körnungsbesonderheit: feinere Linsen; schwach humos (1-2%); natürlicher Grobboden 2-5 Vol.-%; vorwiegend Subpolyedergefüge; Ld_{eff}. 1,4-1,75 g/cm^2.

[a] Horizontbezeichnung nach H.-K. Siem (1994), GLA Kiel, mündliche und schriftliche Mitteilung, unveröffentlicht.

Während der Kriegszeit wurden hier Kleingärten betrieben. Nach dem Krieg erfolgten 1-2 m mächtige Aufschüttungen, und nördlich der heutigen Parkanlage wurden 1968 mehrere Wohnblöcke gebaut.

3 Merkmale der Standort- und Profilbeschreibung

Die Böden der Exkursionsprofile haben sich aus Gemengen natürlicher und technogener Substrate entwickelt, die teilweise geschichtet sind und die nicht selten die Morphe dieser Stadtböden als ein buntes Mosaik unterschiedlicher Stoffzusammensetzung und Stoffanordnung erscheinen lassen. Aus dieser Erfahrung wurde die Notwendigkeit einer möglichst umfassenden Standort- und Horizontbeschreibung in Stadtböden abgeleitet, um so eine reproduzierbare Bewertungsgrundlage zu schaffen. Die Merkmale und Klassenvorgaben der bodenkundlichen Beschreibungen entsprechen den Vorgaben der Arbeitsgruppe Bodenkunde (1994) (vgl. auch Oelkers 1984) und des Arbeitskreises Stadtböden (1989).

Zusammenfassende Profilbeschreibung: Profil Nr. 866

Horizont-bezeichnung[a]	Horizontbeschreibung
Ah (0-10 cm)	10YR 2.0/1 (schwarz); lehmiger Sand; sehr stark humos (8-15%); natürlicher Grobboden 1-2 Vol.-%, Bauschutt <1 Vol.-%, Kulturschutt <1 Vol.-%; vorwiegend Subpolyeder, teilweise Krümelgefüge; Ld_{eff}<1,4 g/cm^2; Feinwurzeln 20-50 n/dm^2; Grobwurzeln <2 n/dm^2.
jyhC (10-25 cm)	10YR 3.0/1 (sehr dunkelgrau); lehmiger Sand; stark humos (4-8%); natürlicher Grobboden 2-5 Vol.-%, Bauschutt 5-0 Vol.-%, Kulturschutt 1-2 Vol.-%; carbonatreich (10-25 Gew.-%); vorwiegend Subpolyedergefüge; Ld_{eff}<1,4 g/cm^2.
jyhC (25-40 cm)	2.5Y 4.0/1 (dunkel gräulichbraun); sehr schwach lehmiger Sand, Körnungsbesonderheit: feinere Linsen; schwach humos (1-2%); natürlicher Grobboden 1-2 Vol.-%, Bauschutt 30-50 Vol.-%; sehr carbonatreich (25-50 Gew.-%); vorwiegend Subpolyedergefüge; Ld_{eff} <1,4 g/cm^2; Feinwurzeln 2-5 n/dm^2, Grobwurzeln <2 n/dm^2.
jyhC (40-72 cm)	10 YR 2.0/3 (sehr dunkelbraun); schluffiger Feinsand; Bauschutt 30-50 Vol.-%; Kulturschutt 1-2 Vol.-%; mittel humos (2-4%); teilweise Einzelkorngefüge, vorwiegend Subpolyedergefüge; sehr carbonatreich (25-50 Gew.-%); Ld_{eff} <1,4 g/cm^2.
jyhC (70-82 cm)	10 YR 4.0/3 (braun); schwach feinsandiger Sand, Körnungsbesonderheit: feinere Streifen, feinere Linsen; sehr schwach humos (1-2%); Bauschutt 30-50 Vol.-%; vorwiegend Einzelkorngefüge; sehr carbonatreich (25-50 Gew.-%); Ld_{eff} <1,4 g/cm^2.
jyhC (82-130 cm)	10 YR 3.0/1 (sehr dunkelgrau); schwach schluffiger Sand; mittel humos (2-4%); Bauschutt 10-30 Vol.-%; vorwiegend Subpolyedergefüge; sehr carbonatarm (<0,5 Gew.-%); Ld_{eff} <1,4 g/cm^2.

[a] Horizontbezeichnung nach H.-K. Siem (1994), GLA Kiel, mündliche und schriftliche Mitteilung, unveröffentlicht.

Zur Standortbeschreibung

Die Beschreibung des Standorts der Profilaufnahme dient der Kennzeichnung der Faktorenkonstellation des Profilstandorts, dessen Produkt der Boden darstellt. Als wichtigste Faktoren der Pedogenese (vgl. Schröder 1984) der urban und industriell überformten Böden sind der Mensch, das Ausgangsgestein, das Klima und die Vegetation zu nennen (vgl. Arbeitskreis Stadtböden 1989). Im Vergleich zu naturnahen Standorten sollte vor allem in Städten der Einfluß des Menschen auf den Boden Gegenstand genauerer Betrachtung sein, da er i.d.R. die Substrate der Böden schafft und prägt und deren Pedogenese entscheidend beeinflußt.

Als Beispiel einer ausführlichen Standortbeschreibung wird nachfolgend die Standortbeschreibung des Exkursionsprofils Nr. 1 (Profil Nr. 733) dargestellt.

Profil 733		Standortbeschreibung	
Rechtswert: 69631	Hochwert: 36409		
Aufnahmedatum:	28. 11. 1989	Kartierer:	RW
Profilaufnahme: 2 m Profilgrube			

Bemerkungen zum nahen Umfeld:	Aktuelle Nutzungsstrukturen (Gemeindezentrum; Gärten, Rasenfläche), entstanden ca. 1970.
Versiegelung im 50 m Umkreis:	5%, davon 25% total;
Versiegelung im 25 m Umkreis:	0% ;
Expos./Höhe/Entf. zum nächsten Baum:	S 15m, W 20m (Hecken; Bäume, Büsche);
Expos./Höhe/Entf. zum nächsten Bauwerk:	SO; 6m, ca. 20m;

Bemerkungen zum weiteren Umfeld: Aufschüttungsbereich im Elburstromtal, ca. 100 m südlich des Geesthanges, gemischte Bebauung: Wohnbebauung, Gewerbe, Schulen usw.

Bemerkungen zur Nutzungsgeschichte: Im tiefen Untergrund ehemaliges Flußbett eines Billearmes, überlagert mit Substraten natürlichen (ortsfremd abgelegten) und technogenen Ursprungs, nach 1954 letzte Auffüllungsphase: Trümmerschutt, Sande und Lehme, u.a. oberflächennah Geschiebemergel aus dem Öjendorfer See; Überlagerung ehemaliger Nutzungsstrukturen (Straßen, Wege, Gärten, Keller und Fundamente) ca.1-2 m; Gründung des angrenzenden Gemeindezentrums durch senkrechte Fundamentträger bis weit in die Billesedimente;

Kleinrelief/Lage/Neigung:	gestreckt gelegen; Exposition SW; bis 1%,
Mesorelief /Lage/Neigung:	Ebene, Tal; Hangmitte, bis 1%; Exposition SW;
Nutzung:	"verwilderte" Rasenfläche, Ödland, Unland, Spiel- und Liegewiese (Bem.: Stauwasser an der Bodenoberfläche)
Melioration:	oberflächenverändernder Auftrag (s.oben);
Angaben zum Vorfluter:	kein Vorfluter vorhanden;

Humusform:	organische Auflage (L-,Of-,Oh-Lage) nicht vorhanden

Wurzelfilztiefe:	4 cm (im Mineralboden)
Eindringwiderstand:	-2 kg/cm^2 (senkrecht i.d. Bodenoberfläche)
Infiltrationswiderstand:	klein (Abschätzung) z.B.: geschlossene Grasnarbe, Krümelstruktur an der Bodenoberfläche

Zur Profil- und Horizontbeschreibung

Im Rahmen der Stadtbodenexkursion wurde das methodische Vorgehen zur Beschreibung von Stadtböden an drei Profilgruben verdeutlicht.

Der erste Schritt der Bodenbeschreibung besteht in der Abgrenzung einzelner Horizonte voneinander durch wesentliche Bodenmerkmale. Hierzu zählen hauptsächlich die Bodenfarbe, die Körnung, das Gefüge und (technogene) Grobbodenteile. Falls es nicht möglich ist, in Teilbereichen des Profils annähernd homogene Lagen voneinander abzugrenzen, so wird der gesamte betrachtete Profilbereich bodenkundlich beschrieben und dessen Stoffzusammensetzung und Stoffanordnung vermerkt.

Bei der Abgrenzung von annähernd homogenen Lagen ist es notwendig, die Variabilität (Unterschiedlichkeit) und Diversität (Verteilung der Unterschiedlichkeit) von Bodenmerkmalen an der Profilwand zu berücksichtigen. Die Variabilität und Diversität ist merkmals- und (boden-)substratspezifisch und hängt stark vom Volumen der betrachteten Teilabschnitte ab. Je kleiner der betrachtete Bodenausschnitt ist, desto größer erscheint die Inhomogenität des gesamten Profils. Daher ist es wichtig, neben der Beschreibung von Einzelheiten das Kartierungsziel zu beachten, damit die Bodenbeschreibung in Stadtböden eine interpretationsfähige Basis zur funktionalen Bewertung darstellen kann.

Im Rahmen der Diskussion zur Methode der Merkmalserfassung wurde ausgeführt, daß auch die Aufschließungsverfahren (z.B. durch Profilgrube, Rammkernsonde, Nutenstange) den Umfang und die Sicherheit der Beschreibung von Bodenmerkmalen bestimmen (vgl. Wolff et al. 1987).

Nachdem die Tiefenbereiche der einzelnen Horizonte festgelegt waren, erfolgte die Beschreibung einzelner Bodenmerkmale für jeden Horizont des Profils. Die Diskussion einzelner Bodenmerkmale an den Stadtbodenprofilen verdeutlicht, daß es aus inhaltlichen, organisatorischen und finanziellen Gründen ratsam ist, über einfache Feldmethoden eine Fülle von Basismerkmalen aufzunehmen, die dann die Grundlage für verschiedene funktionale Bewertungen bilden können.

Um die Merkmalsfülle und deren Differenzierungsgrad bei einer Horizontbeschreibung in Stadtböden zu verdeutlichen, werden nachfolgend als Beispiel die ersten beiden Horizonte des Exkursionsprofils Nr. 1 (Profil Nr. 733) dargestellt.

Profil/Horizont: 773/2	Horizontbeschreibung	
Tiefe: 0-9 cm	Grenzverlauf: wellig	Grenzübergang: 2-3 cm
Farbe: 10 YR 3.0/1 sehr dunkelgrau		
Farbbesonderheiten:	< 1% Flecken, humos dunkel/an der Matrix orientiert 10-20% helle Quarzkörner/an der Matrix orientiert	
Grobboden/ Kies:	5-8 %	
Steine:	< 1%	
Natürlich:	5-10 %	
Körnung/Bodenart:	sehr schwach lehmiger Sand	
Humus/Quantität:	stark humos/4-8 %	
Humus/Qualität:	gering/KAK 150-180 mmol	
Aggregat-Festigkeit:	gering, 1-2, (Schwenkprobe)	
Porengröße:	mittel/1-2 mm	
Makroporenanteil:	hoch/> 5 Vol.-%	
Grundgefüge:	Einzelkorngefüge < 33 %	
Aggregatgefüge:	Krümelgefüge 66-100 %/Aggregatgröße: fein, 5-2 mm	
Lagerungsart:	im Quellungszustand offen bis sperrig, viele Hohlräume	
Lagerungsdichte	< 1,4 g/cm^2	
Feinwurzeln (< 2 mm)	> 50 n/dm^2 (Wurzelfilz), Grobwurzeln (> 2 mm) < 2n/dm^2	
Feuchtestufen:	feucht/3	
Horizontbezeichung:	Horizont aus anthropogenem Auftrag natürlicher Substrate/humusangereichert	
Nähere Charakterisierung des Horizonts:	juvenil	

Profil/Horizont: 733/2	Horizontbeschreibung
Tiefe: 9-100 cm	Grenzverlauf: wellig Grenzübergang: 2-3 cm
Farbe: 5 Y 4.0/2 olivgrau	
Farbbesonderheiten:	1-2 % Flecken, humos dunkel/an der Matrix orientiert
	2-5% weiße Flecken/an der Matrix orientiert
Kalkkonkretionen:	2-5 %
Grobboden/ Kies:	2-5 %
Steine:	2-5 %
Natürlich:	1-2 %
Organische Reste:	1-2 %/schwach bis mittel zersetzt
Körnung/Bodenart:	toniger Lehm
Körnungsbesonderheit:	gröbere Linsen
Humus/Quantität:	sehr schwach humos/1-2 %
Aggregat-Festigkeit:	hoch, 3-4 (Schwenkprobe)
Porengröße:	fein/< 1 mm
Makroporenanteil:	mittel/2-5 Vol.-%
Grundgefüge:	Kohärentgefüge 66-100 %, Verfestigungsgrad: fest
Aggregatgefüge:	Polyedergefüge < 33%, Aggregatgröße: grob, 2-20 mm
Lagerungsart:	im Quellungszustand geschlossen
Lagerungsdichte	> 1,75 g/cm^2
Feinwurzeln (< 2 mm)	< 2 n/dm^2 (Wurzelfilz), Grobwurzeln (> 2 mm) < 2 n/dm^2
Carbonatgehalt:	carbonatreich, 10-25 Gew.-%
Carbonat-"Nester":	extrem carbonatreich, > 50 Gew.-%
Feuchtestufen:	feucht/3
Horizontbezeichung:	Horizont aus anthropogenem Auftrag natürlicher Substrate/sehr schwach humusangereichert, wasserstauend, relativ dicht
Nähere Charakterisierung des Horizonts:	juvenil

Die Beschreibung der Merkmale von Stadtböden kann – im Gegensatz zu naturnahen Böden – auf den ersten Blick kompliziert erscheinen, da durch die Substrate technogenen Ursprungs und deren Gemenge mit natürlichen Substraten eine Fülle unterschiedlicher Ausgangsmaterialien der Bodenbildung geschaffen wurden. Falls einzelne Substratkomponenten nicht nach ihrem Ursprung zugeordnet werden können (z.B. Schlacken unbekannter Herkunft), so können sie jedoch bodenkundlich beschrieben werden, um spätere Zuordnungen zu ermöglichen, damit auch diese Bodenbestandteile in eine Bewertung mit einbezogen werden können.

Weiterhin wurde im Rahmen der bodenkundlichen Exkursion dargestellt, daß aufgrund der geringen Zeitspanne der Bodenentwicklung profildifferenzierende Prozesse der Pedogenese vornehmlich nur im Oberboden ausgewiesen werden können, so daß es sich bei Stadtböden im bodenkundlichen Sinn vorwiegend um die Beschreibung von Rohböden handelt.

Im Zusammenhang mit der Vergabe der Horizontbezeichnung ist darauf hinzuweisen, daß die Morphen einzelner Horizonte u.U. ortsfremd entstanden sind und somit "vor Ort" pedogene Prozesse vortäuschen, die aufgrund der aktuell wirksamen Faktorenkostellation des Standorts nicht erklärbar sind.

Als Beispiel für diesen Sachverhalt kann der 2. Horizont des Profils 733 dienen (vgl. Abschnitt 3). Unter Grasvegetation liegt in einem Tiefenbereich von 9-100 cm unter GOK (Geländeoberkante) ein überwiegend reduzierter (Farbe 5.0 Y 4.0/2) Geschiebemergel mit vorwiegend kohärentem Gefüge vor, der hier vor ca. 40 Jahren aufgetragen wurde. Die Morphe dieses Horizonts entspricht den Standortfaktoren seines Herkunftsorts und ist als Mineralbodenhorizont unterhalb des Grundwasserspiegels zu beschreiben. Die Faktorenkonstellation des jetzigen Standorts hat jedoch bis zum jetzigen Zeitpunkt diesen Horizont vergleichsweise unwesentlich geprägt. Mit fortschreitender Bodenentwicklung werden die derzeit wirksamen Standortfaktoren zunehmend hydromorphe Merkmale eines Stauwasserhorizonts in diesem Bodensubstrat ausbilden, d.h. daß innerhalb der derzeit vorwiegend reduzierten Matrix zunehmend regellos reduzierte und oxidierte Matrixbereiche ausgebildet werden. (Durch Vorgänge der Gefügebildung wird dieser Bodenbereich langfristig auch zunehmend durch Pflanzenwurzeln strukturiert werden.) Dieses Beispiel verdeutlicht, daß auch der Stadtboden ein vierdimensionales System (Raum-Zeit-Struktur) darstellt, welches bei Bewertungen berücksichtigt werden sollte. Vorschläge zur bodentypologischen Klassifikation der vorgestellten Bodenprofile wurden diskutiert; verbindliche Vorgaben existieren bislang nicht.

4 Bewertung von Stadtböden

Die Bewertung der Stadtböden wurde an den offenen Profilgruben "vor Ort" hergeleitet und diskutiert. Die Merkmale der Standort- und Profilbeschreibung stellen die Grundlage der Bewertung dar.

Mit Hilfe der Standortmerkmale lassen sich frühere und gegenwärtige Umweltfaktoren kennzeichnen (Nutzungsgeschichte, aktuelle Nutzung, Versiegelungsart, Versiegelungsgrad usw.) und ihre Auswirkung auf den Boden (Relief, Vegetation, organische Auflage usw.) beschreiben. Ohne diese Informationen sind Prognosen zur Bodenentwicklung nicht möglich; sie sind eine wichtige Voraussetzung, um funktionale Bewertungen durchführen zu können.

Die Profilbeschreibung besteht aus der Merkmalsbeschreibung der einzelnen aufeinanderfolgenden Horizonte des Bodenprofils. Als besonders defizitär gilt derzeit in Stadtböden die Nomenklatur im Bereich der Merkmalsausprägung technogener Substrate. Dementsprechend existieren z.Z. auch keine verbindlichen Vorgaben zur Gliederung von technogenen Substraten und von Gemengen aus natürlichen und technogenen Substraten. Außerdem fehlen derzeit verbindliche Vorgaben zur Klassifikation von Böden urban, gewerblich und industriell überformter Flächen. Daher ist eine Bewertung von Stadtböden auf dieser hohen Aggregationsebene bodenkundlicher Inhaltszusammenfassung (z.B. als Bodenform) gegenwärtig nicht möglich.

Im Rahmen der bodenkundlichen Exkursion wurden aus den Horizontmerkmalen (Basismerkmalen) für das jeweilig betrachtete Profil komplexe Merkmale und Schätzgrößen abgeleitet (vgl. z.B. Arbeitsgruppe Bodenkunde 1994, DVWK 212 1988). Bewertet wurden an den einzelnen Standorten komplexe Merkmale des Luft- und Wasserhaushalts (Tabelle 1 und 2); zusätzlich erfolgten Angaben zur Kationenaustauschkapazität und zur Fähigkeit des Bodens, Schwermetalle zu binden. Verwendet wurden hierfür die Basismerkmale Bodenart, Humusgehalt, pH-Wert und Lagerungsdichte. Die Bewertung von komplexen Bodenmerkmalen (Schätzgrößen) ist die Voraussetzung, um funktionale Aussagen ableiten zu können.

Zur Kennzeichnung der funktionalen Eigenschaften wurden auch die Ergebnisse der Labormessungen mit einbezogen (Tabelle 3, 4 und 5). Die Diskussion zeigte, daß eine Verknüpfung von laboranalytisch ermittelten Meßdaten mit einfachen und komplexen Merkmalen der Bodenansprache nur dann zu befriedigenden Ergebnissen führt, wenn eine repräsentative Probenahme (Fein- und Grobboden) in diesen Substraten erfolgte. Bewertet wurden die Funktionen des Bodens als Pflanzenstandort, als Filter-, Puffer- und Transformationskörper. Zusätzlich wurde die aktuelle und potentielle Gefährdung der Böden durch Degradation nach menschlichem Eingriff erörtert.

Tabelle 1. Kennwerte der Wasser- und Porengrößenverteilung, ermittelt durch Merkmale der Profilansprache (standortbezogen)

Schlüssel (Quadrant- und Profil-Nr.)	Horizont des Kf.-min	Kf.-min. (cm/d)	Horizont des Kf.-max.	Kf.-max. (cm/d)	We (dm)	nFKWe (mm)
6936_733	2	1-10	1	100-300	7,0	88
7139_866	4	40-100	5	>300	8,0	169
7139_923	1	40-100	2	100-300	9,0	201

Schlüssel (Quadrant- und Profil-Nr.)	LKWe (mm)	LKWe (Vol.-%)	FKWE (mm)	GPVWe (mm)	GPVWe (Vol.-%)
6936_733	29	4,1	302	332	47,4
7139_866	128	16,0	232	361	45,1
7139_923	125	13,9	307	433	48,1

(Schätzgrößen des Luft- und Wasserhaushalts: siehe Arbeitsgruppe Bodenkunde 1994)

Tabelle 2. Kennwerte der Wasser- und Porengrößenverteilung, ermittelt durch Merkmale der Profilansprache (horizontbezogen)

Schlüssel	Tiefe		nFK (Vol.-%)	LK (Vol.-%)	FK (Vol.-%)	GPV Wert	Kf-Wert (mm)	∑ nFK (mm)	∑ LK (mm)	∑ FK (mm)	∑ GPV (Vol.-%)
	Beginn	Ende									
6936_733_1	0	9	23,4	19,2	50,0	5	21	17	28	45	30,8
6936_733_2	9	100	10,2	1,9	43,7	2	114	35	409	443	41,8
6936_733_3	100	170	16,7	9,9	42,4	3	213	104	637	739	32,5
6936_733_4	170	190	14,8	6,9	47,3	3	260	118	717	834	40,4
7139_866_1	0	10	35,2	14,3	62,2	5	35	14	48	62	47,9
7139_866_2	10	25	18,8	9,4	34,6	5	63	28	86	114	25,2
7139_866_3	25	40	13,0	13,8	31,0	5	83	49	111	161	17,2
7139_866_4	40	72	11,4	6,6	22,0	4	119	70	161	231	15,4
7139_866_5	72	82	7,3	14,2	22,5	6	127	84	169	253	8,4
7139_866_6	82	130	9,3	19,6	30,7	6	171	178	223	401	11,1
7139_923_1	0	7	28,6	12,8	52,3	4	20	+	28	37	39,5
7139_923_2	7	35	21,2	17,5	46,9	5	79	58	110	168	29,4
7139_923_3	35	55	23,3	17,3	50,2	4	126	93	176	269	32,9
7139_923_4	55	125	21,0	9,0	46,0	4	273	156	435	591	37,0
7139_923_5	125	170	16,4	18,3	40,6	4	330	220	512	733	22,2

(Schätzgrößen des Luft- und Wasserhaushalts: s. Arbeitsgruppe Bodenkunde 1994)

Tabelle 3. Chemische Analysenergebnisse der Feinbodenproben

Schlüssel	Tiefe (cm)	Tiefen-stufe 1)	Boden-art 2)	SiO_2/Al_2O_3	Sand (%)	Schluff	Ton	pH (H_2O)	pH ($CaCl_2$)	Ges. C (%)	Anorg. C (%)	Org. C (%)	N_2 (%)	C/N Verh.	C/P Verh.
6936_733_1	9	1	7	27,9	80,4	13,3	6,3	8,0	7,3	2,4	0,00	2,4	0,14	34	55,9
6936_733_2	22	1	7	20,7	75,9	19,8	4,3	8,4	7,4	2,6	1,00	1,6	0,02	17	104
6936_733_2	35	1	5	14,2	66,1	21,5	42,4	8,3	7,6	3,4	1,52	1,9	0,03	54	79,5
6936_733_2	60	2	4	11,7	52,2	28,1	19,7	8,5	7,6	4,1	2,49	1,7	0,01	142	139,6
6936_733_2	73	2	4	12,2	52,5	28,5	19,0	8,1	7,6	4,3	2,26	2,0	0,01	128	134,3
6936_733_3	135	3	7	17,8	75,2	14,9	9,9	8,1	7,6	1,9	0,55	1,4	0,02	68	50
6936_733_3	170	3	7	15,8	74,0	15,7	10,3	8,2	7,6	1,6	0,49	1,0	0,02	52	42,3
6936_733_4	190	3	7	15,2	76,1	16,1	7,8	7,8	7,5	1,7	0,42	1,3	0,05	25	20
7139_866_1	10	1	7	21,4	66,5	22,7	10,8	6,4	5,7	9,6	0,00	9,6	0,54	17,5	121,5
7139_866_2	25	1	7	21,0	76,3	16,4	7,3	7,3	6,6	5,9	0,00	5,9	0,29	19,8	72,8
7139_866_3	40	1	7	24,3	82,3	14,2	3,5	8,2	7,4	1,2	0,00	1,1	0,04	28,2	30
7139_866_4	72	2	7	24,0	84,7	10,6	4,7	8,1	7,4	1,5	0,17	1,3	0,04	33,2	28,3
7139_866_5	82	2	8	33,5	91,9	5,5	2,6	8,4	7,5	0,5	0,09	0,4	0,01	31,5	18,5
7139_866_6	130	3	7	20,2	83,3	11,9	4,8	8,0	7,1	2,7	0,00	2,7	0,07	37,5	31,7
7139_923_1	7	1	7	21,3	85,1	10,3	4,6	7,4	6,7	3,5	0,05	3,4	0,14	23,9	43,7
7139_923_2	35	1	8	21,0	84,9	9,0	6,1	7,7	7,0	2,4	0,05	2,3	0,09	24,7	33,3
7139_923_3	55	2	8	25,7	86,0	9,0	5,0	7,3	6,7	2,0	0,00	2,0	0,10	18,3	41,6
7139_923_4	80	2	8	29,3	89,4	6,8	3,8	5,7	5,0	1,7	0,00	1,7	0,08	19,7	34,6
7139_923_4	125	3	8	33,9	87,3	7,9	4,8	6,6	6,0	1,4	0,00	1,4	0,08	17,5	40
7139_923_5	150	3	8	30,6	89,7	7,0	3,3	6,9	6,4	1,7	0,00	1,7	0,07	24,2	35,4
7139_923_6	170	3	8	26,8	91,3	5,3	3,4	5,4	5,6	0,9	0,00	0,9	0,04	22,5	20,9

1) Tiefenstufe: 1 = > 0 bis ≤ 4 dm unter GOK; 2 = > 4 bis ≤ 10 dm unter GOK; 3 = > 10 dm unter GOK

2) Körnungsgruppe: 1 = Ts, Tl, Tu, T; 2 = , Lt, Lts; 3 = Ul, Uls, Ut, Lu; 4 = Ls1-3; 5 = Sl4-5, Ls4-5, St3-5; 6 = Su4-5, Us4-5; 7 = Sl1-3, Su1-3, St1-2; 8 = S, gS, mS, fS

Tabelle 4. Chemische Analysenergebnisse der Feinbodenproben

Schlüssel	Tiefe (cm)	Tiefen-stufe 1)	A_Na mmol$_c$/1 kg	A_K mmol$_c$/1 kg	A_Mg mmol$_c$/1 kg	A_Ca mmol$_c$/1 kg	KAKeff mmol$_c$/1 kg	AAS As (ppm)	AAS Cd (ppm)	RFA Ba (ppm)	RFA Rb (ppm)	RFA Sr (ppm)	RFA Ti (%)	RFA V (ppm)
6936_733_1	9	1	2,1	3,2	5,0	79,0	89,3	5,1	0,4	208	--	--	0,14	32
6936_733_2	22	1	1,4	2,0	4,4	30,2	38,0	5,0	0,4	147	--	--	0,13	27
6936_733_2	35	1	1,2	2,6	5,4	47,4	56,6	4,8	0,4	202	--	--	0,19	33
6936_733_2	60	2	1,3	3,1	7,4	34,0	45,8	2,5	0,2	186	--	--	0,19	39
6936_733_2	73	2	2,0	3,0	7,0	34,5	46,5	1,5	0,2	292	--	--	0,19	40
6936_733_3	135	3	1,0	3,0	6,0	45,6	55,6	8,2	0,5	324	--	--	0,19	36
6936_733_3	170	3	2,0	3,0	7,0	49,3	61,3	4,8	0,2	322	--	--	0,19	40
6936_733_4	190	3	1,0	4,0	6,0	45,9	56,9	8,1	0,3	339	--	--	0,19	36
7139_866_1	10	1	1,9	3,6	12,3	403,5	421,3	12,0	1,6	383	31	75	0,13	31
7139_866_2	25	1	1,4	1,7	5,1	206,9	215,1	16,0	3,0	371	33	71	0,13	32
7139_866_3	40	1	1,0	1,3	2,6	43,9	48,8	8,0	0,4	291	35	65	0,14	28
7139_866_4	72	2	0,5	1,5	2,8	52,9	57,7	20,0	0,6	348	38	71	0,12	27
7139_866_5	82	2	1,1	1,1	1,8	27,3	31,3	13,0	0,2	222	35	52	0,07	19
7139_866_6	130	3	0,6	2,1	2,2	80,0	84,9	23,0	1,5	591	40	77	0,14	39
7139_923_1	7	1	1,3	6,4	8,4	107,2	123,3	7,0	0,9	521	38	84	0,13	33
7139_923_2	35	1	0,9	5,6	4,7	104,8	116,0	12,0	1,2	321	39	87	0,14	38
7139_923_3	55	2	1,0	3,3	2,4	72,9	79,6	17,0	0,2	268	34	67	0,11	24
7139_923_4	80	2	0,8	1,8	1,4	80,9	84,9	16,0	0,2	247	36	54	0,10	17
7139_923_4	125	3	1,6	1,9	7,7	37,8	49,0	12,0	0,2	218	32	49	0,09	10
7139_923_5	150	3	0,7	2,7	5,5	67,1	76,0	7,0	0,1	232	34	57	0,08	10
7139_923_6	170	3	1,0	2,3	4,7	26,0	34,0	11,0	0,1	260	40	59	0,09	17

1) Tiefenstufe: 1 = > 0 bis ≤ 4 dm unter GOK   2 = > 4 bis ≤ 10 dm unter GOK   3 = > 10 dm unter GOK

Tabelle 5. Chemische Analysenergebnisse der Feinbodenproben

Schlüssel	Tiefe (cm)	Tiefenstufe 1)	Röntgenfluorezensanalysen = RFA													
			Si %	Al (%)	Na (%)	K (%)	Ca (%)	Mg (%)	P (%)	Fe (%)	Mn (%)	Cr (ppm)	Cu (ppm)	Ni (ppm)	Zn (ppm)	Pb (ppm)
6936_733_1	9	1	40,9	1,6	0,27	0,81	0,80	0,13	0,04	0,76	0,02	--	33	10	61	66
6936_733_2	22	1	38,1	2,0	0,34	1,04	3,75	0,31	0,02	0,97	0,02	--	26	14	57	52
6936_733_2	35	1	34,5	2,7	0,38	1,26	5,74	0,50	0,04	1,42	0,03	--	47	18	143	161
6936_733_2	60	2	30,1	2,9	0,37	1,31	8,91	0,60	0,03	1,42	0,03	--	25	17	25	16
6936_733_2	73	2	31,3	2,9	0,38	1,33	8,68	0,60	0,03	1,33	0,02	--	35	19	30	18
6936_733_3	135	3	39,4	2,5	0,34	1,14	2,23	0,27	0,03	1,39	0,02	--	45	23	321	143
6936_733_3	170	3	37,9	2,7	0,38	1,19	2,40	0,29	0,03	1,48	0,02	--	39	25	110	322
6936_733_4	190	3	37,6	2,8	0,40	1,19	1,87	0,28	0,08	1,69	0,03	--	80	21	89	212
7139_866_1	10	1	33,2	1,7	0,36	0,76	0,78	0,10	0,07	1,93	0,02	45	32	21	424	154
7139_866_2	25	1	35,7	1,9	0,40	0,78	0,68	0,11	0,08	2,20	0,02	41	39	17	1240	188
7139_866_3	40	1	41,1	1,9	0,39	0,87	0,52	0,11	0,04	0,62	0,01	33	54	9	184	111
7139_866_4	72	2	40,4	1,9	0,40	0,87	0,80	0,11	0,05	0,88	0,02	39	24	17	223	125
7139_866_5	82	2	42,6	1,4	0,37	0,77	0,50	0.07	0,02	0,51	0,01	32	14	13	97	64
7139_866_6	130	3	39,2	2,2	0,43	0,94	0,47	0,12	0,08	1,21	0,01	42	32	24	517	231
7139_923_1	7	1	38,6	2,0	0,49	0,93	0,62	0,17	0,08	1,14	0,02	44	49	25	568	176
7139_923_2	35	1	39,6	2,1	0,42	0,93	0,60	0,13	0,07	1,14	0,02	46	60	27	194	101
7139_923_3	55	2	41,5	1,8	0,43	0,88	0,39	0,09	0,04	0,67	0,01	30	26	17	73	52
7139_923_4	80	2	41,7	1,6	0,51	0,80	0,27	0,05	0,04	0,42	0,01	29	14	12	40	38
7139_923_4	125	3	42,5	1,4	0,38	0,75	0,30	0,04	0,03	0,27	0,00	26	16	14	39	24
7139_923_5	150	3	41,9	1,5	0,44	0,81	0,34	0,05	0,04	0,35	0,00	31	21	15	41	36
7139_923_6	170	3	42,1	1,7	0,49	0,95	0,31	0,07	0,04	0,51	0,00	35	21	15	34	37

1) Tiefenstufe: 1 = > 0 bis ≤ 4 dm unter GOK 2 = > 4 bis ≤ 10 dm unter GOK 3 = > 10 dm unter GOK

Literatur

Arbeitsgruppe (AG) Bodenkunde (1994) Bodenkundliche Kartieranleitung. Herausgegeben von der Bundesanstalt für Geowissenschaften und Rohstoffe und den Geologischen Landesämtern in der Bundesrepublik Deutschland, 4. Aufl., 392 S., Hannover. In Kommission: E. Schweizerbart`sche Verlagsbuchhandlung, Stuttgart.

Arbeitskreis Stadtböden (1989) Empfehlungen des Arbeitskreises Stadtböden der Deutschen Bodenkundlichen Gesellschaft für die bodenkundliche Kartieranleitung urban, gewerblich und industriell überformter Flächen (Stadtböden). UBA-Texte, 18/89; Berlin.

Deutscher Verband für Wasserwirtschaft und Kulturbau E.V. DVWK (Hrsg.) (1988) Filtereigenschaften des Bodens gegenüber Schadstoffen. Teil I: Beurteilung der Fähigkeit von Böden, zugeführte Schwermetalle zu immobilisieren. DVWK-Merkblätter zur Wasserwirtschaft, S. 212, Verlag Paul Parey.

Oelkers, K. H. (1984) Datenschlüssel Bodenkunde – Symbole für die automatische Datenverarbeitung bodenkundlicher Geländedaten. Hrsg.: Bundesanstalt für Geowissenschaften und Rohstoffe, Hannover.

Schröder, D. (1984) Bodenkunde in Stichworten. Verlag Ferdinand Hirt, 4. revidierte und erweitere Auflage.

Wolff, R. (1993) Erfassung, Beschreibung und funktionale Bewertung der Eigenschaften von Stadtböden am Beispiel Hamburgs. Dissertation im Fachbereich Geowissenschaften der Universität Hamburg (Hrsg.: Verein zur Förderung der Bodenkunde in Hamburg, Allende-Platz 2, D-20146 Hamburg).

Wolff, R., Kneib, W. D., Schemschat, B. (1987) Unterschiedliche Sondierverfahren und ihre Interpretationsfähigkeit für die Landwirtschaft. Mitt. Dtsch. Bodenkundl. Ges., Bd. 53, S. 337-342.

Wolff, R., Kilian, U., Miehlich, G., Preisinger, H., Pranzas, N., Berlekamp, L., Kamith, H., Augstein, B. (1990) Erfassung und funktionale Bewertung urban und industriell überformter Böden. Mitt. Dtsch. Bodenkundl. Ges., Bd. 61, S. 159-162.

Fallbeispiele für Stadtbodenbewertungen: Parkanlagen im "Öffentlichen Grün"

Thomas Däumling, Horst Wiechmann

Zusammenfassung

Die Anlage, Bewirtschaftung, Pflege und gegebenenfalls Sanierung von Parkanlagen setzt eine genaue Kenntnis und Bewertung der Standorte voraus. Im vorliegenden Beitrag werden Erfahrungen der Standorterfassung und -bewertung in Hamburger Parkanlagen dargestellt. Schwierigkeiten bei der Einstufung von urban überformten Standorten werden diskutiert.

1 Einleitung

Im Zusammenhang mit dem Erkennen neuartiger Waldschäden wurden bei Untersuchungen in Parkanlagen ebenfalls erhebliche Vegetationsschäden, besonders in den Altholzbeständen, festgestellt. Stadtböden und auch Parkböden wurden zu einem Gegenstand von besonderem Interesse. In Zusammenarbeit mit der Umweltbehörde Hamburg, Garten- und Friedhofsamt, und anfänglich auch dem Umweltbundesamt wurden seitdem Bodenuntersuchungen in Parkanlagen zur Entwicklung von geeigneten Bodensanierungsmaßnahmen durchgeführt (Umweltbehörde Hamburg/Umweltbundesamt 1991). Im folgenden werden einige Ergebnisse und Probleme aus bodenkundlicher Sicht zusammengefaßt, die im Projekt "Parksanierung" es Instituts für Bodenkunde der Universität Hamburg im Auftrag der Umweltbehörde Hamburg, Garten- und Friedhofsamt, gesammelt wurden. Das dargestellte bodenkundliche Standortbewertungsverfahren ist ein Teilbereich eines in Zusammenarbeit mit der Umweltbehörde entwickelten und derzeit in Hamburg angewandten Verfahrens zur Pflege und Sanierung von Vegetationsflächen im "Öffentlichen Grün". Das Konzept ist in Abb. 1 im Überblick dargestellt.

2 Standortbewertung in Parkanlagen

2.1 Der Standort Park und daraus abgeleitete bodenkundliche Sanierungsziele

Zunächst stellt sich die Frage, welche besonderen Nutzungsanforderungen an den Standort Parkanlage gestellt sind, um im Zusammenhang mit den Standortvoraussetzungen detaillierte Zielvorstellungen für bodenkundliche Meliorationsverfahren entwickeln zu können. Die Ziele von Meliorationsmaßnahmen für den Standort Park im städtischen Ballungsraum sind eigenständig und in Abgrenzung zu drei häufig verwechselten Standorten zu definieren. So ist der Standort Waldpark kein Forst, in dem es darauf ankommt, durch hohe Wuchsleistung wirtschaftlichen Erfolg zu sichern. Auch ist der Standort Park kein botanischer Garten, in dem durch aufwendige Pflege- und Gestaltungsmaßnahmen das Überleben exotischer Gehölze gewährleistet wird. Vor allem aber ist der Standort Park aufgrund seiner herausragenden Funktion für Erholung und Freizeitgestaltung im städtischen Ballungsraum auch kein Naturschutzgebiet. Vielmehr ist eine intensive Nutzung durch häufiges Aufsuchen und Verweilen von Erholungssuchenden in den Parkanlagen gewünscht.

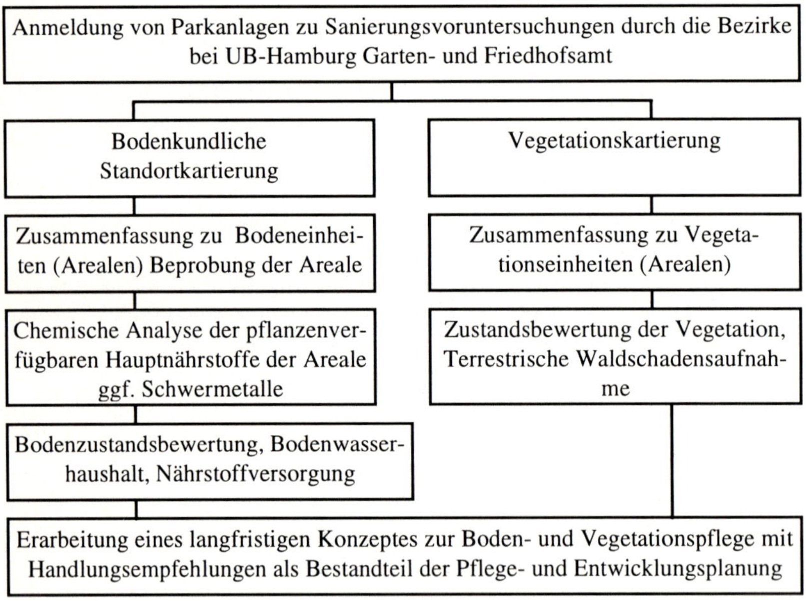

Abb. 1. Vereinfachtes Konzept zur Boden- und Vegetationspflege (Garten- und Friedhofsamt, Umweltbehörde Hamburg)

Parkanlagen sind keine natürlichen und häufig auch keine naturnahen Standorte. Parkanlagen sind

- teilweise waldähnliche Standorte,
- gestaltete und mit Baumbestand aufgepflanzte ehemalige Ackerflächen,
- Flächen mit bei Bestandesbegründung teilweise umfangreichen Auf- und Abträgen von Bodenmaterial,
- häufig Flächen mit standortfremder Vegetation,
- Flächen, die aufgrund ihrer Lage extremen Immissionen aus Siedlung, Verkehr und Gewerbe ausgesetzt sind.

Auf Grundlage der wichtigen Funktion und der skizzierten Standortvoraussetzungen läßt sich folgendes "Betriebsziel" für Sanierungsmaßnahmen in Parkanlagen formulieren. Schaffung günstiger Standorteigenschaften mit wirtschaftlich vertretbaren Maßnahmen bei Erhaltung der Baumbestände. Es sollen Standorte geschaffen werden, auf denen Bäume ausreichend gute Wachstumsverhältnisse ohne Mangelsituation vorfinden, um von außen einwirkenden Streßfaktoren standzuhalten.
Dies bedeutet in der Praxis:

- Die Bildung mächtiger Streu- und Humusauflagen ist ungünstig.
- Ein schneller Abbau in Auflagen akkumulierter organischer Substanz ist ungünstig.
- Der Bestandesabfall (Laubstreu etc.) sollte nicht entfernt werden.
- Anzustreben ist ein laufender standortabhängiger Streuumsatz.
- Dazu sind wühlende, mischende und fressende Bodentiere notwendig.
- Ein günstiger Basenhaushalt sichert die Ca-Versorgung der Makro- und Mesofauna.
- Das Auftreten phytotoxischer Al-Konzentrationen ist zu vermeiden.
- Schadstoffe (zum Beispiel Schwermetalle) dürfen nicht mobilisiert werden.
- Die Hauptnährstoffe P, K und Mg sollen auf einem ausreichenden Niveau liegen (N-Düngung erübrigt sich aufgrund der hohen Einträge aus der Luft).

Hinsichtlich der praktischen Möglichkeiten der Melioration von Standorten sind leider enge Grenzen gesetzt. Die Melioration des Wasser- und Lufthaushalts ist meistens ohne Beeinträchtigung der Bestände großflächig nicht durchzuführen. Hier kann nur indirekt über die Förderung der wühlenden Bodentiere eingewirkt werden. Grund- und Stauwasser modifizieren die Baumartenwahl, das zu erwartende Lebensalter sowie die Nähr- und Schadstoffaufnahme. Deshalb kann nicht von jedem Parkstandort die gleiche Leistung erwartet werden, und für die Planung und für die Erhaltung von Parkanlagen ist eine bodenkundliche Standortkartierung notwendige Voraussetzung. Als praktische Meliorationsmöglichkeit bleibt im wesentlichen nur die Schaffung günstiger bodenchemischer Verhältnisse, die auch das Bodenleben (Tiere und Mikroorganismen) aktivieren sollen.

2.2 Probleme der Standortbewertung

Die bodenkundliche Kartieranleitung der Geologischen Landesämter (AG Bodenkunde 1982) enthält zwar die Grundlagen zur Kartierung von Standorten, ist aber hinsichtlich der ökologischen Bewertung von Standortfaktoren mehr an landwirtschaftlichen Nutzungsformen orientiert.

Nach der Kartieranleitung für die geoökologische Karte (Leser u. Klink 1988) werden in einem ersten Schritt geoökologische Strukturgrößen ermittelt. In einem zweiten Schritt werden diese Raumeinheiten mit Prozeßgrößen verknüpft. Allerdings ist der Generalisierungsgrad nicht geeignet, Gebiete von der Größe städtischer Parkanlagen ausreichend zu kennzeichnen.

Geeigneter ist die forstliche Standortaufnahme, die auf der Ebene der Wuchsbezirke (regionale ökologische Großeinheiten) eine weitere Untergliederung bis zu den ökologischen Grundeinheiten, den Standorttypengruppen, ermöglicht. Diese Standorttypen werden nach Kriterien der Bodenart und -form, des Geländewasserhaushalts und des Nährstoffzustandes unterschieden. Das niedersächsische Forstplanungsamt hat in seinem Geländeökologischen Schätzrahmen (1989) für das pleistozäne Flachland ein detailliertes System zur standortkundlichen Bewertung entwickelt, das es ermöglicht, bodenkundliche Standortdaten einheitlich zu bewerten und zu größeren, ökologisch ähnlichen Standorteinheiten zusammenzufassen. Mit Hilfe dieser Standorteinheiten und ökologischen Klassifizierung ist es direkt möglich, auf der Grundlage langjähriger forstlicher Erfahrung Rückschlüsse auf die standortoptimale Baumartenwahl zu ziehen.
Bei der Übertragung dieses Systems auf Standorte des "Öffentlichen Grüns" treten allerdings größere Schwierigkeiten auf, die im folgenden diskutiert werden sollen.

- Städtische Parkanlagen sind häufig Flächen, die urban, gewerblich und industriell überformt sind und damit vom Substrat und von der Lagerung her natürlichen Böden nicht vergleichbar sind. Als besondere Beispiele sollen hier der Standort des "Bauschuttmoores" und des "Auftragsbodens über Trümmerschutt" genannt werden. Hinsichtlich dieser Standorte gibt es derzeit leider noch keine einheitlichen Klassifizierungsrichtlinien, die allerdings hoffentlich durch den Arbeitskreis Stadtböden demnächst erarbeitet werden, um auf Grundlage dieser Klassifizierung eine genauere Bewertungsgrundlage der Standorteigenschaften derartiger Standorte vorzunehmen.
- Die Bewertung der Nährstoffversorgung erfolgt im "Geländeökologischen Schätzrahmen" im wesentlichen aufgrund des Substrates und der Humosität der einzelnen Lagen. Eine Gewichtung wird nicht eindeutig definiert. Die Zuordnung soll nach der Erfahrung des Kartierers unter Berücksichtigung möglichst aller die Nährstoffversorgung charakterisierenden Faktoren erfolgen. Die Beurteilung der Humusform ist im bisherigen geländeökologischen Schätzrahmen ebensowenig festgelegt wie die der aktuellen Basensättigung oder die der tatsächlich verfügbaren Nährstoffmengen. Soll also nicht nur die Grundausstattung, d.h. der mineralbodenabhängige Vorrat, gekennzeichnet

werden – was bei technogenen Substraten und Bauschutt noch nicht möglich ist –, so sind weitere Kenndaten über chemische Bodenanalysen und zusätzliche Aufnahmen (Humusform, Vegetation) festzulegen.

2.3 Bisherige praktische Erfahrungen der Standortkartierung im "Öffentlichen Grün"

Im folgenden werden einige Ergebnisse des Projekts "Parksanierung" am Institut für Bodenkunde der Universität Hamburg dargestellt, die die Schwierigkeiten der standorttypenbezogenen Abschätzung der aktuell pflanzenverfügbaren Nährstoffversorgung verdeutlichen. In Tabelle 1 werden die bis 1992 von der Standortkartierung erfaßten Parkflächen Standorttypen des Geländeökologischen Schätzrahmens zugeordnet und die Streuung der Analysenwerte bezüglich der Versorgung mit Hauptnährstoffen dargestellt. Sämtliche Proben repräsentieren Arealmischproben der Standorteinheiten aus dem Hauptwurzelraum (0-40 cm Tiefe). Die Analysenwerte für P und K wurden im DL-Auszug (VDLUFA 1991) bestimmt, Mg wurde durch $CaCl_2$-Extraktion (VDLUFA 1991) bestimmt, C und N durch Elementaranalysatoren.

Es sind nur die Standorttypengruppen aufgeführt, die mit mindestens 5 Vergleichsstandorten (n) in der Untersuchung repräsentiert sind.

Bei der Beurteilung der in Tabelle 1 dargestellten Werte ist zu beachten, daß die Daten nur aus Oberbodenproben (0-40 cm Tiefe) gewonnen wurden. Dies hat insbesondere in den Standorttypengruppen 12.23 und 12.24 (Geschiebelehme) eine Bedeutung, da hier aufgrund der häufigen Geschiebedecksandüberlagerung der besser nährstoffversorgte lehmige Unterboden nur zum Teil erfaßt wird.

Bei Betrachtung der untersuchten Standorte hinsichtlich der durchschnittlichen Versorgung mit pflanzenverfügbaren Nährstoffen zeigt sich deutlich eine generelle Nährstoffarmut der Oberböden für die Elemente Magnesium und Kalium. Die Versorgungsstufe ausreichend (> 5 mg/100 g Magnesium bei sandigen Substraten), nach in den Forsten üblichen Bewertungsmaßstäben beurteilt (vgl. Krauss 1961; Baule und Fricker 1970), wird nur in der Standorttypengruppe der anthropogen nachhaltig gestörten Standorte annähernd erreicht. Bei Kalium wird die Versorgungsstufe mäßig (> 7 mg/100 g) nur in den Standorttypengruppen der nährstoffreicheren Geschiebelehme und den nachhaltig gestörten Standorten angetroffen. Am ausgeprägtesten tritt die Nährstoffarmut erwartungsgemäß in den Standorttypengruppen der pleistozänen Sande und hier extrem bei den Flugsand- und Dünenstandorten auf. Eine generelle Phosphormangelversorgung kann nicht beobachtet werden. Auf den von der Standortkartierung als "ärmere Standorte" angesprochenen Arealen variieren die gemessenen Phosphorgehalte erheblich. Die Phosphorversorgung zeigt sich extrem variabel und ist durch Schätzverfahren zur Nährstoffversorgung bei der Geländeaufnahme nicht ausreichend genau zu erfassen. Die anthropogen nachhaltig gestörten Standorte sind im Oberboden am besten mit Nährstoffen versorgt. Die von der Standortkartierung

Tabelle 1. Nährstoffversorgung der Standorttypengruppen

	Mg mg/100 g	K_2O mg/100 g	P_2O_5 mg/100 g	$C_{(Org)}$ %	$N_{(t)}$ %	C/N
12.23 Geschiebelehm, reicher nährstoffversorgt, staufrisch						
n	18	18	18	18	18	18
Median	3,3	7,2	9,1	3,3	0,2	18,2
min.-max.	1,7-11,1	3,7-17,7	2,0-38,5	2,3-5,2	0,1-0,9	5,7-34,6
12.24 Geschiebelehm, ärmer nährstoffversorgt, staufrisch						
	Mg mg/100 g	K_2O mg/100 g	P_2O_5 mg/100 g	$C_{(Org)}$ %	$N_{(t)}$ %	C/N
15.21 Sande, mäßig nährstoffversorgt, mäßig bis nachhaltig frisch						
n	27	27	27	27	18	18
Median	2,2	3,8	7,4	1,9	0,11	18,9
min.-max.	0,2-6,5	1,3-6,8	1,8-31,9	0,6-2,9	0,02-0,14	13,9-31,0
15.31 Sande, ärmer nährstoffversorgt, mäßig bis nachhaltig frisch						
n	22	22	22	22	16	16
Median	2,0	3,1	6,7	2,1	0,09	19,7
min.-max.	0,5-6,5	0,8-5,8	1,2-20,8	0,7-3,6	0,02-0,17	15,4-36
15.32 Sande, ärmer nährstoffversorgt, sommertrocken und trocken						
n	6	6	6	6	6	6
Median	2,6	3,7	6,1	1,9	0,09	18,7
min.-max.	1,2-4,3	1,9-4,7	3,1-7,3	1,4-3,1	0,06-0,12	16,5-35,8
25.22 Sande, mäßig nährstoffversorgt, schwacher Grundwassereinfluß						
n	6	6	6	6	6	6
Median	3,1	4,1	6,2	3,3	0,18	19,2
min.-max.	1,3-3,8	3,0-6,6	2,5-13,6	2,2-5,5	0,11-0,23	17,1-25,3
26.13 Flugsande und Dünen, ohne Grundwasseranschluß						
n	5	5	5	5	0	0
Median	1,7	2,0	6,0	3,2	n.b.	n.b.
min.-max.	1,1-5,3	1,3-3,1	4,7-13,0	1,8-3,9		
30.21 Anthropogen nachhaltig gestörte Standorte, nährstoffreich						
n	9	9	9	9	8	8
Median	4,0	8,4	17,2	2,6	0,1	23,0
min.-max.	3,1-6,7	5,4-15,9	8,9-28,9	1,2-6,1	0,07-0,28	19,2-37,0
30.22 Anthropogen nachhaltig gestörte Standorte, schwächer nährstoffversorgt						
n	12	12	12	12	10	10
Median	4,2	8,8	20,7	2,6	0,15	16,6
min.-max.	1,4-8,5	4,1-12,9	3,1-45,0	1,6-3,9	0,1-0,22	15,5-21,9

als "schwächer nährstoffversorgt" eingestuften Standorte erweisen sich häufig nährstoffreicher als erwartet. Die Erfassung der Nährstoffversorgung durch übliche Geländemethoden ist hier besonders ungenügend.

3 Schlußfolgerungen

Für die Bewertung von Parkstandorten zur Ableitung geeigneter standortgemäßer Bodenmeliorationsmaßnahmen ist die Durchführung einer bodenkundlichen Standortkartierung unbedingt notwendig. Als Bewertungsverfahren sind die Kriterien der forstlichen Standortaufnahme am ehesten geeignet, bedürfen allerdings insbesondere zur differenzierten Ansprache der aktuellen pflanzenverfügbaren Nährstoffversorgung einiger Ergänzungen. Die Beprobung und chemische Analyse der Nährstoffverfügbarkeit, der Basensättigung, die Messung der pH-Werte und die Aufnahme der Humusform ist zur tatsächlichen Beurteilung eines Standortes erforderlich. Auf Standorten, die stark anthropogen überformt sind, ist die Nährstoffansprache durch Schätzverfahren der Geländeaufnahme besonders ungenügend. Ein Klassifikationssystem für anthropogene Böden, das die Kriterien Substrat, Bodenart des Fein- und Grobbodens, Humosität, pH-Wert und Lagerungsart berücksichtigt, wäre hier eine wichtige Voraussetzung zur Entwicklung von geeigneten Schätzverfahren des pflanzenverfügbaren Nährstoffvorrats.

Literatur

AG Bodenkunde (1982): Bodenkundliche Kartieranleitung. Hrsg. BGR und Geol. Landesämter BRD. 3. Aufl., 331 S.

Baule, H. und C. Fricker (1970): The fertilizer treatment of forest trees. BLV München, 225 S.

Forstplanungsmaorstplanungsamt Niedersachsen (1989): Forstliche Standortaufnahme Geländeökologischer Schätzrahmen. Anwendungsbereich: Pleistozänes (Diluviales) Flachland. Wolfenbüttel.

Krauss, H. H. (1961): Ergebnisse der Bodenuntersuchungen in den Forstpflanzgärten des Bezirkes Frankfurt/Oder im Jahre 1960 und Folgerungen für die Düngung. AfF 10, 643-661.

Leser, H. und H.J. Klink (Hrsg.) (1988): Handbuch und Kartieranleitung geoökologische Karte 1 : 25 000. Forsch. z. Dtsch. Landesk. 228, 349 S. Trier.

Umweltbehörde Hamburg/Umweltbundesamt (Hrsg.) (1991): Abschlußbericht zum F+E-Vorhaben: Ermittlung geeigneter Stabilisierungs-, Sanierungs- und Pflegemaßnahmen zur Minderung der Umwelteinflüsse in urbanen Ökosystemen.

VDLUFA, (Hrsg.) (1991): Verband Deutscher Landwirtschaftlicher Untersuchungs- und Forschungsanstalten Methodenbuch Band 1, Die Untersuchung von Böden. - VDLUFA-Verlag, Darmstadt.

Untersuchungsprogramm Schwermetalle in Hamburger Kleingärten

Hardy Heymann

Zusammenfassung

In der Groß- und Industriestadt Hamburg werden mit 36 600 Parzellen ca. 2,6 % der Gesamtfläche von im Verein organisierten Kleingärten eingenommen. Seit dem Jahr 1989 wurden bisher in 44 der mehr als 300 Kleingartenvereine 263 Standortaufnahmen zur Überprüfung der Belastung mit Schwermetallen und Arsen (SM) durchgeführt. In 214 Kleingartenparzellen erfolgte in den drei Tiefenstufen 0-15 cm, 30-70 cm und 80-120 cm jeweils eine Probenahme.

Im Rahmen von umfangreichen Gefäßversuchen mit unterschiedlichem, unmittelbar den Kleingärten entstammendem Bodenmaterial und verschiedenen Gemüsearten wurden darüber hinaus die SM-Gesamtgehalte der Böden in Kombination mit anderen Bodeneigenschaften sowie die SM-Gehalte der 0,1 M $CaCl_2$- und der 1 M NH_4NO_3-Lösungsextrakte im Hinblick auf die Prognosemöglichkeit der SM-Aufnahme von Pflanzen überprüft.

Der vorliegende Beitrag stellt einige Ergebnisse dieser Untersuchungen dar, wie sie bei einer Exkursion im Rahmen des Seminars "Urbaner Bodenschutz" am 26. Mai 1994 in Hamburg vorgestellt wurden.

1 Einleitung

Im folgenden werden Ergebnisse wiedergegeben, die bei einer Exkursion im Rahmen des Seminars "Urbaner Bodenschutz" am 26. Mai 1994 in Hamburg vorgestellt wurden. Die in diesem Beitrag zum Teil nur kurz behandelten Themen sind in Heymann (1994) in ausführlicherem Umfang dargestellt.

In der Groß- und Industriestadt Hamburg beanspruchen mehr als 300 Kleingartenvereine (im folgenden mit KGV abgekürzt) mit insgesamt 36 600 Parzellen eine Fläche von ca. 19,8 km^2. Bei einer Gesamtfläche des Hamburger Stadtgebiets von ca. 750 km^2 werden ca. 2,6% von Kleingärten eingenommen. Auf diesen Flächen bietet sich grundsätzlich die Möglichkeit des privaten Nahrungspflanzenanbaus. Die Abb. 1 zeigt die Verteilung der Kleingartenflächen im

Hamburger Stadtgebiet, wobei der im Rahmen des Seminars "Urbaner Bodenschutz" besuchte KGV-Exkursionspunkt hervorgehoben wird.

Andererseits ist es weithin bekannt, daß insbesondere die Böden im Bereich des Industriegebietes im Südosten Hamburgs zum Teil sehr hoch mit Schwermetallen und Arsen belastet sind (Hintze 1985, Lux et al. 1985, Miehlich und Lux 1990). Vor diesem Hintergrund wird im Rahmen eines Auftrags des Garten- und Friedhofsamtes der Umweltbehörde Hamburg seit dem Jahr 1989 neben verschiedenen bodenkundlichen Begleitparametern die Belastungssituation der Böden Hamburger Kleingärten mit den Schwermetallen (SM) Cd, Cu, Cr, Ni, Pb und Zn sowie mit dem Halbmetall As (im folgenden vereinfachend mit zu den SM gestellt) untersucht.

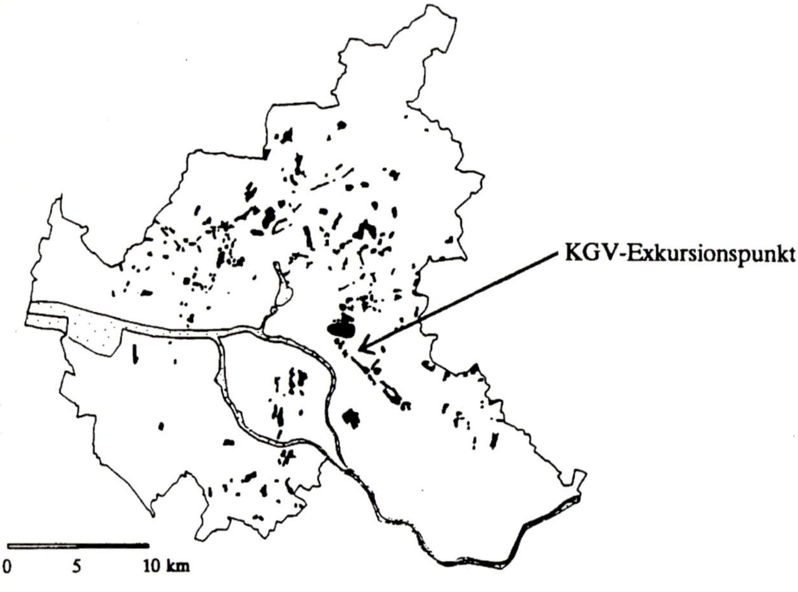

Abb. 1. Kleingartenvereine (KGV) in Hamburg und Lage des KGV-Exkursionspunkts in Hamburg-Rothenburgsort (auf Kartengrundlage der Umweltbehörde Hamburg)

2 Untersuchungsumfang

Die Auswahl der untersuchten KGV erfolgte unter Berücksichtigung zweier Komponenten. Einerseits wurden Anlagen untersucht, bei denen eine überdurchschnittlich hohe SM-Belastung zu vermuten war; dieses Auswahlkriterium betrifft knapp die Hälfte der untersuchten KGV. Andererseits wurden unabhängig von ihrer mutmaßlichen Vorbelastung weitere KGV berücksichtigt, die nach ihrer geographischen Lage im Hamburger Stadtgebiet ausgewählt wurden. Es handelt sich hierbei insgesamt also um ein gezieltes Auswahlverfahren, das aber dennoch zur Erstellung eines für die Stadt einigermaßen repräsentativen KGV-Belastungsbildes führt.

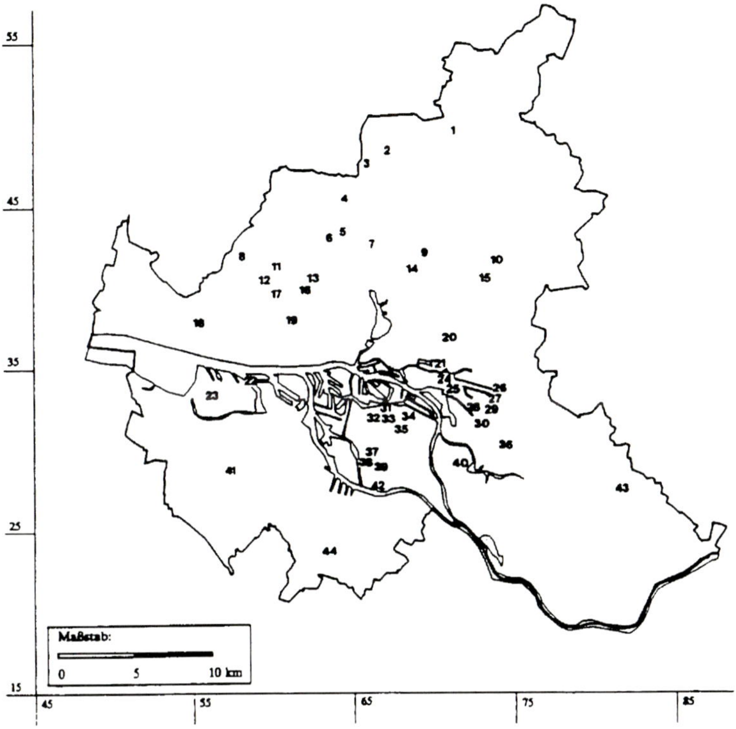

Abb. 2. Geographische Lage der untersuchten 44 KGV im Hamburger Stadtgebiet; KGV von Nord nach Süd mit den Zahlen 1 - 44 durchnumeriert

Bisher wurden im Untersuchungsprogramm die Böden von 44 KGV untersucht. Die Abb. 2 vermittelt einen Überblick über die jeweilige Lage im Hamburger Stadtgebiet. Die KGV sind dort von Nord nach Süd mit den intern zugeordneten Zahlen 1-44 durchnumeriert.

Die Anzahl der Parzellen, die bei den jeweiligen KGV beprobt worden sind, richtet sich nach der Größe und nach der Inhomogenität (Topographie, Substrat, anthropogene Veränderungen) der Fläche. Soweit möglich fanden sowohl Standortaufnahme als auch Probenahme in Gemüsebeetsflächen statt. Insgesamt wurden 263 Standortaufnahmen bis in 1 mTiefe durchgeführt. Daran anschließend folgte die Probenahme, bei der pro Standort jeweils drei Bodenmischproben entnommen wurden:

- *Oberboden:* Eine Bodenprobe entstammt der unmittelbaren Oberfläche zwischen 0 und 15 cm, um Schadstoffeinträge aus der Luft zu erfassen.
- *Mittellage:* Eine Probe entstammt dem Bereich zwischen Oberboden und Unterboden innerhalb der Tiefenspanne 30-70 cm, um gezieltere Aussagen über die Schadstoffverteilung machen zu können.
- *Unterboden:* Eine Probe entstammt dem Tiefenbereich von 80 cm bis maximal 120 cm, um eventuelle Altlasten mitzuerfassen.

Die einzelne Bodenprobe entstammt dabei als Mischprobe jeweils einem Tiefenbereich, der bei Oberböden höchstens 15 cm, bei Mittellagen und Unterböden höchstens 30 cm umfaßt. Die Mischprobe jedes Oberbodens resultiert aus der Vermengung von mindestens 10 Einzelproben der betreffenden KGV-Parzelle. Die Beprobung der Mittellage und des Unterbodens (jeweils eine umfangreiche Mischprobe) erfolgt durch Bohrung mit einem Edelmann-Bohrer, mit dem im Vergleich zum Pürckhauer-Bohrstock bezüglich einer bestimmten Tiefenstufe pro Bohrung eine wesentlich größere und damit für diesen Standort repräsentativere Menge Bodenmaterial genommen werden kann.

In den 44 berücksichtigten KGV wurden 214 Kleingartenparzellen, im Durchschnitt also 4,9 (mindestens 1, höchstens 14) Parzellen pro KGV beprobt. Bei einer im Mittel vorhandenen Anzahl von 114 Parzellen pro KGV wurden demzufolge durchschnittlich 4,3% der in den untersuchten KGV vorhandenen Parzellen beprobt. Infolge der einheitlich praktizierten Dreiteilung der Probenahmentiefe in Oberboden, Mittellage und Unterboden wurden in den 214 Parzellen 642 Bodenproben entnommen und analysiert.

3 Ergebnisse und Bewertung

Bisher existieren keine verläßlichen und allgemein akzeptierten Grenzwerte für Bodenschwermetallgehalte hinsichtlich des Gemüseanbaus. In Ermangelung solcher bundeseinheitlicher Bezugswerte wurden von einer Hamburger innerbehördlichen Arbeitsgruppe unter Federführung der Umweltbehörde vier Kategorien "vorläufiger Prüfwerte für Untersuchungen bei Bodenbelastungen mit Schwermetallen im Hinblick auf verschiedene Gefährdungspfade" erstellt. Festgelegt sind die Werte in der Drucksache 13/5693 der Bürgerschaft der Freien und Hansestadt Hamburg (1990) vom 20.03.1990. Neben Prüfwerten dreier weiterer Kategorien und den sogenannten Referenzwerten R werden dort die "Prüfwerte für den Nutzpflanzenanbau (Prüfwerte N)" aufgeführt. Sie kennzeichnen definitionsgemäß Schadstoffkonzentrationen im Boden, bei deren Überschreiten unter bestimmten Voraussetzungen Gefährdungen für die menschliche Gesundheit über den Verzehr angebauter Nahrungspflanzen oder erhebliche Ertragseinbußen vorliegen können. Die Prüfwerte N sind in der Tabelle 1 zusammengestellt.

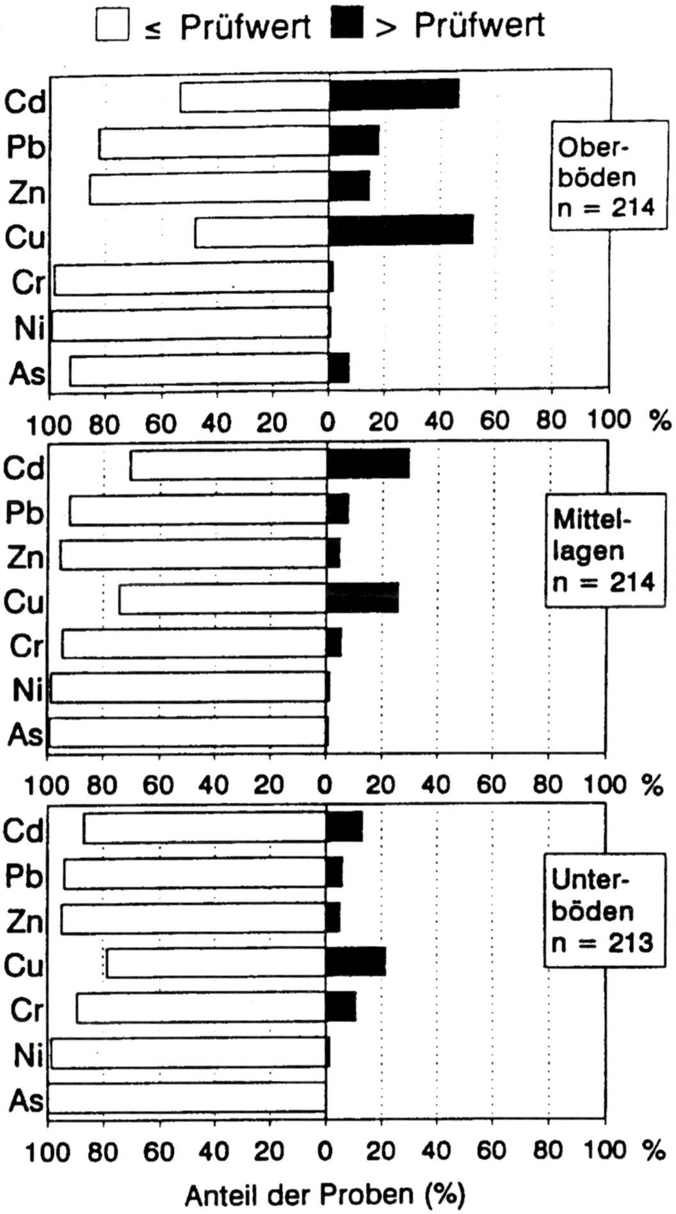

Abb. 3. Prozentuale Anteile der Proben, deren SM-Gehalte unterhalb bzw. oberhalb der Prüfwerte N liegen; getrennt nach Oberböden (n = 214), Mittellagen (n = 214) und Unterböden (n = 213)

Tabelle 1. Hamburger Boden-Prüfwerte für den Nutzpflanzenanbau = Prüfwerte N (mg/kg)

	Cadmium	Blei	Zink	Kupfer	Chrom	Nickel	Arsen
Prüfwerte N [a]	2 [b]	300	500	100	100	100	50

Anmerkungen gemäß Bürgerschaft der Freien und Hansestadt Hamburg (1990):

[a] Für sandige Böden mit normalen Humusgehalten und pH-Werten im schwach sauren bis schwach alkalischen Bereich; bei noch sorptionsschwächeren Böden sind insbesondere bei Cadmium niedrigere Prüfwerte vorzusehen.

[b] bei pH < 6,5 oder bei Bodenart Sand gegebenenfalls niedrigerer Wert.

Die Abb. 3 verdeutlicht – getrennt nach den drei Tiefenstufen Oberboden, Mittellage und Unterboden – in welcher Häufigkeit die Prüfwerte N bezüglich der berücksichtigten 214 KGV-Parzellen überschritten werden. Bezüglich der Anmerkungen zu Tabelle 1 hinsichtlich der Prüfwerte N im Zusammenhang mit der Sorptionsstärke von Böden wurde folgendermaßen verfahren. Bei Cadmium ist die Abhängigkeit des Prüfwertes N von pH-Wert und Bodenart mit einbezogen worden, indem für Böden mit einem pH-Wert < 6,5 oder bei Bodenart Sand statt 2 mg/kg in Anlehnung an die Schwellenwerte für anorganische Schadstoffe in Kulturböden Nordrhein-Westfalens (LÖLF 1988) der Wert 1 mg/kg als Prüfwert N verwendet wird. Bei den anderen SM kommen aufgrund der momentan noch recht unklaren Vorschrift bezüglich sorptionsschwacher Böden in jedem Fall die in der Tabelle aufgeführten Werte zur Anwendung.

Die drei Einzelgraphiken der Abb. 3 sind einheitlich aufgebaut: die nach links weisenden Balken zeigen jeweils denjenigen relativen Probenanteil, der kleiner oder gleich (≤) dem Referenzwert R bzw. Prüfwert N ist; die nach rechts weisenden Balken zeigen jeweils den relativen Probenanteil, der größer (>) als der jeweilige Bezugswert ist. Es wird ersichtlich, daß es bei Cd, Pb, Zn, Cu und As im Oberboden in erheblichen Maße zu Überschreitungen der Prüfwerte N kommt. Bei Cu und Cd kommen eindeutig die meisten Überschreitungen vor, im Oberboden sind bei diesen beiden SM jeweils ca. die Hälfte der Proben betroffen. Pb, Zn und As nehmen eine Mittelstellung ein, wohingegen die Schwermetalle Cr und Ni eher durch geringe Gehalte auffallen. Die Bodenbelastung wird allgemein mit zunehmender Bodentiefe deutlich geringer, lediglich bei Cr und Ni ist ein leichter Anstieg zu verzeichnen. Die nähere statistische Verteilung der SM-Gehalte ist Heymann (1994) zu entnehmen.

Im nächsten Schritt soll dargestellt werden, wie sich die KGV getrennt nach Oberböden und Unterböden in Gruppen unterschiedlicher SM-Belastungsstärken einteilen lassen, um so ein Belastungsbild der KGV bezüglich ihrer Lage im Stadtgebiet erstellen zu können. Dazu wird sich des statistischen Verfahrens der Clusteranalyse bedient. Die Gruppierung erfolgt unter Einbeziehung der sieben untersuchten Schwermetalle As, Cd, Cr, Cu, Ni, Pb und Zn mit dem Programmpaket SPSS/PC+ (s. Norusis 1990). Dazu werden zunächst für jeden der 44 KGV jeweils die Mittelwerte der entsprechenden SM-Gehalte der Oberböden, der Mittellagen und der Unterböden berechnet. Auf der Grundlage dieser Werte finden dann die Clusteranalysen statt. Nach verschiedenen Testberechnungen hat es sich für jede der drei Tiefenstufen als sinnvoll erwiesen, die KGV jeweils in fünf Gruppen aufzuteilen. Aus der Methodik der Clusteranalyse resultiert, daß sich die SM-Gehalte der entsprechend gleichrangigen Belastungsstufen für Oberböden von denen der Unterböden unterscheiden. Es sollen hier nur die relativen Unterschiede zwischen den jeweils fünf Gruppen innerhalb einer Tiefenstufe betrachtet werden. Nähere Einzelheiten zu dem Verfahren sind in Heymann (1994) aufgeführt.

Für die Oberböden sind in Tabelle 2 die SM-Mittelwerte der fünf Cluster aufgeführt. Abbildung 4 vermittelt einen Überblick über die Verteilung der zu den jeweiligen Clustern gehörenden KGV im Hamburger Stadtgebiet. Tabelle 3 und Abb. 5 zeigen entsprechendes für die Schwermetalle in den Unterböden.

Tabelle 2. Mittlere Schwermetallgehalte der *KGV-Oberboden-Cluster* (Mittelwerte in mg/kg, A = Anzahl der im Cluster vereinten KGV, n = Probenanzahl des jeweiligen Clusters)

Cluster	A	n	As	Cd	Pb	Zn	Cu	Ni	Cr
1	1	11	68	5,0	417	446	564	26	45
2	4	33	28	3,4	309	526	286	37	69
3	11	53	24	2,2	204	310	146	23	46
4	2	9	11	0,9	362	486	181	48	62
5	26	108	13	0,7	103	141	69	13	33

Tabelle 3. Mittlere SM-Gehalte der *KGV-Unterboden-Cluster* (Mittelwerte in mg/kg, A = Anzahl der im Cluster vereinten KGV, n = Probenanzahl des jeweiligen Clusters)

Cluster	A	n	As	Cd	Pb	Zn	Cu	Ni	Cr
1	1	6	10	2,3	921	1399	268	62	98
2	1	5	27	1,3	576	1015	296	77	87
3	1	5	9	0,7	300	391	113	26	39
4	16	87	19	0,6	51	123	67	35	81
5	25	110	9	0,2	33	39	51	9	22

Die fünf Cluster der Ober- wie auch der Unterböden unterscheiden sich durch ein klares SM-Belastungsgefälle von Cluster 1 (Belastung mit SM "sehr hoch") bis Cluster 5 (Belastung mit SM "gering"). Es zeigt sich, daß die KGV-Oberböden des Hamburger Südostens (Industriegebiet) mit den Belastungsstufen "sehr hoch" bzw. "hoch" deutlich stärker mit SM belastet sind als die KGV-Oberböden im übrigen Stadtgebiet, die in der Regel die Belastungsstufen "mäßig" oder "gering" aufweisen. Demgegenüber weisen die Unterböden ein anderes relatives Belastungsmuster auf. Hier finden sich nur sehr geringe Unterschiede zwischen Süd-

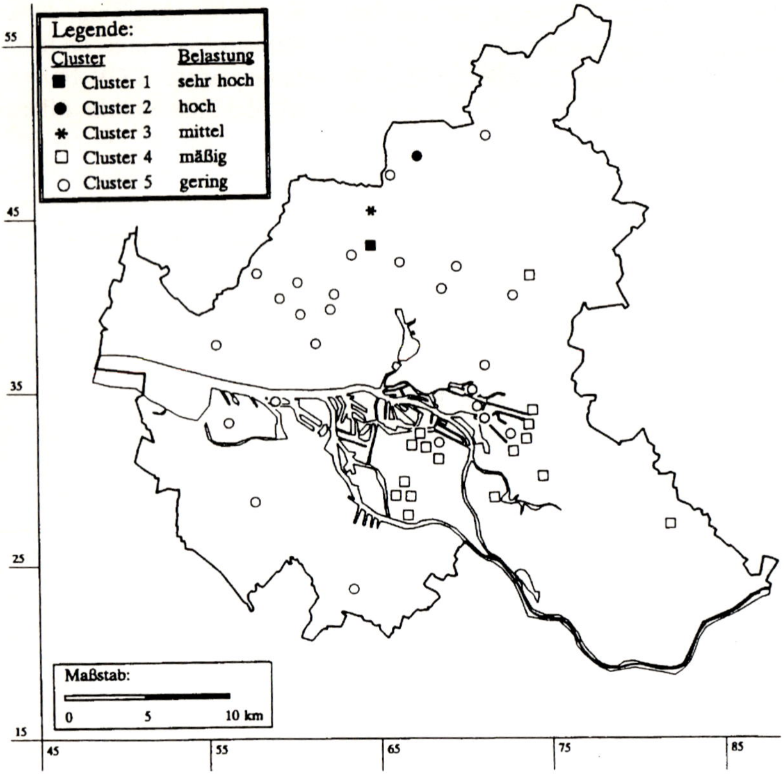

Abb. 5. Verteilung der KGV der 5 Cluster nach SM-Belastungsgrad der Unterböden im Hamburger Stadtgebiet. Zur quantitativen Aufteilung der Cluster s.oben, Tabelle 3

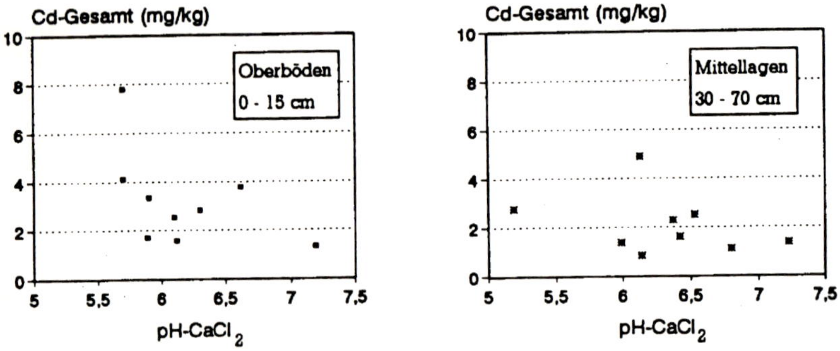

Abb. 6. Kombination von pH-Werten mit Cd-Gesamtgehalten von 9 Parzellen im KGV des Exkursionspunktes getrennt nach Oberböden (links) und Mittellagen (rechts)

Die Schwellenwerte wurden alternativ für die drei Bestimmungsmethoden Cd-Gesamtgehalt in Kombination mit dem pH-Wert sowie Cd-Gehalt des 0,1 M $CaCl_2$- und des 1 M NH_4NO_3-Lösungsextrakts aufgestellt.

Die Untersuchungsergebnisse zur Pflanzenverfügbarkeit der SM konnten hier nur in sehr kurzer Form beschrieben werden. Hinsichtlich einer ausführlichen Darstellung inklusive der Herleitung und Benennung der extraktionsabhängigen Bodenschwellenwerte wird auf Heymann (1994) verwiesen.

Literatur

Bundesgesundheitsamt (Hrsg.) (1993) Richtwerte für Schadstoffe in Lebensmitteln. Bundesgesundhbl. 36, 5/93, 210-211.

Bürgerschaft der Freien und Hansestadt Hamburg (1990) Mitteilung des Senats an die Bürgerschaft – Bodenbelastung mit Schwermetallen in Hamburg. Drucksache 13/5693 vom 20.03.90.

Heymann, H. (1994) Schwermetalle und Arsen in Hamburger Kleingärten – Bodenbelastung und Pflanzenverfügbarkeit. Dissertation, Hamburger Bodenkundl. Arbeiten 23.

Hintze, B. (1985) Geochemie umweltrelevanter Schwermetalle in den vorindustriellen Schlickablagerungen des Elbe-Unterlaufs. Diss., Hamburger Bodenkundl. Arbeiten 2.

Hornburg, V., Brümmer, G.W. (1990) Einflußgrößen der Schwermetall-Mobilität und -Verfügbarkeit in Böden. Mengen und Spurenelemente, 10. Arbeitstagung der Universität Jena und Leipzig, Band 2, 415-423.

LÖLF (Hrsg.) (1988) Mindestuntersuchungsprogramm Kulturböden zur Gefährdungsabschätzung von Altablagerungen und Altstandorten im Hinblick auf eine landwirtschaftliche oder gärtnerische Nutzung. Landesanstalt für Ökologie, Landschaftsentwicklung und Forstplanung Nordrhein-Westfalen (LÖLF), Recklinghausen.

Lux, W., Hintze, B., Daniels, J. Dües, G. (1985) Vergleichende Untersuchungen zur Belastung von Böden und Pflanzen mit Schwermetallen in Hamburg. Abschlußbericht eines Forschungsvorhabens des Forschungsbereichs "Umweltschutz und Umweltbelastung" der Universität Hamburg, unveröffentlicht.

Miehlich, G., Lux, W. (1990) Eintrag und Verfügbarkeit luftbürtiger Schwermetalle und Metalloide in Böden. Verein Deutscher Ingenieure, VDI Berichte 837, 27-51.

Norusis, M.J. (1990) SPSS/PC+ Statistics 4.0. SPSS International BV, AC Gorinchem, SPSS Inc., Chicago.

Glossar

KGV:	Kleingartenverein bzw. Kleingartenanlage
SM:	Schwermetall(e) sowie das Halbmetall As
Prüfwerte N:	Hamburger Boden-Prüfwerte für den Nutzpflanzenanbau
0,1 M bzw. 1 M:	0,1 molar bzw. 1 molar (molare Lösung)
NH_4NO_3-Lösung:	Ammoniumnitratlösung zur Extraktion von SM
$CaCl_2$-Lösung:	Calciumchloridlösung zur Extraktion von SM

VI Bewertungsverfahren und Umgang mit Stadtböden

Die computergestützte Konzeptkarte als Grundlage der Stadtbodenkartierung im saarländischen Bodeninformationssystem (SAAR-BIS)

Karl Dieter Fetzer, Ralf Grenzius, Michael Lobenhofer

Zusammenfassung

Es wird eine Methode zur Vorbereitung der Stadtbodenkartierung und zur standardisierten Verwendung von Informationsgrundlagen mit Hilfe von Konzeptkarten (KK) beschrieben. Neben dem in Kartieranleitungen und Datenschlüsseln verankerten *methodischen* Wissen existiert ein *raumbezogenes* Wissen (Topographische Karten etc.), das für den Anwendungszweck der Stadtbodenkartierung strukturiert wird. Die Informationsebenen werden in zwei *Teilkonzeptkarten* (geogen und anthropogen) zusammengefaßt. Das DV-gestützte Verfahren kann als Gesamtmodell oder in Einzelkomponenten von verschiedenen Fachverwaltungen genutzt werden.

1 Zielsetzung

Die Erfassung von Stadtböden erfordert die Entwicklung eines Konzepts, das auf die spezifischen Belange urbaner Standorte Rücksicht nimmt und dabei das auf mehreren Informationsebenen bereits vorhandene Wissen integriert. Dabei muß das raumbezogene Wissen mit dem methodischen Wissen verknüpft werden. Die Konzeptkartenerstellung bildet das Verfahren zur Erfassung von Geometrie und Attributen der bodenrelevanten Informationsgrundlagen. Somit stellt dieses Konzept die Entwicklungsbasis von Stadtbodenkarten dar. Auch die spätere Auswertungsphase greift auf die Inhalte und den Flächenbezug der Grundlagen zurück.

Das im Mengengerüst aufwendige Verfahren kann mit Hilfe moderner GIS-Technologie wesentlich beschleunigt und präzisiert werden. Gezielte methodische Entwicklungen für die Standardsoftware (ARC/INFO) gestatten einen problemorientierten Einsatz der Datenverarbeitung im Sinne einer digitalen Kartieranleitung.

2 Methodisches Wissen

Erfassung, Verarbeitung und Auswertung von Informationen zu Stadtböden müssen mit Hilfe von methodischen Standards – soweit verfügbar – erfolgen.

Grundlegende Voraussetzung für die Datenverarbeitung bildet die Entwicklung *eines konzeptionellen Datenbankdesigns (KDBD)* mit der Definition verschiedener Gestaltungsebenen (s. Abb. 1). Ein KDBD muß in jedem Fall problemorientiert (hier: Stadtböden) aufgebaut sein. Die beiden ersten Ebenen bilden das *Objekt-System-Design (OSD)* und *das Informations-System-Design (ISD).* Auf diesen beiden Gestaltungsebenen müssen alle Gesichtspunkte berücksichtigt werden, unabhängig davon, ob die dabei ermittelten Prozesse in Zukunft rechnergestützt oder manuell zur Ausführung kommen. Das OSD grenzt das Problemfeld eindeutig ab, legt die Anforderungen an ein Soll-System fest und zeigt eine Groblösung auf, die sich an den organisatorischen Gegebenheiten orientiert.

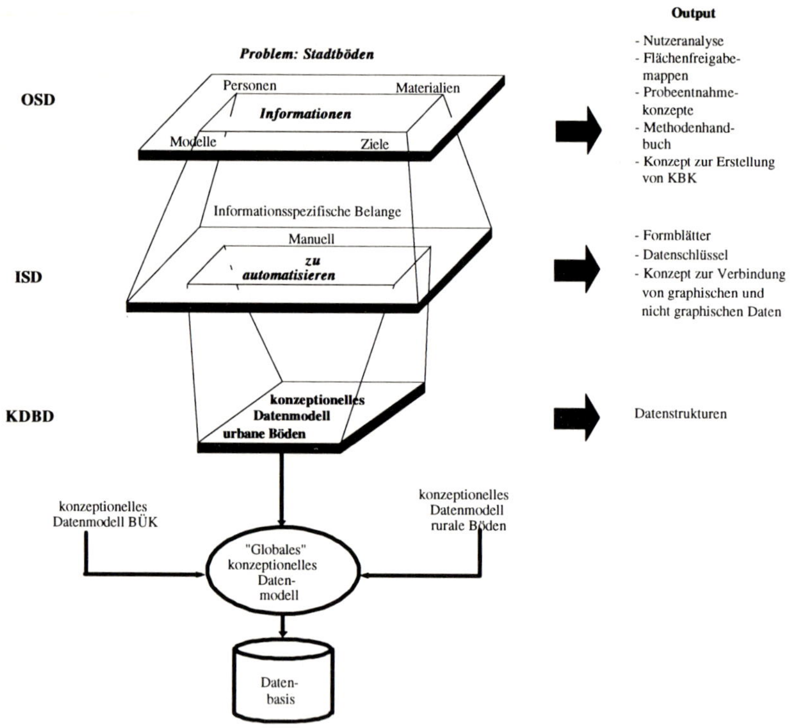

Abb. 1. Konzeptionelles Datenbankdesign (KDBD) für Stadtböden (Fetzer et al. 1993)

Die Ebene des ISD konzentriert sich auf die informationsspezifischen Belange. In SAAR-BIS wurde auf dieser Ebene ein Geländeformblatt zur Datenerfassung und ein entsprechender Datenschlüssel entwickelt. Nach Festlegung der Datenstrukturen auf der KDBD-Ebene werden die Informationen in die globale Datenbasis überführt. Dabei greift das KDBD *Stadtböden* auf bestehende Datenmodelle zurück (Beispiel: Datenmodell Bodenübersichtskarte des Saarlandes, BÜK; Fetzer et al. 1993).

Fachliche Grundlage für den Aufbau des KDBD bilden die in Abb. 2 genannten Anleitungen, Datenschlüssel und Verfahren.

Mit Ausnahme der Empfehlung (Kartieranleitung) des Arbeitskreises "Stadtböden" (1989) zur Aufnahme von urban, gewerblich und industriell überformten Flächen (Stadtböden) und des in SAAR-BIS entwickelten Datenschlüssels "Stadtböden" beziehen sich alle weiteren Standards auf natürlich gewachsene Böden und sind daher nur eingeschränkt nutzbar.

Das vorhandene methodische Wissen konzentriert sich auf die Datenerfassung von Stadtböden, wogegen bei der Verarbeitung und Ausgabe von Daten ein erheblicher Entwicklungsbedarf besteht. Vorrangig sollte hierbei die Adaption von standardisierten Methoden auf die Verhältnisse von Stadtböden im Rahmen der Methodenbank des Bodeninformationssystems realisiert werden (vgl. Bundesanstalt Für Geowissenschaften Und Rohstoffe und GLÄ 1993).

Methodisches Wissen

Kartieranleitung AK "Stadtböden"

Kartieranleitung AG "Bodenkunde"

Datenschlüssel "Bodenkunde"

Datenschlüssel "Stadtböden"

Verfahren zur Erstellung von Flächenfreigabemappen und Konzeptkarten

Abb. 2. Methodisches Wissen zur Erfassung von Stadtböden (AK Stadtböden 1989, AG Bodenkunde 1982, Oelkers 1984, LFU des Saarlandes 1994)

Das Verfahren zur Erstellung von Konzeptkarten (KK) wird in Abschnitt 4 beschrieben.

3 Raumbezogenes Wissen (Informationsgrundlagen)

Das *raumbezogene Wissen* liegt in Geometriedaten (Karten, Luftbilder), teils im Kontext mit Attributen oder in anderen Informationssystemen vor. Abbildung 3 zeigt eine Zusammenstellung der in SAAR-BIS geprüften Informationsebenen in einer thematischen Strukturierung. Von diesen Informationsquellen werden die Deutsche Grundkarte und Luftbilder multitemporal genutzt.

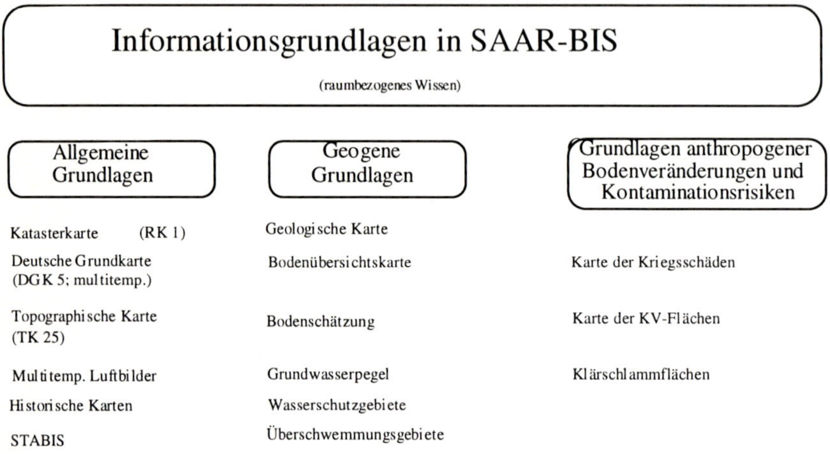

Abb. 3. Informationsgrundlagen (raumbezogenes Wissen) in SAAR-BIS

4 Konzeptkartenerstellung

Die Konzeptkartenentwicklung setzt eine thematische Strukturierung und Bewertung der in Abb. 3 dargestellten raumbezogenen Informationsebenen voraus. Diese Ebenen werden in den beiden inhaltlich differenten *Teilkonzeptkarten Geogene Ausgangssituation* und *Anthropogene Beeinflussung* getrennt geführt. Aufgrund der großen Zahl der verwendeten Informationsebenen ist eine Zusammenlegung der beiden Teilkonzeptkarten nicht sinnvoll. Es folgt die Verschneidung der Geometriedaten, die Sachattribute werden in einzelne Faktoren zerlegt und verschlüsselt und schließlich in den Teilkonzeptkarten als Faktorenkombinationen dargestellt (s. Abb. 5). Unter Faktorenkombination wird eine bestimmte Kombination von Einzelmerkmalen, auch Items genannt, verstanden (z.B.: Verschneidung von drei Karten Nutzung 1991, Nutzung vor 1991, Versiegelung 1991). Alle in der Ergebniskarte (Verschneidungsergebnis) vorkommenden Kombinationen aus der Nutzung 1991, der Vornutzung 1991 und der Versiegelung 1991 sind dargestellt. Das Programm numeriert die einzelnen Faktorenkombinationen mit einer eindeutigen Nummer (1-n) (Kues et al. 1992). Die Karten zu den Kriegsschäden und den kontaminationsverdächtigen (KV-) Standorten werden nicht verschnitten und bleiben als eigenständige Informations ebene bestehen (s. Abb. 4).

4.1 Teilkonzeptkarte *Geogene Ausgangssituation*

Mit den Informationsebenen Geologische Karte, Bodenschätzungskarte, Bodenübersichtskarte, Hochwasserstände und Grundwasserflurabstände liefert die Teilkonzeptkarte *Geogene Ausgangssituation* die Grundlage zur Verbreitung der natürlichen Substrate und Böden. Informationen zu Aufgrabungen und Auffüllungen sind mit Ausnahme der Topographischen Karten den Informationsquellen nicht zu entnehmen.

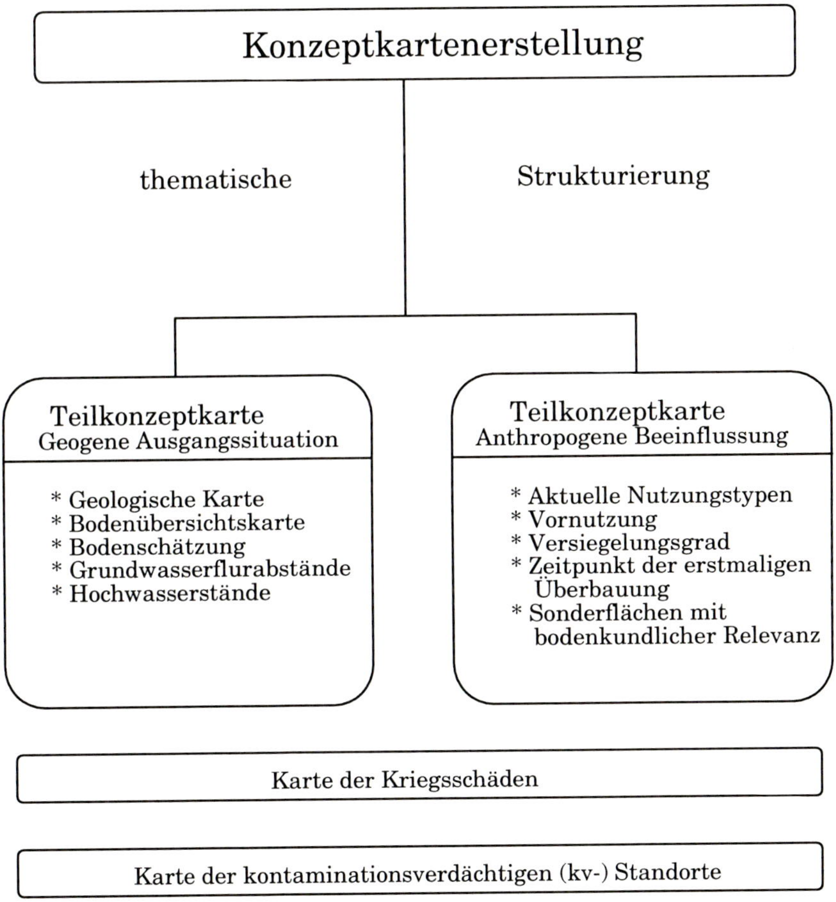

Abb. 4. Konzeptkartenerstellung in SAAR-BIS

Einbeziehung der Daten aus Profil- und Labordatenbank
Neben der Vielzahl der erwähnten Flächendaten werden auch die Punktdaten der Profil- und Labordatenbank in die Konzeptkarte einbezogen.

Darstellung und Kartenerstellung
Zur Darstellung sowohl der Grundlagenkarten als auch der Auswertungskarten (Konzeptkarte) wird ein Modul entwickelt, das dem Benutzer interaktiv kartographische Funktionen zur Ploterstellung bietet.

Berechnung von Faktorenkombinationen
Unter Faktorenkombination wird eine bestimmte Kombination von Einzelmerkmalen, auch Items genannt, verstanden (vgl. Abschnitt 4).

Nutzerunabhängigkeit
Die Entwicklung ist in verschiedenen Administrationen (Umweltämter, Geologische Ämter, kommunale Behörden etc.) einsetzbar.

Verwendung von ARC/INFO-AML, ORACLE-SQL, C, UNIX bei weitgehender Hardware- und Mengenunabhängigkeit
Festgeschrieben ist die Software-Systemkonfiguration von SAAR-BIS, die sich jedoch an anerkannte Standards hält.

Übertragbarkeit auf andere Bodeninformationssysteme
Die Methode läßt sich auch in anderen Bodeninformationssystemen, die nach den genannten Standards arbeiten, einsetzen. Damit wird ein grundsätzlicher Beitrag für die *Methodenbank* urbaner Räume geleistet.
Als grundsätzliche Forderung zur Realisierung dieses Anforderungsprofils gilt die erweiterte Einbindung der Datenbank ORACLE, von der die nachfolgenden Funktionen zusätzlich übernommen werden:

- Verwaltung der Benutzerrechte,
- Verwaltung der graphischen Daten.

Mit diesem Konzept lassen sich die Metadaten (Informationen über Ebenen) in der Datenbank verwalten. Damit wird die Voraussetzung des SAG-Vorschlags nach einem Thesaurus und Datenregister im Kernsystem für spätere Ausbaustufen erfüllt (Bund/Länder-Arbeitsgemeinschaft Bodenschutz, LABO 1994).

Die Methode der *Konzeptkartenerstellung* bildet in Kombination mit der *Methodenentwicklung* ein abgestimmtes Verfahren, das als Grundvoraussetzung *einer digitalen Kartieranleitung* für industriell, gewerblich und urban geprägte Räume fungiert. Das Konzept liefert auch einen grundsätzlichen Beitrag für die Methodenbank des Bodeninformationssystems. Neben dem Gesamtmodell können Einzelaspekte der Entwicklung von verschiedenen Verwaltungen eingesetzt werden.

Methodenentwicklung "Stadtböden" in SAAR-BIS

Standortauswahl	Modellgebiete nach Blattschnitten (DGK 5, TK 25)
Ebenenauswahl	interaktive Auswahl der Informationsgrundlagen (Data-Dictionary)
Verschneidung	Überlagerung und Verschneidung gemäß Verschneidungskonzept
Profil- und Labordatenbank	Anbindung der Profil- und Labordatenbank an die Geometriedaten mittels Fachdatenreferenznummer
Karten-erstellung	Modul zur interaktiven Karten- und Ploterstellung
Faktoren-kombinationen	Berechnung einer definierten Kombination von Einzelmerkmalen (Items)
Nutzer-unabhängigkeit	geeignet für Anwender aus dem öffentlichen und gewerblichen Bereich
ARC/INFO-AML ORACLE-SQL	festgeschriebene Software-Systemkonfiguration, weitgehende Hardware- und Mengenunabhängigkeit
Übertragbarkeit	bei Übernahme der Standards und Datenstruktur Übertragbarkeit auf andere Bodeninformationssysteme gewährleistet
Benutzerrechte	Datenbank ORACLE verwaltet die Benutzerrechte und die graphischen Daten

Abb. 6. Methodenentwicklung "Stadtböden" in SAAR-BIS (Rau 1993)

Literatur

Arbeitsgemeinschaft Bodenkunde (1982) Bodenkundliche Kartieranleitung. Bundesanstalt für Geowissenschaften und Rohstoffe und Geologische Landesämter in der Bundesrepublik Deutschland (Hrsg.), 3. Aufl., Hannover 1982, 331 S.

Arbeitsgruppe "Methodik der Biotopkartierung im besiedelten Bereich" (1993) Flächendeckende Biotopkartierung im besiedelten Bereich als Grundlage einer am Naturschutz orientierten Planung. Natur und Landschaft Jg. 68, H. 10: 491-526.

Arbeitskreis "Stadtböden" (1989) Empfehlungen des Arbeitskreises "Stadtböden" der Deutschen Bodenkundlichen Gesellschaft für die bodenkundliche Kartieranleitung urban, gewerblich und industriell überformter Flächen (Stadtböden). UBA Texte 18/89, 162 S., Berlin.

Bund/Länder-Arbeitsgruppe Bodenschutz LABO (1994) Aufgaben und Funktionen von Kernsystemen des Bodeninformationssystems als Teil von Umweltinformationssystemen. Bodenschutz, H. 1, 59 S.

Bundesanstalt für Geowissenschaften und Rohstoffe und Geologische Landesämter (Hrsg.) (1993) Fachinformationssystem Bodenkunde: Methodendokumentation. 1. Aufl., Hannover.

Büro für Landschaftsökologie (1993) Luftbildauswertung in der Stadtbodenforschung. Projektbericht, St. Wendel, 7 S.

Fetzer, K.D., Grenzius, R., König, C., Larres, K., Lobenhofer, M., Portz, A., Schlicker, P.(1993) Beispielhafter Aufbau eines Bodeninformationssystems für das Saarland (SAAR-BIS). Forschungsbericht (Entwurf) 107 06 001/07 im Auftrag des Umweltbundesamtes, 66 S.

Fetzer, K.D., Ost, J.(im Druck) Geoinformationssysteme in der Praxis. Erfahrungen in der Raum- und Umweltplanung: Die Anwendung im Bereich der Bodenforschung. 5. Fachtagung Deutscher Verband für Angewandte Geographie (DVAG) Saarbrücken.

Kues, J., Bartsch, H.U., Sbresny, J., Schneider, J.(1992) Modellhafte Entwicklung eines kommunalen Umweltinformationssystems im Rahmen des ökologischen Forschungsprogramms Hannover. Niedersächsisches Landesamt für Bodenforschung; Endbericht des Teilprojektes Stadtböden, Hannover, 84 S.

Landesamt für Umweltschutz des Saarlandes (1994) Datenschlüssel für die Erfassung bodenkundlicher Daten in urban, gewerblich und industriell überformten Gebieten. Saarbrücken, 87 S.

Oelkers, K.H. (1984) Datenschlüssel Bodenkunde. Bundesanstalt für Geowissenschaften und Rohstoffe und Geologische Landesämter in der Bundesrepublik Deutschland (Hrsg.), Hannover, 98 S.

Rau, J. (1993) Computergestützte Konzeptkartenerstellung (ARC/INFO-Tool) im urbanen Modellraum im FE-Vorhaben SAAR-BIS. Projektbericht Dr. Jan Rau GmbH Saarbrükken, 54 S.

Anmerkung: Die hier beschriebenen methodischen Entwicklungen wurden im Rahmen des FE-Vorhabens "Modellhafter Aufbau eines Bodeninformationssystems für das Saarland (SAAR-BIS)" – gefördert vom Umweltbundesamt – erstellt.

Stadtböden als Teil von (Kultur-)Ökotopen
Beispiel einer synoptischen Erstbewertung

Klaus Korndörfer

1 Einleitung

Anhand einer planerischen Arbeit zum kommunalen Bodenschutz sollen exemplarisch Qualitäten von Stadtböden aufzeigt werden, wobei besonders das in der ökologischen Planung wichtige Raum-Zeit-Gefüge verdeutlicht werden soll.

Stadtböden sind mittlerweile zu Sorgenkindern der räumlichen Planung geworden – einer Planung, die in Zukunft unter dem Zwang steht, besonders Räume in innerstädtischen Lagen optimal zu nutzen. Dies bezieht sich einerseits auf den ökonomischen Faktor (z.B. Nutzung schon vorhandener Infrastrukturelemente), andererseits aber auch auf den ökologischen, da jegliche zukünftig vorangetriebene Innenentwicklung Spielräume für ökologische Ausgleichsräume in der freien Landschaft erhält.

Planentwürfe ökologisch optimaler räumlicher Nutzungsmuster in der Stadt bedürfen aus der Sicht des Bodenschutzes der Information vorhandener Bodenressourcen unter Berücksichtigung bereits erfolgter, nutzungsabhängiger Änderungen, deren Dynamik und Auslösefaktoren, um daran auf bestehende Belastungen und Belastbarkeiten schließen zu können.

2 Begriffsdefinition

Der Begriff "Ökotop" soll verstanden werden als räumliche Einheit mit relativ konstanten ökologischen Wirkungsbeziehungen (in der Landschaftsökologie wohl eher mit dem Begriff "Ökotopgefüge" gleichzusetzen).

Definitorisch abzusetzen ist er vom wissenschaftlichen Ökotop-Begriff vieler Autoren (z.B. Troll, 1950; Richter 1968); Ökotop bezeichnet in der heutigen Landschaftsökologie die kleinste naturräumliche Einheit wie auch die kleinste homogene Raumeinheit, also Orte von Ökosystemen.

3 Kulturökotope als Determinanten von Stadtböden

Während in natürlichen Ökosystemen besonders das Relief, das Klima, das Ausgangsgestein, die Vegetation und lange Zeiträume die Bodenbildung steuern, definieren besonders im urbanen Bereich die Qualitäten und Intensitäten menschlicher Nutzungen Grenzen verschiedener Stadtböden. Bestimmte Nutzungen prägen also Raumeinheiten mit ähnlich strukturierten ökologischen Wirkungsmechanismen. Verschiedene Stadtböden sind somit unverwechselbare Bestandteile unterschiedlicher Ökotope, und zwar anthropogen geprägter Kulturökotope. Man muß sie als stadttypisches Landschaftselement begreifen. Sie treten wesentlich kleinräumiger und differenzierter auf als die gewachsenen Böden der freien Landschaft.

Die städtische Ökotoplandschaft (mit ihr auch die Stadtbodenlandschaft) wird also v.a. bestimmt von den historischen und realen Flächennutzungen (Zeitfaktor) und deren Verteilung im Raum (Raumfaktor).

4 Die Methode

Von einer ersten Planungsgrundlage zum kommunalen Bodenschutz, die eine Basis für dezidiertere Analysen und Bewertungen darstellt und die eine erste Entscheidungshilfe für ökologische Stadtentwicklungsplanungen sein kann, muß man folgendes erwarten:

- schnelles Aufzeigen raumplanungsrelevanter Informationen zum Bodenschutz,
- flächendeckende Arbeitsweise über das gesamte Stadtgebiet,
- operationabler Maßstab (mindestens 1:10 000),
- finanziell und zeitlich begrenzter Einsatz.

Unter Beteiligung des Kommunalverbandes Ruhrgebiet und Vertretern der Stadt Witten wurde durch die Universität Essen (Institut für Ökologie, Abteilung Angewandte Bodenkunde) ein solcher erster Schritt zu einer kommunalen Bodenschutzkonzeption für Witten entworfen.
Folgende Bearbeitungsschritte können ausgegliedert werden:

1. Erarbeitung einer detaillierten und bodenschutzrelevanten naturräumlichen Gliederung für das Wittener Stadtgebiet (M. 1:10 000) und Zuordnung natürlicher Bodeneinheiten. Diesen "Referenzverhältnissen" des bodenkundlichen (Natur-)Potentials werden in einem nächsten Schritt die kulturräumlichen, bodenbelastenden Entwicklungen im Wittener Raum gegenübergestellt.
2. Bodenschutzrelevante Realnutzungskartierung im M. 1:5000. Um die diversen Bodennutzungen operabel im Hinblick auf einen Abgleich mit der bodenkundlichen Situation zu gestalten, wurde eine nutzungstypische Bela-

stungszuordnung über potentielle Belastungen und Eichung von Versiegelungsklassen durchgeführt.

3. Analyse der historischen Situation über eine historische Nutzungskartierung im M. 1:10 000. Neben der Indikation von Belastungsschwerpunkten wurden auch dynamische Prozesse in der Belastungsentwicklung (Nutzungswandel) aufgearbeitet.
4. Erstellung einer Bodenbelastungskarte (real indizierte und potentielle Belastungen).

Methodisches Hilfsmittel aller Arbeitsschritte war die Luftbildinterpretation.

Die Vorgehensweise über eine Karte der Nutzungstypen (einschließlich der Abschätzung der Versiegelung, der Nutzungsintensität und der Belastungszuordnung) ermöglicht, flächenscharfe Aussagen zu treffen und bietet einen stadt- und landschaftsplanerischen Ansatz zu einem vorsorgenden Bodenschutz bereits zu einem Zeitpunkt, zu dem die eigentlich wünschenswerten flächenscharfen – dadurch kommunal-planerisch erst verwertbaren – großmaßstäblichen Bodenkarten und differenzierten Bewertungskonzepte noch fehlen.

5 Beispiele planungsrelevanter Untersuchungsergebnisse

Im ersten Landesbodenschutzgesetz (Baden-Württemberg, Juni 91) werden dem Schutzobjekt Boden folgende Bodenfunktionen zugewiesen:

1. Lebensraum für Bodenorganismen,
2. Standort für natürliche Vegetation,
3. Standort für Kulturpflanzen,
4. Ausgleichskörper für den Wasserkreislauf,
5. Filter und Puffer für Schadstoffe,
6. landesgeschichtliche Urkunde.

Anhand dieser Liste werden Entwicklungen im Stadtbodenbereich in Witten aufgezeigt und erste planerische Aussagen über kommunales bodenschützerisches Handeln getroffen. Verschiedene Ökotope können räumlich und in ihrer Entwicklung aufgezeigt werden.

Zu 1. und 2.: Naturschützerisch wertvolle Ökotope

Die ersten beiden oben genannten Bodenfunktionen beinhalten quasi einen ökozentrischen Ansatz: der Boden soll außerhalb jeglichen Nutzungsanspruchs "an sich" geschützt werden.

Geht man von folgenden einfachen Bewertungsvorschriften für einen segregierten Naturschutz aus, die besagen, daß ein Boden besonders schützenswert erscheint, wenn er umfassende Veränderungen natürlicher Bodenpotentiale aufgrund von technogenen Kultureinflüssen sind (Stadtböden).

Die Kenntnis des naturräumlichen und des kulturräumlichen Ökotopmusters – die Aussagen zulassen über Qualitäten, Isolationen und Verknüpfungen von Stadtböden – bildet eine unverzichtbare Grundlage für differenziertere nutzungsabhängige Bewertungsschritte.

Über die Bestimmung von exemplarischen Kennwerten im Feld, notwendigen Sonderuntersuchungen und über die Bewertung von Empfindlichkeiten von Stadtböden kommt man schließlich zur präventiven Zuweisung von Funktions-(Ökotop)Mustern in der Fläche:

- naturschützerisch wertvolle Stadtböden werden etwa von einer anthropogenen Nutzung ausgeschlossen (Schutzgebiete),
- multifunktional bewertete Stadtböden werden mit Restriktionsgeboten genutzt (Schongebiet),
- innerstädtische Entwicklungsräume etwa zur reversiblen Erhöhung von Grundwasserneubildung oder Verbesserung von bioklimatischen Funktionen werden ausgewiesen (Regenerationsgebiete),
- unsensible Nutzungen werden auf geschädigte Böden verlagert (Belastungs--gebiete),
- Maßnahmen zur Gefahrenabwehr werden getroffen (Sanierungsgebiet).

Literatur

Abfallgesetz für das Land Nordrhein-Westfalen/ LAbfG (1988)

Bodenschutzgesetz Baden-Württemberg/ BodSchG (1991): GBL 1991, 434-440.

Troll, C. (1950): Die geographische Landschaft und ihre Erforschung, in: Studium generale 3.

Richter, H. (1968): Beiträge zum Modell des Geokomplexes, in: NEEF-Festschrift / Landschaftsforschung, PGM Erg. H. 271, S. 63-79.

Verhalten von organischen Chemikalien in Böden und Ansätze zur Bewertung

Uwe Schleuß, Quinglan Wu

Zusammenfassung

Organische Chemikalien können im Boden abgebaut, gebunden und verlagert werden sowie einer Verflüchtigung von der Oberfläche unterliegen. Durch Aufnahme in Pflanzen, Verlagerung ins Grundwasser und/oder direkte Aufnahme mit Bodenpartikeln können sie in Nahrungsketten gelangen. Der Eintrag organischer Chemikalien kann zu einer Veränderung von ökologischen Systemen führen. Mit Hilfe von Modellansätzen wird versucht, das Verhalten organischer Chemikalien zu beschreiben. Bewertungen der Kontaminationen mit organischen Chemikalien sind schwierig, da noch viele Unsicherheiten und Kenntnislücken hinsichtlich Quantität und Qualität der Schädigungen bestehen. Zur Zeit liegen keine einheitlichen Bewertungsregeln vor.

1 Einleitung

Böden einer Landschaft erfüllen ihre vielfältigen Funktionen (z.B. als Lebensraum, Pflanzenstandort, Puffer, Filter und Transformator) in unterschiedlicher Weise. Durch die Kontamination mit organischen Chemikalien können pedologische Eigenschaften verändert werden. Das Verhalten organischer Chemikalien ist sowohl von Art und Menge der Chemikalien als auch von den Boden-, Witterungs- und Nutzungsbedingungen abhängig. Die Kontamination mit organischen Chemikalien kann durch punktförmige Einträge oder diffuse Quellen erfolgen bzw. erfolgt sein, wobei starke regionale Unterschiede u.a. als Folge unterschiedlicher Siedlungs- und Industriestrukturen zu verzeichnen sind (König et al. 1993, Reinirkens 1993, Schleuß et al. 1993).

schen Chemikalien und den physikochemischen Bodeneigenschaften ab. Je naturfremder Aufbau und Struktur der organischen Chemikalien sind, desto langwieriger gestaltet sich die Adaptationsphase. Teilweise kommt es dann nur noch zu einem cometabolischen Abbau (Burns und Edwards 1980).

Organische Chemikalien haben auf die Zusammensetzung und die ökologischen Leistungsparameter der Mikroorganismen Einfluß (Wainwright 1978, Greaves und Malkomes 1980). Mit steigendem Gehalt an organischer Substanz erhöht sich i. allg. die mikrobielle Biomasse eines Standorts, gleichzeitig werden die organischen Chemikalien aber durch das zunehmende Sorptionsvermögen des Bodens einem mikrobiellen Abbau weitgehend entzogen.

Die mikrobiellen Abbauprozesse werden auch durch den pH-Wert und die Temperatur wesentlich modifiziert (Domsch 1992). Der pH-Wert beeinflußt die Dissoziation der organischen Chemikalie und die Sorptionseigenschaften der Böden. Die Temperatur kann einerseits die Zusammensetzung der mikrobiellen Populationen und andererseits die Abbauraten nach thermodynamischen Gesetzmäßigkeiten beeinflussen (Walker und Smith 1979). Für alle organischen Chemikalien kann kein gleicher Faktor der Abbauintensivierung mit zunehmender Temperatur angenommen werden, da auch viele andere Faktoren abbaubeeinflussend sind. Als Beispiele hierfür lassen sich die substratspezifische Widerstandskraft gegen Umwandlungen (Rekalzitranz) sowie Standorteinflüsse anführen (Ottow 1982). Der Abbau wird beispielsweise durch Etherbrücken und mehrfache Substitutionen verlangsamt (Helling et al. 1971), ebenso durch Nährstoff-, Wasser- und Luftmangel. Der Abbau einiger organischer Chemikalien, z.B. Pentachlorphenol, ist bei Luftmangel höher als bei guter Durchlüftung des Bodens, da die substituierten Phenylreste unter anaeroben Bedingungen intensiver als unter aeroben Bedingungen abgebaut werden (Lal und Saxena 1982). Weiterhin ist zu berücksichtigen, daß der Abbau von organischen Chemikalien durch die Anwesenheit anderer Chemikalien gehemmt werden kann (Heinonen-Tanski et al. 1985, Maier-Bode und Härtel 1981). Beim Abbau organischer Chemikalien können Metabolite entstehen, die ihrerseits negativ auf Pflanzenwuchs und Bodenorganismen wirken und/oder ins Grundwasser verlagert werden können sowie ggf. eine höhere Toxizität als die Ausgangschemikalie aufweisen.

2.3 Verflüchtigung

Die Flüchtigkeit organischer Chemikalien ist nach Eintrag auf Böden bzw. durch Abbauprozesse in den oberen Bodenhorizonten sehr unterschiedlich, was zu einer verringerten Boden-, aber einer erhöhten Atmosphärenbelastung führen kann (Baur et al. 1973). Die Verflüchtigung ist vom Dampfdruck der Chemikalie und von Randbedingungen wie Bodentemperatur und Wassergehalt abhängig. Eine hohe Flüchtigkeit weisen nach Litz und Blume (1989) beispielsweise Monochlorethen, Trichlorethen, Chloroform und Tetrachlorkohlenstoff auf. Als Maß für die Verflüchtigungsneigung kann die Henry-Konstante herangezogen werden.

2.4 Verlagerung

An Bodenmaterial gebundene organische Chemikalien unterliegen einerseits einer Verlagerung durch Wasser- und Winderosion sowie einem organismenbedingten Transport.

Andererseits können organische Chemikalien aus dem Wurzelraum in den Untergrund verlagert werden, was zu einer Kontamination des Grundwassers führen kann, sowohl mit der organischen Chemikalie selbst als auch mit den daraus gebildeten Metaboliten. Für verschiedene organische Chemikalien, insbesondere für Pflanzenschutzmittel, ist der Nachweis einer Grundwasserkontamination erbracht worden (Cohen et al. 1986, Hagendorf 1986, Matthess und Ubell 1993). Die Wahrscheinlichkeit einer Verlagerung ist um so größer, je schwerer abbaubar, weniger flüchtig, weniger sorbierbar und besser wasserlöslich die betreffende organische Chemikalie ist. Bei der Verlagerung in den Untergrund ist ebenfalls zu berücksichtigen, daß Makroporen vor allem in Phasen höherer Bodenfeuchte nach Starkregenereignissen einen schnellen Transport in tiefere Bodenschichten ermöglichen, ohne daß Adsorptionsprozesse dies wesentlich beeinflussen (Denkler und Brümmer 1993).

3 Abschätzung des Verhaltens organischer Chemikalien in Böden

Exakte Abschätzungen zum Verhalten organischer Chemikalien in Böden sind nur durch mehrjährige Feldversuche und aufwendige Laboranalytik möglich. Da diese aber aus Zeit- und Kostengründen nur in wenigen Fällen realisierbar sind, wird zunehmend mit Hilfe von Modellen versucht, das Chemikalienverhalten zu beschreiben. Dazu bedarf es aber genauer Kenntnisse über die Eigenschaften der zu untersuchenden Chemikalien und der Boden-, Nutzungs-, Grundwasser- und Klimaparameter (Fränzle et al. 1987). Besondere Phänomene, beispielsweise der präferentielle Fluß in strukturierten Böden (Durner und Flühler 1993), sind dabei zu berücksichtigen.

Erste Ansätze zur Abschätzung der Empfindlichkeit von Böden gegenüber Schadstoffeinträgen liegen als ökosystemar ausgerichteter Ansatz von Fränzle et al. (1987) und durch einen Modellansatz von Litz und Blume (1989) vor, der die relative Oberbodenbindung und die potentielle Auswaschungsgefährdung für organische Chemikalien auf Basis der physikochemischen Eigenschaften der Chemikalien und standortkundlicher Eigenschaften (u.a. Bodenart, Humusgehalt, pH, Nährstoff- und Wasserhaushaltskenngrößen, Klima- und Nutzungsdaten) beschreibt (Blume 1992). Dabei werden relative Kennwerte (5 Stufen) zur Abschätzung der Standortempfindlichkeit herangezogen und darauf aufbauend Empfehlungen zur Standortnutzung gegeben. Unfallsituationen sind mit diesem Ansatz nicht beurteilbar. Blume und Ahlsdorf (1993) haben dieses Prognosemo-

dell für Pestizide in einem Baumschulgebiet in Schleswig-Holstein getestet und gute Übereinstimmungen zwischen den prognostizierten und gemessenen Werten gefunden.
Eine weitere Möglichkeit zur Beschreibung des Chemikalienverhaltens besteht in der Abschätzung der mikrobiellen Toxizität durch Messung verschiedener Parameter, z.B. mit dem Fe(III)-Reduktionstest nach Welp und Brümmer (1985). Dieser Mikroorganismentest beruht darauf, daß in wassergesättigten Bodenproben nach Zugabe von differenzierten Schadstoffmengen eine unterschiedlich starke Ausbildung reduzierender Bedingungen stattfindet, die durch das Ausmaß der mikrobiellen Reduktion von leicht reduzierbaren Fe(III)-Oxiden zu löslichen Fe^{2+}-Ionen in einem definierten Zeitraum erfaßt werden kann (Welp und Brümmer 1985). Das Reaktionsmuster von Mikroorganismenpopulationen bei chemischem Streß ist variabel, teilweise sehr komplex (Welp und Brümmer 1993).

4 Bewertung

Ziel gesetzlicher Bodenschutzregelungen ist es u.a., den Boden vor Belastungen zu schützen, eingetretene Belastungen zu beseitigen und ihre Auswirkungen auf Mensch und Umwelt zu verhindern oder zu vermindern (Anonymus 1991a, b). Die Bewertung von Kontaminationen mit organischen Schadstoffen erweist sich als schwierig, weil die Diskussion um die festzulegenden Werte sowohl hinsichtlich der heranzuziehenden Größen (Grenz-, Höchstmengen-, Orientierungs-, Vorsorgewerte u.a.) als auch hinsichtlich der Einschätzung, ab welcher Konzentration, in welcher Menge, über welchen Zeitraum bestimmte Schädigungen von Ökosystemen bzw. des Menschen vorliegen, noch nicht abgeschlossen ist (Litz 1992). Zudem werden unterschiedliche Ansätze zur Bewertung herangezogen (Eikmann und Kloke 1991, Fränzle et al. 1992). Daher liegen zur Zeit keine einheitlichen Bewertungsrichtlinien vor. Im folgenden werden einige zur Zeit häufig angewandte Bewertungsansätze kurz vorgestellt.

4.1 Leidraad Bodemsanering

Ausgangspunkt des Niederländischen Leitfadens zur Bodenbewertung und Bodensanierung ist die Multifunktionalität des Bodens (Anonymus 1990a). Die in Abhängigkeit von der natürlichen Bodenbeschaffenheit vorhandenen Funktionen und Nutzungsmöglichkeiten sollen durch die derzeitige Nutzung nicht unumkehrbar beeinträchtigt werden. Der Leitfaden unterscheidet die Prüfwerte A, B und C. Niveau A gilt als Referenzwert, d.h. bei Werten $< A$ wird davon ausgegangen, daß keine Belastung vorliegt. Niveau C gilt als Prüfwert für Sanierungsstudien (Interventionswerte), d.h. bei Werten $> C$ ist es notwendig, kurzfristig eine Sanierungsstudie durchzuführen (Denneman und Robberse 1993). Für eine kleine Auswahl organischer Chemikalien sind die Werte der unterschiedlichen Niveaus in Tabelle 1 aufgeführt.

4.2 Drei-Bereiche System (DBS)

Der Anwendungsbereich dieses Bewertungssystems ergibt sich aus dem Nutzungs- und Schutzgutbezug. Das DBS liefert für verschiedene Nutzungen Bezugsgrößen zur Entscheidungsfindung. Eikmann und Kloke (1991, 1993) unterscheiden folgende Bereiche:

A uneingeschränkte, standortübliche Multifunktionalität und Nutzungsmöglichkeit des Bodens
B eingeschränkte, aber standort- und schutzgutbezogene Nutzungsmöglichkeit des Bodens
C Toxizitätsbereich, in dem Schäden an Schutzgütern (Pflanze, Tier, Mensch, Ökosystem) erkennbar werden können und Schutzmaßnahmen erforderlich machen.

Der Bereich B wird nach oben durch den Bodenwert III und nach unten durch den Bodenwert I begrenzt. Der Tabelle 2 lassen sich einige Beispiele der Eikmann-Kloke-Liste für organische Chemikalien entnehmen.

4.3 Berliner Liste

Da zur Zeit keine bundeseinheitliche Regelung besteht, liegen unterschiedlich strukturierte Länderregelungen vor. Als Beispiel dafür werden im folgenden kurz die Bewertungskriterien für die Beurteilung kontaminierter Standorte in Berlin (Berliner Liste) dargestellt. Die Liste unterscheidet in ihrer augenblicklichen Fassung (Stand 10/94) für Eingreifwerte vier Kategorien (Tabelle 3).

Tabelle 1. Referenz- und Prüfwerte des Niederländischen Leitfadens Bodenschutz

Parameter (mg/kg TS)	A	B	C
PAKs (Σ von 10)	1,0 (1,0)[a]	20,0	200 (40)[a]
PCBs (Σ von 7)	* (0,02)[a]	1,0	10 (1)[a]
Chlorphenole (Σ von 6)	* (*)	1,0	10 (10)[a]

[a] Werte in Klammern: vorläufig nach Vegter (1993)
* keine Angaben

Tabelle 2. Ausgewählte nutzungs- und schutzgutbezogene Orientierungswerte für Schadstoffe in Böden, Schutzgut Mensch, Teil III: Organische Verbindungen (BW: Bodenwert)

Nutzungsart	BW	Benzo(a)pyren	PCBs[a]
Multifunktionale Nutzungsmöglichkeit	I	1,0	0,2
Kinderspielplätze	II	1,0	0,2
	III	5,0	1,0
Haus- und Kleingärten	II	2,0	0,5
	III	5,0	2,5
Parkflächen	II	3,0	3,0
	III	6,0	10,0
Industrieflächen	II	5,0	5,0
	III	10,0	15,0

[a] PCB-Kongenere nach Ballschmiter und Zell, Quelle: Eikmann und Kloke (1993), S. 21, gekürzt.

Tabelle 3. Ausweisung von Gebietstypen in Berlin (Quelle: Anonymus 1990b)

Ia	Wasserschutzgebiet, d.h. nach WasserschutzgebietsVO ausgewiesene Areale
Ib	Flächen mit sensiblen Nutzungen (z.B. Landwirtschaft, Spielplätze)
II	Urstromtal, d.h. nach der Geologischen Karte des Landes Berlin als Urstromtalbereiche ausgewiesene Areale
III	Hochflächen, d.h. sämtliche Areale, die als pleistozäne Hochflächen ausgebildet sind

Die dabei z.Z. geltenden Grenzwerte für ausgewählte organische Chemikalien sind Tabelle 4 zu entnehmen.

Tabelle 4. Grenzwerte für ausgewählte organische Schadstoffe lt. Berliner Liste (1990)[a]

	Kategorie			
Organischer Schadstoff (in mg/kg)	Ia	Ib	II	III
PAKs ($\sum$ n. EPA-Liste)	10.0	1.0	50.0	100.0
PCBs ($\sum$ n. Altöl-VO)	1.0	1.0	3.0	5.0
Chlorphenole ($\sum$ n. EPA-Liste)	5.0	5.0	10.0	20.0

[a] An dieser Stelle ist darauf hinzuweisen, daß die Werte der "Berliner Liste" z.Z. neu bearbeitet werden.

5 Fallbeispiele aus städtischen Räumen

Untersuchungen aus städtisch-industriellen Räumen belegen häufig höhere Belastungen mit organischen Chemikalien, z.B. PAK und PCB, im Vergleich zu ländlichen Räumen. In Tabelle 5 sind einige Standorte unterschiedlicher Lage und Nutzung vergleichend dargestellt.

Tabelle 5. Vergleich der Belastung mit Fluoranthen und Benzo(a)pyren in unterschiedlichen Gebieten

Stoff (mg/kg)	Standort 1[a]	Standort 2[a]	Standort 3[b]	Standort 4[b]
Nutzung	Kokerei (ehem.)	Garten	Kleingarten	Acker
Ort	Gelsenkirchen	Bonn	Stolberg	Bornhöved
Tiefe	0-10 cm	0-10 cm	0-20 cm	0-20 cm
Fluoranthen	6,6	0,03	4,1	0,03
Benzo(a)pyren	2,5	< 0,02	1,8	< 0,02

[a] Tebaay 1994; [b] Schleuß et al. 1993

Smettan et al. (1993) untersuchten Böden und Substrate in Berlin und stellten fest, daß bei den PAK (Σ n. EPA-Liste) in ca. 86% der Fälle die Eingreifwerte der Berliner Liste auf Basis der z.Z. noch gültigen Werte überschritten wurden (s. Tabelle 6).

Tabelle 6. Gehalte an PAK (Σ n. EPA-Liste) in Böden und Substraten des Berliner Raums (in mg/kg) (Smettan et al. 1993)

Boden/Substrat	n	min.	max.	$\bar{\bar{x}}$
Geschiebesand	48,0	<0,01	5,1	0,34
Geschiebemergel	32,0	<0,01	1,0	0,05
Bauschutt	109,0	<0,01	1286,0	34,0
Sand mit Bauschutt	100,0	<0,01	65,0	7,6
Humose Oberböden	109,0	<0,01	79,0	7,5

Fleischmann und Wilke (1991) fanden ebenfalls im Berliner Raum sehr hohe Konzentrationen an Fluoranthen und Benzo(a)pyren in straßennahen Böden im Vergleich zu benachbarten Waldstandorten.

Spezifische chemische Bodenveränderungen resultieren häufig aus den Nutzungsverhältnissen. Blume (1993) weist beispielsweise auf hohe Konzentrationen an Kohlenwasserstoffen in Böden ehemaliger Tankstellen, an PCB in Böden von Schrottplätzen sowie Benzol, Toluol, Phenol und Naphthalen in Böden auf Gaswerksgeländen hin, die heute teilweise (nach Betriebsaufgabe) als Altlasten unter Wohngebieten und Grünanlagen liegen.

Literatur

Anonymus (1990a) Niederländischer Leitfaden zur Bodenbewertung und Bodensanierung. In: Rosenkranz, D., Einsele, G., Harreß, H.-M. (Hrsg.) Bodenschutz – Ergänzendes Handbuch der Maßnahmen und Empfehlungen für Schutz, Pflege und Sanierung von Böden, Landschaft und Grundwasser, Kz. 8935, 1-27

Anonymus (1990b) Bewertungskriterien für die Beurteilung kontaminierter Standorte in Berlin (Berliner Liste), Amtsblatt für Berlin 40, Nr. 65, 2464-2469

Anonymus (1991a) Gesetz zum Schutz des Bodens (BodSchG), Gesetzblatt des Landes Baden-Württemberg 16, 434-440

Anonymus (1991b) Erstes Gesetz zur Abfallwirtschaft und zum Bodenschutz im Freistaat Sachsen (EGAB), Sächsisches Gesetz- und Verordnungsblatt 22, 306-322

Bailey, G.W., White, J.L. (1964) Review of adsorption and desorption of organic pesticides by soil colloids with implications concerning pesticide bioactivity, J. Agr. Food Chem. 12: 324-332

Bailey, G.W., White, J.L. (1970) Factors influencing the adsorption, desorption and movement of pesticides in soil, Residue Rev. 32: 29-92

Baur , J.R., Bovey, R.W., Mcgall, M.G. (1973) Thermal and ultraviolet loss of herbicides, Arch. Environ. Cont. Toxicol. 1: 289-302

Blume, H.-P. (Hrsg.) (1992) Handbuch des Bodenschutzes, 2 Aufl., ecomed- Verlagsgesellschaft, Landsberg/Lech, 686 S.

Blume, H.-P.(1993) Böden. In: Sukopp, H., Wittig, R. (Hrsg) Stadtökologie, G. Fischer Verlag, Stuttgart, Jena, New York, S. 174-171

Blume, H.-P., Ahlsdorf, B. (1993) Prediction of pesticide behaviour in soil by means of simple field tests, Ecotoxicology and Environmental Safety 26: 313-332

Burns, R.G., Edwards, J.A. (1980) Pesticide breakdown by soil enzymes, Pesticide Sci. 11: 506-512

Cohen, S.J., Eiden, C., Lorbeer, M.N. (1986) Monitoring groundwater for pesticides, Am. Chem. Soc. Symp. Ser. 315: 170-196, Washington D.C.

Denkler, M., Brümmer, G.W. (1993) Freilanduntersuchungen zur Adsorption und Verlagerung von Herbiziden und Simulation der Wirkstoffverlagerung mit dem Modell PELMO, Mitt. Dtsch. Bodenkundl. Ges. 72: 323-326

Denneman, C.A.J., Robberse, J.G. (1993) Boden-Standards im Rahmen des Niederländischen Bodenschutzes. In: Rosenkranz, D., Einsele, G., Harreß, H.-M. (Hrsg.) Bodenschutz – Ergänzendes Handbuch der Maßnahmen und Empfehlungen für Schutz, Pflege und Sanierung von Böden, Landschaft und Grundwasser, 13 Lfg., VI/93, 1-27

Domsch, K.H. (1992) Pestizide im Boden: Mikrobieller Abbau und Nebenwirkungen auf Mikroorganismen, VCH, Weinheim, New York, Basel, Cambridge

Durner, W., Flühler, H. (1993) Modellierung des Transportes von Chemikalien in strukturierten Böden mit einem Porenbündelsystem, Mitt. Dtsch. Bodenkundl. Ges. 72: 93-94

Eikmann, T., Kloke, A. (1991) Nutzungs- und schutzgutbezogene Orientierungswerte für (Schad-)Stoffe in Böden. In: Rosenkranz, D., Einsele, G., Harreß, H.-M. (Hrsg.) Bodenschutz – Ergänzendes Handbuch der Maßnahmen und Empfehlungen für Schutz, Pflege und Sanierung von Böden, Landschaft und Grundwasser, Kz. 8781, 1-4; Kz. 3590, 1-26

Eikmann, T., Kloke, A. (1993) Nutzungs- und schutzgutbezogene Orientierungswerte für (Schad)-Stoffe in Böden, überarbeitete und erweiterte Fassung. In: Rosenkranz, D., Einsele, G., Harreß, H.-M. (Hrsg.) Bodenschutz – Ergänzendes Handbuch der Maßnahmen und Empfehlungen für Schutz, Pflege und Sanierung von Böden, Landschaft und Grundwasser, 2. Aufl, Kz. 878 1, 1-4; Kz. 3590, 1-26

Felsot, A.S., Shelton, D.R. (1993) Enhanced biodegradation of soil pesticides: interactions between physicochemical processes and microbial ecology. In: Linn, D. (ed.) Sorption and degradation of pesticides and organic chemicals in soil, SSSA special publication 32, pp. 227-251

Fleischmann, S., Wilke, B.-M. (1991) PAKs in Straßenrandböden, Mitt. Dtsch. Bodenkundl. Ges. 63: 99-102

Fränzle, O. (1993) Contaminants in terrestrial environments, Springer-Verlag, Berlin, Heidelberg, NewYork, 439 pp.

Fränzle, O., Jensen-Huß, K., Daschkeit, A., Hertling, T.H., Lüschow, R., Schröder, W. (1992) Grundlagen zur Bewertung der Belastung und Belastbarkeit von Böden als Teilen von Ökosystemen, Umweltforschungsplan des Bundesministers für Umwelt, Naturschutz und Reaktorsicherheit, Forschungsbericht 107 07 001/01, Abschlußbericht, Kiel

Fränzle, O., Bruhm, I., Grünberg, K.-U., Jensen-Huß, K., Kuhnt, D.,. Kuhnt, G, Mich, N., Müller, F., Reiche, E.-W. (1987) Darstellung der Vorhersagemöglichkeiten der Bodenbelastung durch Umweltchemikalien, Forschungsbericht Nr. 106 05 026 im Umweltforschungsplan des Bundesministers für Umwelt, Naturschutz und Reaktorsicherheit, Kiel

Grathwohl, P, Einsele, G. (1991) Verhalten verschiedener leichtflüchtiger chlorierter Kohlenwasserstoffe (LCKW) im Untergrund. In: Rosenkranz, D., Einsele, G., Harreß, H.-M. (Hrsg.) Bodenschutz – Ergänzendes Handbuch der Maßnahmen und Empfehlungen für Schutz, Pfelege und Sanierung von Böden, Landschaft und Grundwasser, Kz. 1650, 1-27

Greaves, M.P., Malkomes, H.P. (1980) Effects on soil microflora. In: Hance, R.J. (ed) Interactions between herbicides and the soil, Academic Press, London, New York

Hagendorf, U. (1986) Erkenntnisse über eine Grundwasserkontamination durch leichtflüchtige Chlorkohlenwasserstoffe in pleistozänen Sedimenten und Ansätze für Abwehr und Sanierungsmaßnahmen, SchR Ver Wasser- Boden- Lufthygiene, 64, G-Fischer-Verlag, Stuttgart

Hance, R.J. (1974) Soil organic matter and the adsorption and decomposition of the herbicides atrazine and linuron, Soil Biol. Biochem. 6: 39-42

Haque, R., Freed, V.H. (1974) Behaviour of pesticides in the environment: Environmental chemodynamics, Residue Rev. 52: 89-111

Hamaker, J.W., Thompson, J.M. (1972) Adsorption. In: Goring, C.A.I., Hamaker, J.H. (eds.) Organic chemicals in the soil environment, Marcel Dekker, New York, pp. 49-143

Heinonen-Tanski, H., Rosenberg, C., Siltanen, H., Kilpi, S., Simojoki, S. (1985) The effect of the annual use of pesticides on soil microorganisms, Pest. Sci. 16: 341-348

Helling, C.H., Kearney, P., Alexander, M. (1971) Behaviour of pesticides in soils, Adv. Agronomy 23: 147-240

Karnickhoff, S.W., Brown, D.S., Scott, T.A. (1979) Sorption of hydrophobic pollutants on natural sediments, Water Res. 13: 241-248

Kaufmann, D.D., Kearney, P.C. (1976) Microbial transformations in the soil. In: Audus, L.J. (ed.) Herbicides – physiology, biochemistry, ecology, Vol. 2, Academic Press, London, 2nd edn., pp. 29-64

Kenanga, E.E. (1980) Predicted bioconcentration factors and soil sorption coefficients of pesticides and other chemicals, Ecotoxicol. Environm. Safety 4: 26-38, New York

Khan, S.U. (1972) Adsorption of pesticide by humic substances – a review, Environmental Lett. 3: 1-12

König W., Delschen, T., Hannen, M. (1993) Bodenschutz und schädliche Stoffeinträge, Wasser und Boden 9: 681-686

Kukowski, H., Brümmer, G. (1987) Untersuchungen zur Ad- und Desorption ausgewählter Chemikalien in Böden, Umweltforschungsplan des Bundesministers für Umwelt, Naturschutz und Reaktorsicherheit, Forschungsbericht 10602045/ II, Kiel.

Lal R., Saxena, D.M. (1982) Accumulation, metabolism and effect of organochlorine insecticides on microorganisms, Microbiol. Rev. 46: 95-127

Litz, N. (1992) Organische Verbindungen. In: Blume, H.-P. (Hrsg.) Handbuch des Bodenschutzes, 2. Aufl., ecomed-Verlagsgesellschaft, Landsberg, S. 353-400

Litz, N., Blume, H.-P. (1989) Verhalten organischer Chemikalien in Böden und dessen Abschätzung nach einer Kontamination, Z. Kulturtechnik Landentw. 30: 355-364

Maier-Bode, H., Härtel, K. (1981) Linuron und Monolinuron, Residue Rev. 77: 156-159

Mattheß, G., Ubell, K. (1993) Allgemeine Hydrogeologie – Grundwasserhaushalt, Gebrüder Borntraeger Verlag, Berlin

Munnecke, D.M., Johnon, L.M., Talbot, H.W., Barik, S. (1982) Microbial metabolism and enzymology of selected pesticides. In: Charanarty, AM (ed.) Biodegradation and detoxification of environmental pollutants, CRC Press, Boca Ratton, 1-30.

Ottow, JCG (1982) Pestizide – Belastbarkeit, Selbstreinigungsvermögen und Fruchtbarkeit von Böden, Landwirtsch. Forsch. 35: 238-256

Parris, G.E. (1980) Environmental and metabolic transformations of primary aromatic amines and related compounds, Residue Rev. 76: 1-30

Reinirkens, P. (1993) Landesweite Erhebung von PAK-Gehalten in Böden Nordrhein-Westfalens, Mitt. Dtsch. Bodenkundl. Ges. 72: 1033-1036

Schleuß, U., Delschen, T., Kördel, W., Krinitz, J., Müller, J., Schmotz, W. (1993) Untersuchungen zur aktuellen Belastung mit anorganischen und organischen Schadstoffen unterschiedlich genutzter Oberböden in ausgewählten Regionen der Russischen Föderation und Deutschlands, Mitt. Dtsch. Bodenkundl. Ges. 72: 1395-1398

Senesi, N., Testini, C. (1980) Adsorption of some nitrogenated herbicides by soil humic acid, Soil Sci. 130: 314-320

Smettan, U., Ehrig, C., Gerstenberg, J. (1993) Belastungen von Böden mit As, Pb und PAK in zwei Berliner Bezirken, Mitt. Dtsch. Bodenkundl. Ges. 72: 1259-1262

Tebaay R.H. (1994) Untersuchungen zu Gehalten, zur mikrobiellen Toxizität und zur Adsorption und Löslichkeit von PAKs und PCBs in verschiedenen Böden Nordrhein-Westfalens, Bonner Bodenkundl. Abh. 14: 262 S.

Terce, M., Calvet R.(1978) Adsorption of several herbicides by montmorillonite, caolinite and illite clays, Chemosphere 4: 365-370

Vegter, J. (1993) Niederländische Liste, Stand 1993: Ziel-Werte (Target values, A- oder Referenzwerte) und jüngste Vorschläge für Interventionswerte (C-Werte) – Entwurf. In: Rosenkranz, D., Einsele, G., Harreß, H.-M. (Hrsg.) Bodenschutz – Ergänzendes Handbuch der Maßnahmen und Empfehlungen für Schutz, Pflege und Sanierung von Böden, Landschaft und Grundwasser, Kz. 8936, 1-3

Walker, A., Smith, A.E. (1979) Persistence of 2,4,5-T in a heavy clay soil, Pesticide Sci. 10: 151-157

Webster, G.R.B., Muldrew, D.H., Graham, J.J., Sarna, L.P., Muir, D.C.C. (1986) Dissolved organic matter mediated aquatic transport of chlorinated dioxins, Chemosphere 15: 1379-1386

Weed, S.B., Weber, J.B. (1974) Pesticide-organic matter interactions. In: Guenzi W.D. (ed.) Pesticides in soil and water, Soil Sci. Soc. Am. Inc., Madison, 39-67

Welp, G. (1987) Einfluß des Stoffbestandes von Böden auf die mikrobielle Toxizität von Umweltchemikalien, Diss., Institut für Pflanzenernährung und Bodenkunde, CAU Kiel

Welp, G., Brümmer, G. (1985) Der Fe(III)-Reduktionstest, ein einfaches Verfahren zur Abschätzung der Wirkung von Umweltchemikalien auf die mikrobielle Aktivität von Böden, Z. Pflanzenernähr. Bodenk. 148: 10-23

Welp, G., Brümmer, GW. (1993) Kennzeichnung der Reaktionsmuster von Mikroorganismenpopulationen bei chemischem Streß anhand von Dosis-Wirkungs-Beziehungen, Mitt. Dtsch. Bodenkundl. Ges. 72: 653-656

Wrainwright, M. (1978) A review of the effects of pesticides on microbial activity in soils, J. Soil Sci. 29: 287-298

Bewertungsverfahren und Umgang mit Stadtböden bei Kleingartennutzung

Erich Pluquet

1 Einleitung

Kleingärtnerisch genutzte Gebiete besitzen einen hohen Freizeit- und Erholungswert. Gleichzeitig werden sie auch zur Ergänzung des Bedarfs an Obst und Gemüse genutzt. Häufig sind solche Gebiete zu gemeinschaftlichen Einrichtungen in Kleingartenanlagen zusammengefaßt. Etwa 500 000 im Bundesverband Deutscher Gartenfreunde (BDG) organisierte Kleingärtner bewirtschaften in ca. 4700 Kleingartenanlagen insgesamt etwa 17 400 ha. Kleingartenanlagen wurden in der Vergangenheit häufig in den ehemaligen Stadtrandbereichen angelegt. Diese Areale sind heute vielfältigen Belastungen ausgesetzt. Durch Verkehr, Industrie und Gewerbe sind die Böden der Kleingartenanlagen durch anorganische und organische Schadstoffe belastet worden. Aber auch durch Düngung, Einsatz von Pflanzenbehandlungsmitteln und Eintrag von Fremdstoffen (Bodenauftrag, Aschen, Klärschlamm, Komposte) ist es zu Schadstoffanreicherungen der Böden gekommen.

2 Schwermetalle in Gartenböden

Eine Schwermetallanreicherung in Gartenböden kann auf verschiedenen Wegen erfolgen und regional sehr unterschiedlich sein. Neben erhöhter atmosphärischer Belastung in Form von Aerosolen durch Hausbrand, Industrie und Verkehr sind derartige Anreicherungen zumeist die Folge der Bewirtschaftungsweise des einzelnen Kleingärtners (Tabelle 1) durch Ein- oder Aufbringen belasteter Bodenverbesserungsmittel wie z.B. Klärschlämme, Komposte, Fluß- oder Hafenschlämme oder schwermetallhaltige Düngemittel (Crößmann 1981, Brüne et al. 1982). Eine Anreicherung mit Cd, Mn und Pb erfolgte häufig über die vielerorts praktizierte Düngung mit Holz- und Braunkohleasche (Schmid 1986). Durch Anwendung von schwermetallhaltigen Pflanzenschutzmitteln sind in der Vergangenheit viele Kleingartenböden speziell mit Cd, Cu, Zn, Hg und As angereichert worden.

Tabelle 1. Eintragswege für Schwermetalle in Gartenböden (nach Schmid 1986)

	Immission	Düngemittel	Pflanzenschutz	Komposte	Abfallstoffe
Cd	X	X			X
Cr		XX			X
Cu			XX	X	X
Ni				X	X
Pb	XX			XX	XX
Zn	X	X	X	X	XXX
Hg	X	X	X	X	X

In einer Untersuchung verschieden alter Kleingartenanlagen im Lande Bremen hat Eberlein (1994) durchschnittliche Anreicherungen mit Schwermetallen in Abhängigkeit von der Nutzungsdauer errechnet (Tabelle 2).

Tabelle 2. Durchschnittlicher 10jähriger Eintrag von Schwermetallen und Arsen (in mg/kg) in die Krume Bremer Kleingartenböden bei gärtnerischer Nutzung

	As	Pb	Zn	Cd	Cu	Cr	Ni	Hg
Ø Eintrag pro Jahr	0,25	3	14	0,03	< 0,05	3,6	< 0,4	0,01

Teilweise sind Kleingartenanlagen sogar auf alten Deponien oder Spülflächen angelegt worden. Gartenböden sind durch Zufuhr organischer Substanz im Oberboden stark mit Humus angereichert, und häufig sind sie durch Auftrag und Einmischung von allochtonem Bodenmaterial bzw. technogenen Substraten in ihrem natürlichen Profilaufbau gestört und über die Fremdmaterialien zusätzlich mit Schadstoffen angereichert worden. Tabelle 3 gibt einen Überblick zu mittleren Schwermetallgehalten in Gartenböden verschiedener Regionen Deutschlands.

Deutlich ist eine Abhängigkcit der Schwermetallgehalte von der Dichte der Besiedlung und dem Grad der Industrialisierung in den entsprechenden Regionen zu erkennen. Dabei ist zu berücksichtigen, daß das Belastungsspektrum der Böden in Abhängigkeit von den Emittenten weit gefächert ist.

3 Mobilität und Pflanzenverfügbarkeit von Schwermetallen

Die Mobilität und damit auch die Pflanzenverfügbarkeit von Schwermetallen im Boden wird wesentlich durch die Bodeneigenschaften pH-Wert, Anteil und Art der organischen Substanz, Tongehalt und Bindungsform der Schwermetalle im Boden bestimmt (Herms und Brümmer 1980, Pluquet 1983, Kuntze et al. 1991).

Tabelle 3. Mittlere Schwermetallgehalte in Gartenböden verschiedener Regionen (erweitert nach Crößmann 1993)

Stadt/Region	Anzahl der Gärten	Blei	Cadmium	Zink	Kupfer
		mg/kg Boden			
Hamburg	214	194	1,8	279	156
Essen	470	164	1,9	476	--
Dortmund	431	135	1,2	337	39
Köln	1332	117	0,6	243	--
Berlin	2000	107	0,6	202	44
München	274	88	0,9	220	--
Darmstadt	642	82	0,6	126	24
Bremen (Land)	930	81	0,41	167	28
Heidelberg	68	63	0,3	140	25
Kreis Unna	338	60	0,8	143	36
Bayern	190	77	0,45	179	37

Mit Abnahme des pH-Werts steigt die Löslichkeit der Schwermetalle in der Regel an. Von den in den Boden gelangenden Schwermetallen weisen vor allem Cd, Zn und Ni bei pH-Werten zwischen 7 und 8 eine geringe Löslichkeit auf, die bei abnehmendem (saurem) pH-Wert deutlich zunimmt. Die Schwermetalle selbst reagieren auf zunehmende Versauerung unterschiedlich empfindlich. Der Einfluß des pH-Werts auf die Löslichkeit nimmt in folgender Reihenfolge ab: Cd>Zn>Ni>Cu>Pb.

Ob die organische Substanz schwermetallmobilisierend oder -immobilisierend wirkt, hängt einerseits von den anderen Bodeneigenschaften und andererseits von der Qualität des organischen Materials ab. Am intensivsten werden die Schwermetalle Cd, Cu und Pb durch hochmolekulare organische Substanz im Boden gebunden, wohingegen eine Festlegung von Zn nur in geringem Maß stattfindet. Niedermolekulare Substanzen, meist aus frischer organischer Substanz bei pH-Werten im neutralen bis schwach alkalischen Bereich gebildet, sind in der Lage, mit Schwermetallen metallorganische Komplexe zu bilden und dadurch teilweise festgelegte Schwermetalle in der Rangfolge Cu>Cd>Zn>Pb zu mobilisieren.

Die weiteren Bodenparameter wie Tongehalt, Gehalt an pedogenen Oxiden und Redoxpotential wirken sich partiell geringfügig auf die Mobilität von Schwermetallen in Böden aus und fallen quantitativ deshalb nicht so sehr ins Gewicht.

Auf der anderen Seite verfügen die Pflanzen über ein artspezifisches Aneignungsvermögen für Schwermetalle (Tabelle 4). Damit nehmen sowohl die Bodeneigenschaften als auch die angebaute Pflanzenart letztlich Einfluß auf den Gehalt in der Pflanze und deren verzehrbaren Teile.

Tabelle 4. Relative Akkumulation von Schwermetallen in eßbaren Pflanzenorganen durch verschiedene Obst- und Gemüsearten (nach Kloke et al. 1984)

Hoch	Mittel	Niedrig	Sehr niedrig
Salat	Grünkohl	Kopfkohl	Bohnen
Spinat	Kohl	Zuckermais	Erbsen
Mangold	Rüben	Broccoli	Melonen
Endivie	Rettich	Blumenkohl	Tomaten
Kresse		Rosenkohl	Pfefferfrüchte
Möhren		Sellerie	Eierfrüchte
		Beerenfrüchte	Kernobst
			Steinobst

4 Beurteilung von Schwermetallen in Gartenböden

Zur Bewertung von Schwermetallgehalten in Gartenböden werden z.Z. verschiedene Bewertungsmaßstäbe herangezogen (Tabelle 5). Diese Werte beziehen sich i.d.R. auf die königswasserlösbaren Anteile im Boden. Diese sind annähernd den Gesamtgehalten im Boden gleichzusetzen.

Tabelle 5. Gegenüberstellung von Schwermetallbewertungsmaßstäben für Böden gärtnerischer Nutzung (Werte in mg/kg)

	Pb	Cd	Cr	Cu	Ni	Hg	Zn
LÖLF NRW	300	1,0/2,0	100	100	100	2	500
Eikmann und Kloke	300	2,0	100	50	80	2	300
SfUS Bremen	100	2,0*	100	100	100	2	500
Prüfwerte Hamburg	300	1,0/2,0	100	100	100	2	500
AbfKlärVO	100	1,5*	100	60	50	1	200

* pH < 6,5 und/oder sandiger Boden: 1 mg/kg.

Zum Vergleich sind in der Tabelle 5 die Grenzwerte für Böden der AbfKlärVO aufgeführt, da sie oftmals zur Beurteilung der Schwermetallgesamtgehalte in Gartenböden herangezogen werden. Über die Einschätzung der Gefährdung des Menschen über den Nahrungspfad durch die Elemente Blei, Kupfer, Nickel und Zink bestehen unterschiedliche Auffassungen. So liegen die Werte für Blei zwischen 100 und 300 mg/kg, für Kupfer und Nickel zwischen 50 und 100 mg/kg und für Zink zwischen 200 und 500 mg/kg. Außerdem werden die Werte unabhängig von den mobilitätsbestimmenden Bodenparametern Bodenart und pH-Wert gesehen. Lediglich die Werte für Cadmium werden differenziert.

Ein allgemein anwendbares Verfahren zur Bestimmung des aktuell pflanzenverfügbaren Anteils an Schwermetallen im Boden kann z.Z. noch nicht empfohlen werden. Deshalb ist bei der Anwendung dieser Bewertungsmaßstäbe von einer potentiellen Gefährdung durch Schwermetalle bei gärnerischer Nutzung auszugehen.

Bei Überschreitung der Werte wird empfohlen, nähere Untersuchungen unter Einbeziehung von Pflanzenanalysen einzuleiten und nach Bestätigung der Gehalte bzw. eines aktuten Gefährdungsrisikos ggf. Anbau- und Nutzungseinschränkungen auszusprechen.

Neben solchen Beschränkungen hat jedoch auch der Kleingärtner selbst eine Reihe von Möglichkeiten, die Einträge von Schadstoffen in die Nahrungskette zu verringern. Dabei stehen Maßnahmen zur Mobilitätsverminderung der Schadstoffe im Boden im Vordergrund (Optimierung des pH-Werts, Erhöhung der Sorptionskapazität). Weiterhin sollte die Verwendung belasteter Fremdmaterialien vermieden werden und vom Einsatz schadstoffhaltiger Düngemittel und Pestizide abgesehen werden.

4.1 Nährstoffgehalte in Gartenböden

Häufig führt auch eine überhöhte Stickstoff- und Phosphatdüngung in den Kleingärten zu sehr hohen Nährstoffakkumulationen. Besonders das verhältnismäßig immobile Phosphat ist typischerweise in den Gartenböden extrem stark angereichert. Die in Tabelle 6 angeführten Nährstoffgehalte sollten speziell beim Phosphat aus Gründen des Gewässerschutzes nicht überschritten werden.

Tabelle 6. Optimale Nährstoffgehalte und pH-Werte von Gartenböden (Poletschny 1993) (Werte in mg/100g Boden – außer pH-Wert)

Nährstoff	**Sand**	**Lehm**
Phosphor (P)	9-13	9-13
Kalium (K)	8-16	12-21
Magnesium (Mg)	2-4	4-7
pH-Wert	5-6	6-7

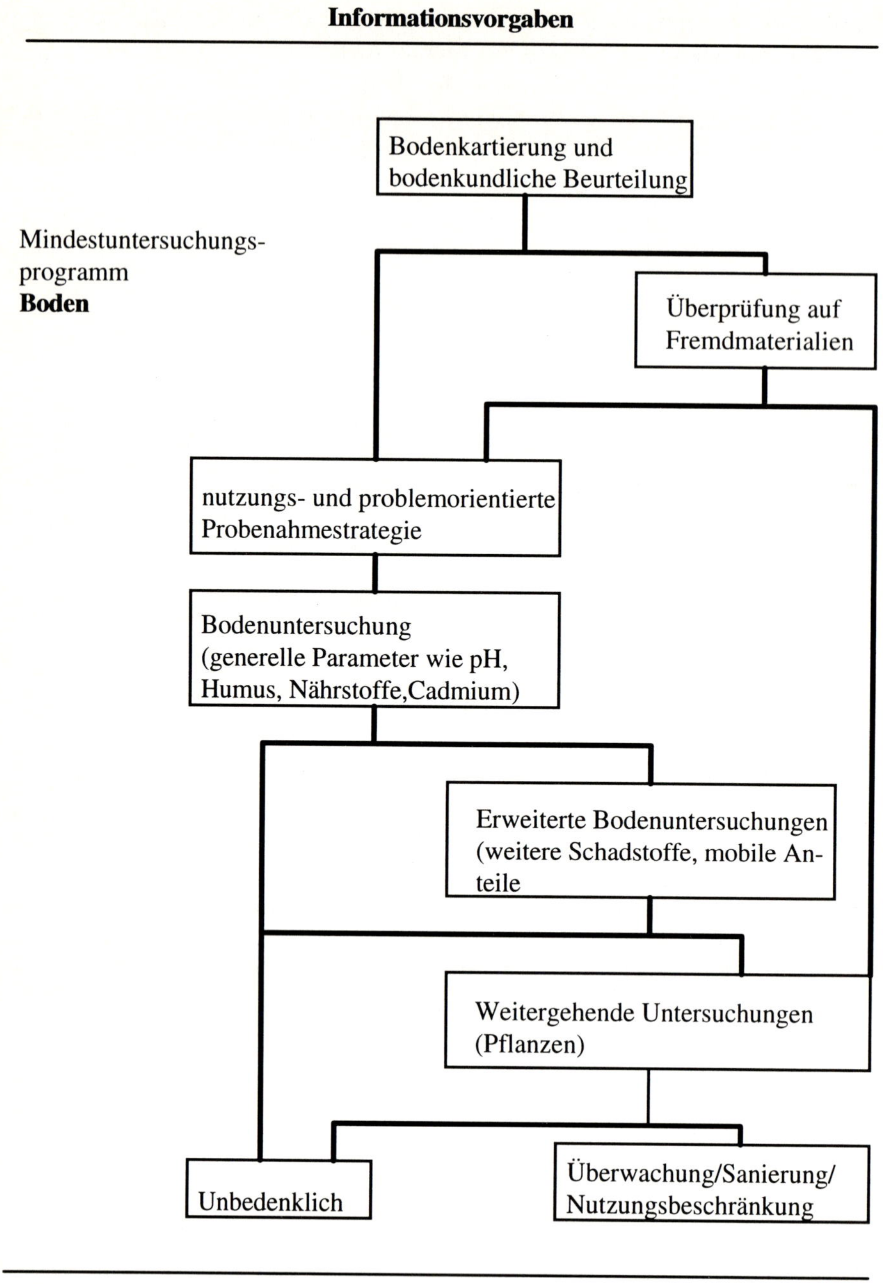

Abb. 1. Vereinfachtes Ablaufschema eines zweckmäßigen Untersuchungsprogramms für den Pfad Boden–Nahrungspflanze in Gärten (LAGA 1991)

Daß auch der verlagerungsgefährdete Stickstoff in Kleingartenböden stark angereichert werden kann, ist aus Tabelle 7 ersichtlich.

Tabelle 7. Durchschnittliche Humusgehalte und Stickstoffvorräte in Gartenböden Bayerns (Bayerisches Staatsministerium für Landesentwicklung und Umweltfragen 1991)

	Rohdichte trocken (t/m^3)	Humus (%)	C/N-Verhältnis	Stickstoff gesamt (%)	Stickstoff (g/m^2)
Oberboden	1.154	6,33	14,1	0,261	834
Unterboden	1.389	3,34	13,8	0,136	538

Diese genannten Stickstoffmengen können bei entsprechendem Mineralisierungsverlauf in dem auf diesen Flächen angebauten Gemüse zu Nitratanreicherungen führen. Da außerdem der mineralisierte Stickstoff nicht vollständig von den Gemüsepflanzen aufgenommem wird, kann auf solchen Standorten während der vegetationsarmen Zeit mit einer starken Nitratauswaschung in das Grundwasser gerechnet werden.

5 Zusammenfassung und Schlußfolgerungen

Grundlage für eine qualifizierte Bewertung der Schwermetallproblematik in Gartenböden sollte eine umfassende Bodenaufnahme (Kartierung) sein. Gartenböden zeichnen sich durch eine sehr große Heterogenität im Bodenaufbau und in der Schadstoffverteilung aus. Dies hat zur Folge, daß nur über eine den Verhältnissen angepaßte Probenahme zuverlässige Daten erarbeitet werden können.

Eine differenzierte Bewertung des Gefährdungspotentials von Schwermetallen in Gartenböden sollte nur unter Einbeziehung möglichst vieler Bodenparameter vorgenommen werden, da über Gesamtgehalte im Boden nicht ausreichende Informationen für ein weiteres Vorgehen abgeleitet werden können.

Alle Möglichkeiten zur Veringerung und Kontrolle von Schad- und Nährstoffen in Böden unter Kleingartennutzung können nur greifen, wenn den mit Bodenschutzaufgaben betrauten Institutionen ausreichende Informationen über die Bodenverhältnisse vorliegen. Mit Hilfe fachgerecht erstellter Bodenkarten und systematisch gewonnener Analysedaten sowohl der Bodenparameter als auch der Nähr- und Schadstoffgehalte, kann in urbanen Räumen hinsichtlich Kleingartennutzung geplant, neue Kleingartenanlagen ausgewiesen und der praktizierende Kleingärtner optimal beraten werden.

Literatur

Brüne, H. et al. (1982) Schwermetalle in landwirtschaftlich genutzten Böden Hessens. Landwirtsch. Forsch. SH 38, Kongreßband, S. 338 - 349

Crößmann, G. (1981) Kontamination pflanzlicher Lebensmittel, insbesondere mit Schwermetallen. Landwirtsch. Forsch. SH 38, Kongreßband, S. 608-615

Crößmann, G. (1993) Umgang mit belasteten Gartenböden – Untersuchungen und Maßnahmen. Schriftenreihe des Bundesverbandes Deutscher Gartenfreunde e.V., Heft 88, Bonn

Eberlein, K. (1994) Schwermetallgehalte kleingärtnerisch genutzter Standorte in Abhängigkeit von der Nutzungsdauer – Untersuchungen an ausgewählten Kleingartenanlagen Bremens. Dissertation, Universität Erlangen

Eikmann, Z., Kloke, A. (1991) Nutzungs- und schutzgutbezogene Orientierungswerte für (Schad-)Stoffe in Böden. VDLUFA-Mitt. 1: 19-25

Freie Hansestadt Bremen (1993) Prüfwertliste der Stadtgemeinde Bremen für Schadstoffgehalte im Boden. Teil 1: Schwermetalle und Arsen. Senator für Umweltschutz und Stadtentwicklung (Hrsg.), Bremen

Herms, U., Brümmer, G. (1980) Einfluß der Bodenreaktion auf Löslichkeit und tolerierbare Gesamtgehalte an Nickel, Kupfer, Zink, Cadmium und Blei in Böden und kompostierbaren Siedlungsabfällen. Landwirtsch. Forsch. SH 33, S. 404-423

Kloke, A., Sauerbeck, D., Vetter, H. (1984) The contamination of plants and soils with heavy metals and the transport of metals in terrestrial food chains. In: Changing metalcycles and human health. Springer-Verlag, Berlin, Heidelberg, New York, Tokyo, S. 113-141

Kuntze, H., Fleige, H., Hindel, R., Wippermann, T., Filipinski, M., Grupe, M., Pluquet, E. (1991) Empfindlichkeit der Böden gegenüber geogenen und anthropogenen Gehalten an Schwermetallen – Empfehlungen für die Praxis.Iin: Rosenkranz, D. (Hrsg.) Bodenschutz: Ergänzbares Handbuch der Maßnahmen und Empfehlungen für den Schutz, Pflege und Sanierung von Böden, Landschaft und Gewässer, 86 S., Berlin

LAGA (Länderarbeitsgemeinschaft Abfall) (Hrsg.) (1991) Informationsschrift Altablagerungen und Altlasten, Abfallwirtschaft in Forschung und Praxis. Bd. 37, E. Schmidt-Verlag, Berlin

Landesanstalt für Ökologie, Landesentwicklung und Forstplanung Nordrhein-Westfalen (Hrsg.) (1988) Mindestuntersuchungsprogramm zur Abschätzung von Altablagerungen und Altstandorten im Hinblick auf eine landwirtschaftliche und gärtnerische Nutzung. Recklinghausen

Pluquet, E. (1984) Die Bedeutung des Tongehaltes und des pH-Wertes für die Schwermetallaufnahme einiger Kulturpflanzen aus kontaminierten Böden. Texte 40/83, UBA (Hrsg.), Berlin

Poletschny, H. (1993) Was müssen wir zur Verbesserung unseres Kulturbodens tun? Bundesverband Deutscher Gartenfreunde e. V., Heft 87, Bonn

Schmid, R. (1986) Bodenbelastung in Kleingärten – mögliche Ursachen und Gefahren. Hohenheimer Arbeiten; Stuttgart-Hohenheim

Umgang mit Stadtbäumen

Harry Meyer-Steinbrenner

Zusammenfassung

Stadtbäume sind einer Vielzahl von negativen Umwelteinflüssen ausgesetzt. Zunehmende Umweltverschlechterung, insbesondere durch Verkehrsemissionen hervorgerufen, führte in den letzten Jahrzehnten zu einem dramatischen Ansteigen der Baumschäden in den Städten. Neben den als "Neuartige Waldschäden" bekannten, durch Luftschadstoffe verursachten Immissionsschäden treten stadtspezifische, durch bauliche Maßnahmen, intensive Nutzung, mangelnde Pflege oder ungeeignete Standorte hervorgerufene Schadeinflüsse auf.

Im Auftrag von Umweltbehörde Hamburg und Umweltbundesamt wurden Sanierungskonzepte für die Bäume des Straßenrandes und der Parks erarbeitet. Zielsetzung war die Entwicklung von für den Vollzug leicht umsetzbaren und möglichst wenig kostenintensiven Handlungskonzepten, die bundesweit angewendet werden können.

Beide Sanierungskonzepte zielen schwerpunktmäßig auf die Verbesserung der Bodeneigenschaften hin. Im Straßenrandbereich werden in erster Linie die physikalischen Eigenschaften (Wasserkapazität, Bodenbelüftung) und die Nährstoffsituation (Stickstoff, Kalium, Magnesium, Phosphor, Spurennährstoffe) verbessert. In den Parks werden durch Kalkungsmaßnahmen im Verein mit Düngergaben die Boden-pH-Werte angehoben und Mangelsituationen bei der Baumernährung (Phosphor, Kalium, Calcium, Magnesium) ausgeglichen. Zusätzlich werden im Einzelfall Pflegemaßnahmen am Baumkörper (Schnittmaßnahmen, Wundbehandlung etc.) und im Bestand (Auslichten, Nachpflanzen etc.) durchgeführt. Die Sanierungsmaßnahmen werden durch bodenkundliche, bodenzoologische und baumbiologische Vor-, Begleit- und Kontrolluntersuchungen vorbereitet und abgesichert.

1 Einleitung

Stadtbäume tragen einerseits wesentlich zur Lebensqualität in den Städten bei, andererseits sind sie zahlreichen negativen Einflußfaktoren ausgesetzt, die sich gegenseitig überlagern und deshalb die Ermittlung kausaler Zusammenhänge erschweren.

Pflegemaßnahmen müssen daher in der Regel eine Vielzahl von negativen Standorteinflüssen berücksichtigen, die es entweder auszuschalten oder zumindest abzumindern gilt.

Hierbei sind gleichermaßen Einflüsse von Stoffeinträgen durch Verkehrsemissionen, hierzu zählen auch Auftausalze, die im Winterdienst Anwendung finden, wie auch solche von Industrie- und Verbrennungsprozessen aller Art aus örtlichen Quellen oder Ferntransport, zu berücksichtigen.

Im nichtstofflichen Bereich können z.B. Eingriffe in den Bodenwasserhaushalt, Bodenversiegelung und -verdichtung sowie Eingriffe in den Boden bei Tiefbaumaßnahmen zu erheblichen Schäden bei städtischen Baumbeständen führen.

Wegen der dramatisch zunehmenden Schäden bei den städtischen Baumbeständen und andererseits geringen Kenntnissen über Schadensursachen und Behandlung derselben wurde in der Hansestadt Hamburg ab 1979 mit der Entwicklung von Handlungskonzepten zur Revitalisierung und Pflege von Bäumen im Straßenraum (Meyer-Spasche 1979) und ab 1982 von Bäumen der Parks begonnen (Meyer-Steinbrenner 1983).

Die Arbeiten wurden im Rahmen von gemeinsam durch die Freie und Hansestadt Hamburg und das Umweltbundesamt geförderten F+E-Vorhaben vom Institut für Bodenkunde der Universität Hamburg durchgeführt und in einem Abschlußbericht mit diversen Beiträgen dokumentiert (Umweltbehörde 1991).

Zielsetzung war die Entwicklung von Handlungskonzepten, die vom Vollzug leicht umsetzbar und möglichst wenig kostenintensiv sind. Es wurde eine bundesweite Anwendbarkeit angestrebt.

Ein hierauf aufbauendes und weiterentwickeltes Standortbewertungsverfahren wird von Däumling und Wiechmann in diesem Buch vorgestellt.

Im folgenden sollen Maßnahmen zur Bodensanierung vorgestellt werden. Für Pflegemaßnahmen am Baumkörper, Schnittechniken etc. sei auf den oben erwähnten Abschlußbericht hingewiesen.

2 Straßenbäume

2.1 Schadensursachen

Die negativen Einflüsse auf die Vitalität von Stadtstraßenbäumen sind außerordentlich komplex, wobei die einzelnen Streßfaktoren je nach Konstellation der Standortbedingungen in unterschiedlicher Intensität zur Wirkung kommen. Untersuchungen an Hamburger Straßenbaumstandorten zeigten folgende Hauptschadensursachen (Dües et al. 1991, Habermann 1989, Leh 1989, Meyer-Spasche 1981a, b):

- Bodenverdichtung durch Befahren, Tritt und Erschütterung,
- Versiegelung der Baumscheiben durch wasserundurchlässige Bodenabdeckungen,
- Sauerstoffarmut (Anreicherung von Kohlendioxid),
- Wassermangel,
- Nährstoffmangel bzw. Nährstoffungleichgewichte (hauptsächlich an Kalium, Magnesium, Stickstoff und Phosphat)
- Schadstoffbelastungen des Bodens durch Auftausalze sowie durch Schwermetalle, die jedoch bei den in der Regel für Straßenrandböden typischen höheren pH-Werten immobil sind.

Zusätzlich wirken folgende Streßfaktoren (Brod und Hartge 1989):

- gas- und staubförmige Immissionen,
- mechanische Zweig-, Stamm- und Wurzelverletzungen,
- Befall durch Schadorganismen.

Als sicherlich häufigste Schadensursache bei Straßenbäumen ist das Streusalz zu nennen. Anders als in der Vergangenheit angenommen (Ruge, in Meyer 1982), wird Streusalz nicht durch Niederschläge ausgewaschen, sondern im Wurzelraum angereichert, als Natrium- und Chloridion von den Wurzeln über die Jahre aufgenommen und im Baumkörper akkumuliert.

Dies führt zu einem verminderten Wachstum, Randnekrosen der Blätter, Absterben von Teilen der Krone und schließlich des gesamten Baumes (Petersen und Eckstein 1988). Linde, Roßkastanie und Ahorn haben sich als besonders empfindlich gegenüber Streusalz erwiesen (Petersen 1986).

2.2 Sanierungskonzept

Sanierungsmaßnahmen müssen Negativeinflüsse beseitigen oder vermindern. Im Vordergrund steht hierbei die Wiederherstellung der für die Erhaltung der Baumvitalität notwendigen Bodeneigenschaften.

Hierzu wurde ein abgestuftes Sanierungskonzept für die Bäume des Straßenraums entwickelt (s. Ablaufschema in Abb. 1). Der erste Schritt ist die bodenkundliche Voruntersuchung, bei der die zur Diagnose des Bodenzustandes notwendigen physikalischen und chemischen Parameter ermittelt werden. Für die Bodenprobennahme, Probenaufbereitung, Bodenanalytik sowie die Beurteilung der Meßergebnisse und die Berechnung des Nährstoffbedarfs wird auf Meyer-Spasche und Pfeiffer (1985) und Dües (1988) verwiesen.

Aus den Ergebnissen der bodenkundlichen Voruntersuchung können bedarfsgerechte und standortangepaßte Sanierungsmaßnahmen abgeleitet werden. Der empfohlene Sanierungszeitraum umfaßt März bis Mitte April (Doobe und Tiedemann 1991).

Wichtige Einzelmaßnahmen sind je nach Bedarf (vgl. Doobe und Tiedemann 1991):

- Vergrößerung der Baumscheibe (Entsiegelung),
- Bodenlockerung und Kompostzufuhr (Beseitigung von Bodenverdichtungen),
- Düngung mit Kalimagnesia und Superphosphat (Beseitigung akuten Nährstoffmangels),
- Düngung mit Ammoniumsulfat (Beseitigung akuten Stickstoffmangels, Absenkung überhöhter pH-Werte),
- Kalkung von versauerten Standorten,
- organische Dünger, z.B. grobe Hornspäne, als langsam fließende Quelle zur Sicherstellung einer nachhaltigen Stickstoffversorgung,
- Aufbringung von grobem Rindenmulch (Minimierung der Oberflächenverdunstung, Speicherung von Niederschlagswasser). Unter der Mulchdecke erhöht eine Laubkompostschicht zusätzlich die Wasserspeicherfähigkeit.

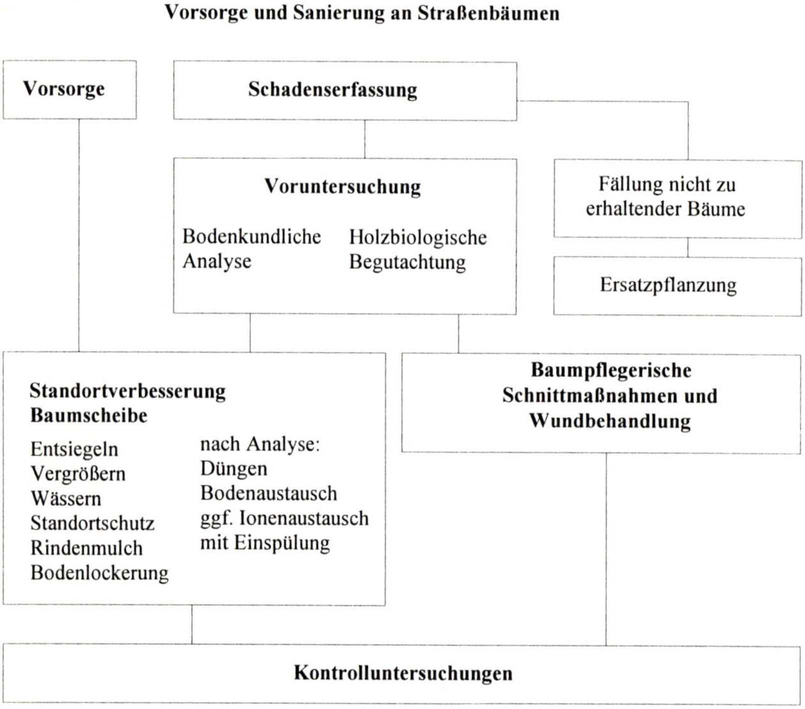

Abb. 1. Ablaufschema: Vorsorge und Sanierung an Straßenbäumen. (aus Doobe und Tiedemann 1991)

2.3 Kontrolluntersuchungen

Nach etwa 5 Jahren sollten an den sanierten Standorten Bodenuntersuchungen durchgeführt werden (Dües et al. 1991). Zur Absicherung des Sanierungserfolges empfehlen sich zusätzlich holzbiologische und ernährungsphysiologische Kontroll-untersuchungen an den behandelten Bäumen (Breyne und Eckstein 1991). Hamburger Kontrolluntersuchungen zeigten, daß eine einmalige Sanierung in der Regel nicht ausreicht, sondern Zweit- und Folgemaßnahmen notwendig sind.

Die ehemals sanierten Straßenbaumstandorte zeigten zwar eine deutlich verringerte Bodenverdichtung, eine bessere Versorgung mit Calcium, Magnesium, Phosphor, und auch die Chloridbelastung hatte abgenommen, dagegen wurde im Oberboden häufig wieder eine hohe Natriumbelastung festgestellt (Meyer-Spasche unveröffentlicht, Umweltbehörde Hamburg 1991).

Vergleichende Zuwachsmessungen der Jahrringbreiten an behandelten und unbehandelten Bäumen zeigten jedoch insgesamt einen positiven Effekt der Sanierungsmaßnahmen (Breyne und Eckstein 1991).

2.4 Maßnahmen zur Salzreduzierung im innerörtlichen Winterdienst

Während aus ökologischer Sicht aus den oben dargelegten Gründen ein Anwendungsverbot für Auftausalze gerechtfertigt wäre, lassen die heutigen politischen Bedingungen in den meisten Bundesländern nur eine starke Reduzierung des Salzverbrauchs zu.

Als Maßnahmen zur Salzreduzierung im innerörtlichen Bereich bieten sich folgende Möglichkeiten an (Gregor 1989):

- Rückstufung von Straßen aus hoher Dringlichkeitsstufe mit abstumpfender Bestreuung,
- grundsätzliche Beschränkung der Aufwandmenge pro Streuung auf 10 g/m^2,
- Verbot der vorbeugenden Salzanwendung,
- Verbot der Gehwegsstreuung mit Auftaumitteln,
- Nutzung alternativer Streuverfahren (Mischsalz- und Feuchsalztechnik).

3 Parkbäume

3.1 Schadensursachen

Schadensursachen und Schäden in den städtischen Parks und Grünanlagen sind umfassend dokumentiert (z.B. Meyer-Antholz 1988a, b, 1989, Meyer-Steinbrenner und Meyer-Antholz 1986, Meyer-Steinbrenner 1988, 1989, v. Buch und Meyer-Steinbrenner 1988a, b, Meyer-Steinbrenner et al. 1991, Schmitz und Eckstein 1991, Ulrich und Rastin 1985). Neben den als "Neuartige Waldschäden"

bekannten Immissionsschäden wirken zusätzlich parkspezifische Schadensursachen wie mangelnde Bestands- und Bodenpflege, fehlerhafte Bestockung, Überalterung und spezielle Belastungen durch Nutzung.
Im einzelnen treten im Parkökosystem folgende Hauptschadensursachen auf:

- Immissionen durch Luftverunreinigungen vor allem von Schwefeldioxid, Stickoxiden, Photoxidanzien, Schwermetallen,
- Bodenversauerung,
- Aluminium- und Schwermetalltoxizität durch Freisetzung von Metallionen,
- Nährstoffmangel bzw. Nährstoffungleichgewichte durch Auswaschung und Festlegung (Calcium, Kalium, Magnesium, Phosphor, Spurennährstoffe),
- Humusdisintegration,
- Schädigungen des Bodenlebens,
- Streuverwehung und Verlagerung,
- Bodenverdichtung durch Tritt, Befahren und bauliche Maßnahmen,
- Wassermangel durch Grundwasserabsenkung,
- stellenweise Eutrophierung durch Hundekot,
- überalterte, sich nicht verjüngende Bestände,
- zu dichte, sich bedrängende Bestände,
- nicht standortangepaßte Bepflanzung,
- Befall durch Schadorganismen.

Die Schadensursachen und Schäden treten, wie die Hamburger Untersuchungen zeigten, nicht mit gleicher Intensität in allen Parks auf. Besonders betroffen sind Waldparks und Parks mit alten, wenig gepflegten Baumbeständen auf stark versauerten Standorten. Neuanlagen mit jungen Beständen auf frischen Auftragsböden und gärtnerisch intensiv gepflegte Grünanlagen zeigen dagegen in der Regel einen günstigeren Zustand (Meyer-Steinbrenner 1988).

3.2 Sanierungskonzept

Im Unterschied zu Straßenrändern sind Parks Standorte mit höchst unterschiedlichen Eigenschaften. Sie sind keine natürlichen und häufig auch keine naturnahen Standorte. Andererseits sind Parks auch keine oder höchstens teilweise gärtnerisch genutzte Flächen mit speziellen Pflege- und Bewirtschaftsungsmaßnahmen. Sie können in Teilbereichen forstähnliche Standorte sein, sind aus umgewandelten Wäldern gestaltete, mit Baumbestand aufgepflanzte ehemalige landwirtschaftliche Flächen, Siedlungsflächen, oder Friedhofsanlagen.

Vor der Anlage und während des Bestehens eines Parks erfolgen oft intensive und tiefgreifende Bearbeitung, Bodenaufträge von verschiedenen Substraten, häufig mit Abfällen vermischt, und Anpflanzungen standortfremder Vegetation.

Unter Berücksichtigung der genannten unterschiedlichen Schadensursachen, Schäden, Standort- und Bestandsverhältnisse können folgende Zielvorstellungen für ein Sanierungskonzept formuliert werden (Dües et al. 1991; Meyer-Antholz et al. 1991):

- Die Bildung mächtiger Streu- und Humusauflagen, aber auch von Verhagerungen ist ungünstig.
- Ein schneller Abbau von in Humusauflagen akkumulierter organischer Substanz ist ungünstig.
- Anzustreben ist ein laufender standortabhängiger Streuumsatz.
- Dazu ist eine intakte Streuzersetzerkette notwendig.
- Ein günstiger Basenhaushalt sichert die Ca-Versorgung der Makro- und Mesofauna.
- Das Auftreten toxischer Al-Ionenkonzentrationen ist zu vermeiden.
- Schadstoffe (z.B. Schwermetalle) dürfen nicht mobilisiert werden.
- Die Hauptnährstoffe P, K, Ca, Mg sollen sich auf einem ausreichenden Niveau und in einem ausgewogenen Verhältnis zueinander befinden. N-Düngung erübrigt sich in der Regel bei den hohen Lufteinträgen.

Zum Erreichen dieser Zielvorgaben wurde ein in 4 Arbeitsschritten abgestuftes Handlungskonzept entwickelt (Meyer-Antholz et al. 1991). Dieses umfaßt die pH-Erhöhung durch Kalkungsmaßnahmen und vor allem die gezielte Zufuhr von Magnesium, Kalium, Calcium und Phosphor zur Behebung von Mangelsymptomen und Stabilisierung der Ernährungslage.

Verbunden sind damit gleichzeitig Maßnahmen zur nachhaltigen Boden- und Bestandspflege. Die einzelnen Verfahrensschritte zur Sanierung sind dem Ablaufschema zu entnehmen (Abb. 2).

Der Sanierungsablauf gliedert sich in 4 Arbeitsschritte:

I. Voruntersuchungen
II. Begleituntersuchungen
III. Ausbringung von Kalk/Düngergaben
IV. Kontrolluntersuchungen

Im ersten Schritt werden Verdachts(schadens-)flächen durch die Erfassung geschädigter Baumbestände und durch Stichproben aus den oberen 10 cm des Mineralbodens sowie durch systematische Kartierungen und Analysen ermittelt.

Nach den Analysenergebnissen werden Sanierungsareale (Flächen gleicher Eigenschaften und möglichst gleichem Bestandsaufbau) abgegrenzt und für diese der Kalk- und Düngebedarf ermittelt.

Für die methodischen Einzelheiten bezüglich Kartierung, Probennahme, Probenaufbereitung und Bodenanalytik sowie der Berechnung von Kalk- und Nährstoffbedarf, wird auf Meyer-Antholz et al. (1991) sowie Dües et al. (1991) verwiesen.

Zur nachhaltigen pH-Anhebung und Vermeidung ökologischer Risiken durch eine schnelle Umsetzung der Humussubstanz und damit verbundene Auswaschungsverluste (Nitrat, Schwermetalle) sollten als Düngerform in erster Linie dolomitische Kalke ($MgCO_3$-Gehalt 10-40%) angewendet werden.

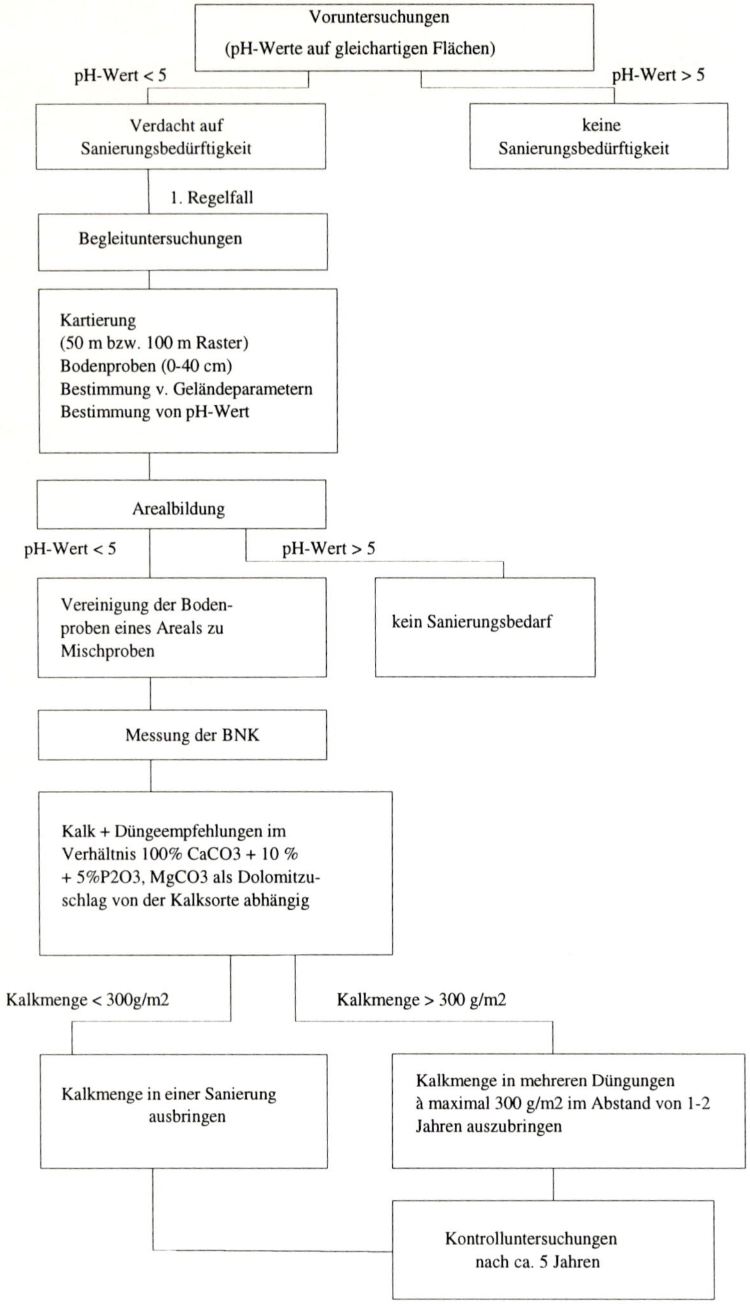

Abb. 2. Ablaufschema des Sanierungskonzeptes für versauerte Parkböden (aus Dües et al. (1991)

Eine gezielte Ca-Zufuhr kann erforderlich sein, um die Belegung mit austauschbarem Calcium zu erhöhen. Phosphor und Kalium werden dem Kalk, da die Hamburger Parks in der Regel unterversorgt sind, obligatorisch in Form von Thomaskali im Verhältnis (Reinnährstoffe) 100% $CaCO_3$ + 5% P_2O_5 + 10% K_2O zugemischt (s. Baule und Fricker 1970). Es können aber auch andere preiswerte P-K-Dünger verwendet werden. Um die Wirksamkeit der Kalk-/Düngergaben zu erhöhen, sollte eine oberflächennahe Einmischung maschinell oder schonender per Hand in die Humusauflage und den Oberboden erfolgen.

Der für die Parkböden anzustrebende Ziel-pH-Wert liegt bei etwa 5. Die Düngungswirkungen ergeben sich aus den Summeneffekten von Mg, Ca, K und P.

Die Aufwandmengen sollten 300 g $CaCO_3/m^2$ (= 3 t/ha) jährlich nicht überschreiten und sind unter Berücksichtigung der Standortbesonderheiten und des Ernährungszustands der Bäume sowie der aktuellen atmogenen Belastung individuell durchzuführen.

Das Sanierungskonzept sieht hierfür begleitende Kontrollmaßnahmen vor (Erfolgskontrolle, Beachtung von Risiken). Erste Kontrolluntersuchungen werden in der Regel nach ca. 5 Jahren durchgeführt und hieraus ggf. Folgemaßnahmen abgeleitet.

Auf den Einsatz von Kraftwerksaschen und Asche-Gips-Gemischen für die Kompensationskalkung sollte wegen der damit verbundenen Sulfatzufuhr verzichtet werden. Sowohl für Stickstoff als auch für Sulfat weisen Parkböden analog den Verhältnissen bei Waldböden, vor allem infolge atmogener N- und S-Einträge, positive Bilanzen auf. Zudem ist bei Kraftwerksaschen in Abhängigkeit von der Zusammensetzung der Rohkohle für Cadmium mit Einträgen zu rechnen, die beispielsweise die Einträge auf landwirtschaftlichen Flächen durch phosphathaltige Düngemittel (= ca. 2 g/ha·a) überschreiten können (UBA 1994).

Organische Reststoffe/Abfälle wie Komposte und Klärschlamm sowie deren Gemische sollten, analog den Vorschriften der AbfKlärV, für forstlich genutzte Standorte, nicht in Waldparks oder geschlossenen Beständen eingesetzt werden. Sie eignen sich im Einzelfall für die Bodenverbesserung bei Solitärbäumen oder Gartenanlagen. Die Einsatzmenge muß sich dabei am Pflanzenbedarf und den gegebenen Standortverhältnissen unter Beachtung der Grundsätze von Boden- und Wasserschutz orientieren.

Literatur

Baule, H., Fricker, C. (1970) The fertilizer treatment of forest trees. BLV, München, 259 S.

Breyne, A., Eckstein, D. (1991) Straßenbäume in Hamburg – Bewertung eines Sanierungskonzeptes. Das Gartenamt 40: 449-459

Brod, H.G., Hartge, K.H. (1989) Verteilung von pH-Wert, Elementkonzentrationen und Bodendichte im Wurzelraum eines Alleebaumes. Mitt. Dtsch. Bodenkundl. Ges. 59/II: 681-684

Buch, v., M.W., Meyer-Steinbrenner, H. (1988a) Humusformenentwicklung in den Hamburger Stadtwäldern. Mitt. Dtsch. Bodenkundl. Ges. 56: 327-332

Buch, v., M.W., Meyer-Steinbrenner, H. (1988b) Die Auswirkungen urbaner Einflüsse auf die Humusformenentwicklung in den Stadtwäldern und Parks. Forstarchiv 59: 171-173

Däumling, T., Wiechmann, H. (1991) EDV-gestützte Standortbewertung und Typisierung in Waldparkanlagen. Das Gartenamt 40: 436-439

Doobe, G., Tiedemann, H. (1991) Stadtbäume, Erfassung, Bewertung, Sanierung. Das Gartenamt 40: 460-466

Dües, G. (1988) Sanierungsmaßnahmen der streusalzgeschädigten Straßenrandböden. Naturschutz und Landschaftspflege in Hamburg 22: 3-67

Dües, G., Meyer-Antholz, W., Meyer-Steinbrenner, H., Fuchs, E., Petersen, A., Eckstein, D. (1991) Sanierung von Straßenbäumen. In: Umweltbehörde Hamburg (Hrsg.) Baumpflege in Hamburg – Forschungsbericht 1989-1990, Anlageband: Naturschutz und Landschaftspflege in Hamburg 39: 243-283

Gregor, H.-D. (1989) Problembewertung und Lösungsansätze für innerörtlichen Winterdienst ("Ökologischer Kompromiß"). Kali-Briefe (Büntehof) 19(10): 837-838

Habermann, P.-M. (1989) Wirksamkeit von Düngungsmaßnahmen an innerörtlichen Alleebaumstandorten in Abhängigkeit von Witterung und Bodeneigenschaften. Kali-Briefe (Büntehof) 19(10): 817-826

Leh, H.-O. (1989) Innerstädtische Streßfaktoren und ihre Auswirkungen auf Straßenbäume. Kali-Briefe (Büntehof) 19(10): 719-742

Meyer, F.H. (Hrsg.) (1982) Bäume in der Stadt. 2.Aufl., Ulmer, Stuttgart, 380 S.

Meyer, F.H. (1984) Baumsterben in Landschaft und Stadt – Landschaft und Stadt 16: 9-18

Meyer-Antholz, W. (1988a) Bodenzoologische Untersuchungen in Hamburger Waldparkanlagen. Naturschutz und Landschaftspflege in Hamburg 22: 131-186

Meyer-Antholz, W. (1988b) Bodenzoologische Untersuchungen in Hamburger Waldparkanlagen. Naturschutz und Landschaftspflege in Hamburg 23: 10-11

Meyer-Antholz, W. (1989) Der Einfluß von Sanierungsmaßnahmen auf die Bodenfauna in Hamburger Parkanlagen. 21. Ökologie-Forum Hamburg: 43-48

Meyer-Antholz, W., Dües, G., Meyer-Steinbrenner, H., Fuchs, E. (1991) Handlungskonzept zur Bodensanierung versauerter Parkböden. In: Umweltbehörde/FHH (Hrsg.) Baumpflege in Hamburg – Forschungsbericht 1988-1990. Naturschutz und Landschaftspflege in Hamburg 39: 181-197

Meyer-Spasche, H. (1981a) Untersuchungen zur Sanierung streusalzgeschädigter Straßenbäume. Mitt. Biol. Bundesansstalt Land- und Forstwirtsch., Berlin Dahlem

Meyer-Spasche, H. (1981b) Streusalzakkumulation im Boden von Straßenbäumen. Das Gartenamt 30: 368-377

Meyer-Spasche, H., Pfeiffer, E. M. (1985) Sanierung umweltgeschädigter Straßenbäume und Böden sowie Ermittlung geeigneter Schutzmaßnahmen bei Neuanpflanzungen. Naturschutz und Landschaftspflege in Hamburg 21: 1-145

Meyer-Steinbrenner, H. (1983) Bericht zum Pilotprojekt Hamburger Parks – unveröff. Bericht an die Umweltbehörde Hamburg

Meyer-Steinbrenner, H. (1988) Bodenkundliche Untersuchungen auf sanierten und unbehandelten Dauerbeobachtungsflächen in Hamburger Parkanlagen. Naturschutz und Landschaftspflege in Hamburg 22: 68-130

Meyer-Steinbrenner, H. (1989) Umweltschäden in Hamburger Parks. Neue Landschaft 6: 397-40

Meyer-Steinbrenner, H., Meyer-Antholz, W. (1986) Untersuchung des schadstoffbelasteten öffentlichen Grüns und Erarbeitung eines Sanierungskonzeptes. Bericht 1985. Naturschutz und Landschaftspflege in Hamburg 20: 163 S.

Meyer-Steinbrenner, H., Dües, G., Fuchs, E., Meyer-Antholz, W. (1991) Bodensanierungsmaßnahmen in Hamburger Parks. In: Umweltbehörde FHH (Hrsg.) Baumpflege in Hamburg – Forschungsbericht 1988-1990. Naturschutz und Landschaftspflege in Hamburg 39: 10-42

Petersen, A. (1986) Untersuchungen an Stadtbäumen in Hamburg (Holzbildung, Wasserhaushalt, Biomasse). Dissertation, Univ. Hamburg, 229 S.

Petersen, A., Eckstein, D. (1988) Untersuchungen an Stadtbäumen in Hamburg: Holzbildung – Wasserhaushalt Biomasse, Naturschutz und Landschaftspflege in Hamburg 21: 146ff.

Ruge, U. (1982): Physiologische Schäden durch Umweltfaktoren In: Meyer, F.H. (Hrsg.) Bäume in der Stadt, 2. Aufl., Ulmer, Stuttgart, S. 194-198

Schmitz, E. Eckstein, D. (1991) Aussagemöglichkeiten einer Parkinventur am Beispiel Meyers Park in Hamburg. Das Gartenamt 40: 446-448

Ulrich, B., Rastin, N. (1985) Erfassung der Einträge und des Verbleibs von Luftverunreinigungen in den Wäldern der Landesforstverwaltung Hamburg. In: Ulrich, B. (Hrsg.) Bodenzustand und Depositionsbelastung von Waldökosystemen im Forstamt Hamburg. Ber. Forschungszentrum Waldökosysteme/Waldsterben. 10: 92-176

Umweltbundesamt (1994) Einsatz von Kraftwerksaschen zur Kompensationsdüngung von Waldböden. Unveröff. Stellungnahme an die Bund/Länderarbeitsgemeinschaft Bodenschutz (LABO), AK IV

Städtischer Bodenwasserhaushalt – Merkmale und Maßnahmen zu seiner Verbesserung

Andreas Kersting

Zusammenfassung

Der Mensch wirkt seit langem auf den Bodenwasserhaushalt ein. Am gravierendsten geschieht dies bei urban genutzten Flächen durch Verdichten, Durchmischen, Auf- und Abtrag, Kontamination oder Versiegeln der Böden.

Nachfolgend werden die Auswirkungen anthropogener Eingriffe auf den Bodenwasserhaushalt in urbanen Bereichen aufgezeigt und bewertet. Der Rückbau versiegelter Flächen, die Änderung der Oberflächenbeläge und die dezentrale Versickerung von Niederschlagsabflüssen werden beispielhaft als Maßnahmen vorgestellt, wie der Boden wieder stärker als Regulator des Wasserhaushalts wirken kann.

1 Einleitung

Böden sind offene Systeme. Sie werden von äußeren Faktoren beeinflußt und stehen in Verbindung mit ihrer Umwelt. Durch Niederschläge, Grundwasser und in geringem Maße durch Kondensation aus der Atmosphäre wird dem Boden Wasser zugeführt. Dort wird es zum Teil in den Poren gegen die Einwirkung der Schwerkraft festgehalten oder als Sickerwasser in tiefere Zonen verlagert. Umgekehrt kann es sich, wenn an der Bodenoberfläche Wasser verdunstet oder dem Boden durch Pflanzen Wasser entzogen wird, durch kapillaren Aufstieg aus tiefen Zonen nach oben bewegen.

Im Laufe des Jahres führen die wechselnden Witterungsbedingungen zu unterschiedlichen Wasserzu- und -abflüssen. Die zeitliche Veränderung der Wassergehalte wird als Bodenwasserhaushalt bezeichnet und durch Klima, Vegetation, Oberflächenbeschaffenheit, Grundwasserflurabstand und Bodeneigenschaften gesteuert.

Der Mensch wirkt durch Änderungen in der Landnutzung oder durch Bodenmeliorationen auf den Bodenwasserhaushalt ein. Am gravierendsten geschieht dies bei urban genutzten Flächen, wo die Böden häufig durch Verdichten, Durchmischen, Auf- und Abtrag sowie Kontamination stark verändert sind. Weite Bereiche sind zudem versiegelt, so daß die Austauschprozesse zwischen Boden und Atmosphäre – wie Versickerung und Verdunstung von Wasser unterbunden oder stark eingeschränkt sind. Die regulierende Funktion des Bodens für den Wasserhaushalt und die Bedeutung des Bodenwasserhaushalts für das Stadtklima, die Vegetationsdecke, Grundwasserneubildung und Gewässerspeisung fanden für Stadtböden bisher wenig Berücksichtigung, da der Boden in urbanen Bereichen in erster Linie als bebaubare und gestaltbare Oberfläche gesehen wird.

Im folgenden werden die Auswirkungen anthropogener Eingriffe auf den Bodenwasserhaushalt anhand der Veränderungen des Wasserzu- und abflusses sowie die veränderten Standorteigenschaften der Stadtböden aufgezeigt und bewertet. An Beispielen soll gezeigt werden, mit welchen Maßnahmen der Boden in urbanen Bereichen wieder stärker als Regulator des Wasserhaushalts wirken kann.

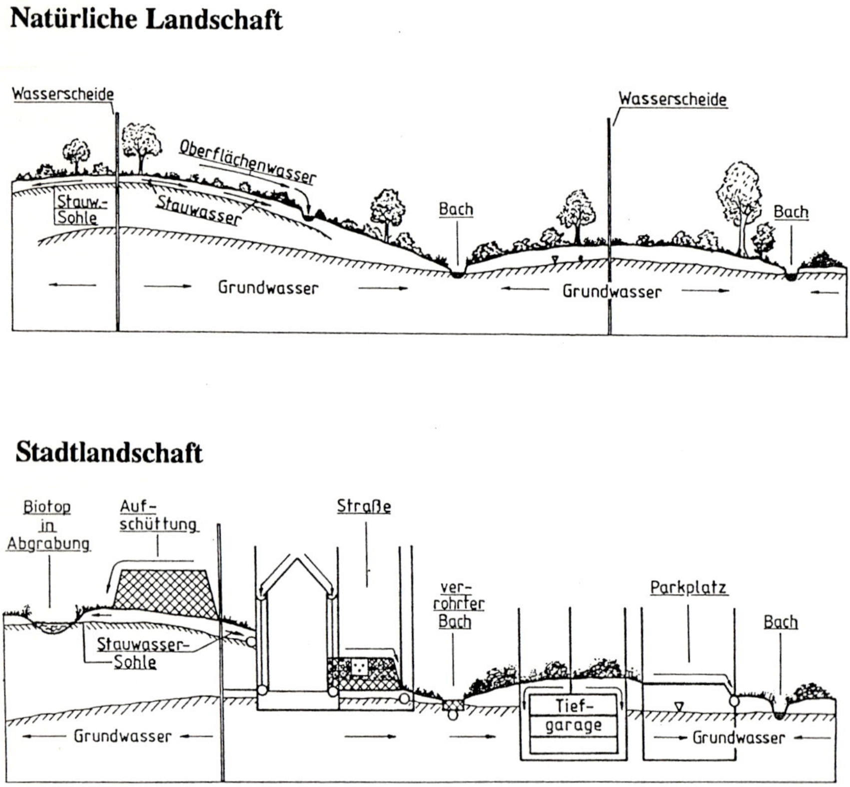

Abb. 1. Veränderung natürlicher Wassereinzugsgebiete durch verdichtete Siedlungsformen (Burghardt 1993)

2 Einfluß der urbanen Flächennutzung auf den Bodenwasserhaushalt

Der Bodenwasserhaushalt ist von standörtlichen wie landschaftlichen Faktoren abhängig, die die Menge des Wasserzu- und -abflusses beeinflussen. In der natürlichen Landschaft wird das Wasser dem Boden durch Niederschläge, Überschwemmungen, Oberflächen-, Stau- und Grundwasser zugeführt. In städtischen Bereichen hingegen erfolgt die Speisung vermindert aus diesen Quellen. Sie wird ergänzt durch künstliche Bewässerung (Beregnung von Grünanlagen und Gärten) oder Undichtigkeiten im Kanalsystem.

Die Bodenversiegelung verändert die Wasserzu- und -abflußmengen und hat daher einen großen Einfluß auf die natürlichen Wassereinzugsgebiete und den städtischen Bodenwasserhaushalt (Abb. 1). Die Form der Versiegelung kann unterschiedlich sein. Es werden Vollversiegelung, Teilversiegelung und Unterflurversiegelung unterschieden (s. auch Beitrag Cordsen).

Die Isolierung des Bodens von der Atmosphäre durch Bedeckung mit undurchlässigen oder teildurchlässigen Substraten unterbricht oder beeinträchtigt den natürlichen Wasserkreislauf. Dadurch be- bzw. verhindert sie Versickerung und Verdunstung sowie Filterung und Speicherung. Niederschläge infiltrieren nicht mehr in den Boden. Sie werden auf relativ glatten Oberflächen ohne nennenswerte Fließwiderstände meist mit Hilfe der Kanalisation direkt, schnell und ohne Verluste dem Vorfluter am Rande der bebauten Flächen zugeführt. Die Folgen sind erhöhter Oberflächenabfluß und geringere Bodenwassergehalte (Abb 2).

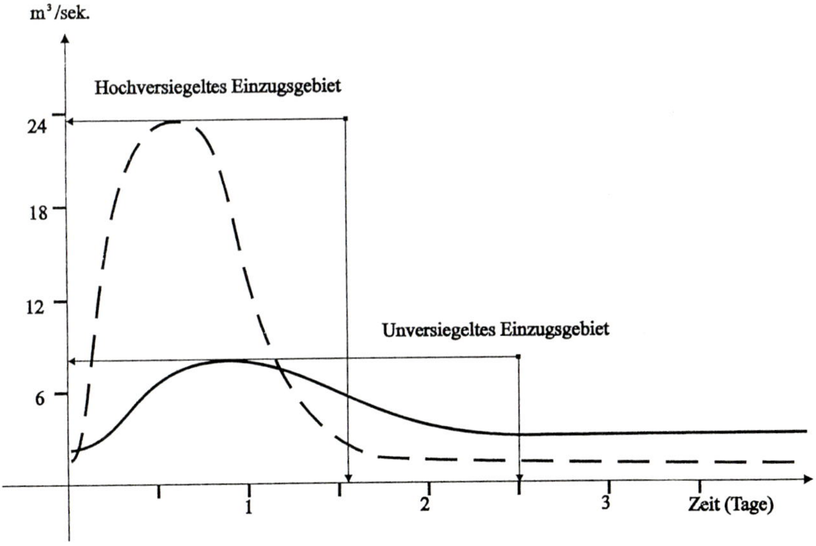

Abb. 2. Hochwasserspitzen und Niedrigwasserstand in Abhängigkeit von Zeiteinheiten und Versiegelungsgrad des Einzugsgebiets (Pietsch 1983)

Während auf vollversiegelten Flächen (Gebäude, Straßen aus Teer oder Beton) die Versickerung vollständig unterbunden wird, sind teilversiegelte Flächen poröser und durchlässiger (Tabelle 1).

Tabelle 1. Versickerungsanteile am Niederschlag für verschiedene Belagarten (Kowalewski et al. 1984)

Belagart	Versickerungsanteil (%)
Altes Betonverbundpflaster	40-70
Betongrassteine	60
Neues Mosaikpflaster	55
Altes Mosaikpflaster	20-48
Rasen	42
Kunststeinplatten	16

So findet bei Bodenbelägen mit Pflaster oder Platten eine erhöhte Wasserzufuhr durch die Fugen in den Boden statt. Dies kann dazu führen, daß der Versickerungsanteil unter bestimmten teildurchlässigen Belagarten höher ist als unter unversiegelten Vegetationsflächen. Gründe hierfür sind zum einen der Wegfall von Verdunstungsverlusten infolge fehlender Vegetation und zum anderen die relativ günstige Wasserleitfähigkeit der üblicherweise sandigen oder kiesigen Tragschichten der Oberflächenbefestigungen, die geringe Speicherkapazitäten aufweisen und das einsickernde Wasser schnell in tiefere Bodenhorizonte ableiten. Im Sommer kann es unter Teilversiegelungen zum Teil zu wesentlich höheren Grundwasserneubildungsraten kommen als unter Vegetation (Abb. 3).

Die Versiegelung beeinflußt den Bodenwasserhaushalt unterschiedlich stark. In Abhängigkeit von der städtischen Nutzung treten deutliche Unterschiede hinsichtlich der Gesamtversiegelung auf. Einzelne Bodennutzungstypen lassen sich dabei bestimmten Versiegelungsgraden zuordnen (Abb. 4). Kleinsiedlungsgebiete und freistehende Einfamilienhäuser weisen nur geringe Versiegelungsanteile auf, die Innenstädte sind sehr stark versiegelt (Pietsch 1985, Berlekamp 1987).

Der Wasseraustrag aus dem Boden wird durch Evapotranspiration und Entwässerung beeinflußt. Das wärmere Stadtklima – verursacht u.a. durch die starke sommerliche Überhitzung aufgrund des veränderten Reflexions-, Wärmeleit- und Wärmespeicherverhaltens der Oberflächen – erhöht theoretisch zwar die Evapotranspiration im Vergleich zur natürlichen Landschaft. Quantitativ gesehen ist diese jedoch aufgrund der Versiegelung und des geringen Grünflächenanteils geringer. Entwässerungen des Bodens beeinflussen in Städten den Bodenwasserhaushalt in nicht unerheblichem Maß. Feuchte und nasse Standorte werden mit Hilfe von Dränagen und anderen wasserbaulichen Maßnahmen entwässert, um eine hohe Tragfähigkeit sowie Begeh- und Befahrbarkeit des Bodens zu gewährleisten. Die Entwässerung und die Folgen der Verbauung und Versiegelung führen zu geringeren Grundwasserneubildungsraten. Zusammen bewirken sie mit Grundwasserentnahmen und temporär auch durch Baumaßnahmen (z.B. U-

Bahnbau) eine Absenkung des Grundwassers unter urban genutzten Flächen (Sukopp 1981).

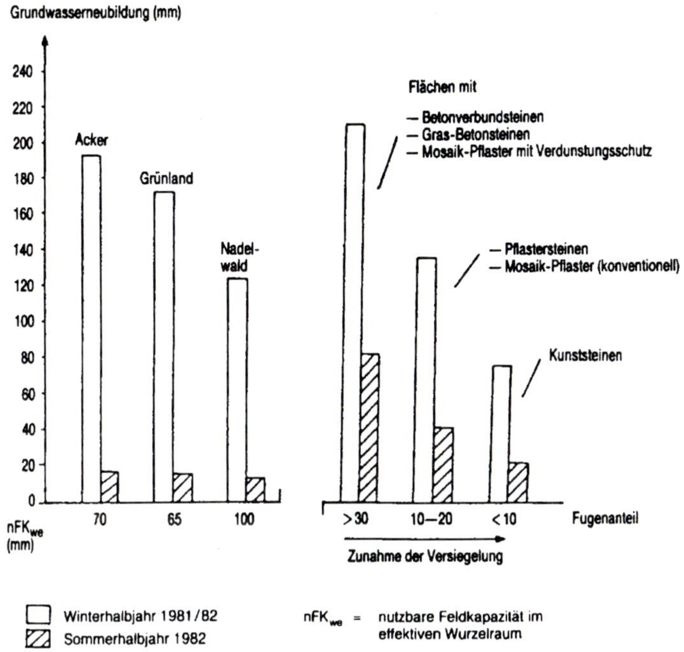

Abb. 3. Grundwasserneubildung bei unterschiedlichen Flächennutzungen und Versiegelungsmaterialien (Renger et al. 1987)

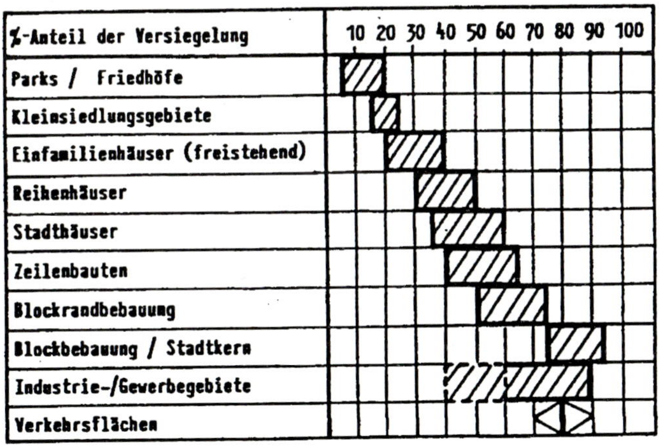

Abb. 4. Versiegelungsgrad städtischer Nutzungen (Pietsch 1985)

3 Einwirkung urbaner Bodenveränderungen auf den Bodenwasserhaushalt

Neben bodenexternen Faktoren beeinflussen die mit der urbanen Flächennutzung verbundenen Bodenveränderungen den Bodenwasserhaushalt einer Stadt. Im folgenden werden einige Bodenveränderungen (s. auch Beitrag Cordsen) und deren Auswirkungen auf den Bodenwasserhaushalt vorgestellt.

Verdichtungen des Bodens werden durch Trittverdichtungen unter Freizeitnutzung, Befahren der Böden mit schweren Maschinen oder gezielte Verdichtungen zur Baugrundvorbereitung verursacht. Die Verdichtung führt zu einer Abnahme des Porenvolumens und damit zu einer Reduzierung der Wasserspeicherfähigkeit und -durchlässigkeit. Als Konsequenz verringern sich Ausmaß und Geschwindigkeit der Wasserversickerung. Starke Verdichtungen führen zu erhöhtem Oberflächenabfluß an der Bodenoberfläche und zu Staunässeeinfluß im Unterboden.

Bei *Bodenaustausch und Umlagerung* kommt es in den Übergangsbereichen zwischen den verbliebenen Böden und dem Austauschsubstrat zu abrupten Änderungen der physikalischen Eigenschaften. Beispielsweise kann die Unterbrechung der Porenkontinuität eine versiegelungsähnliche Wirkung haben.

Umgelagerte Böden können sich deutlich in der Substratzusammensetzung von denen natürlicher Standorte unterscheiden. Häufig wurde Schutt und besonders im Ruhrgebiet zusätzlich Bergematerial, Asche und Schlacke eingemischt mit der Folge, daß die Böden skelettreicher sind. Der höhere Skelettanteil führt zu einer geringeren Wasserspeicherkapazität, so daß der Boden nur noch geringere Wassermengen aus Niederschlag und seitlichem Zufluß halten kann.

Technogene Substrate wie Ziegel oder Aschen hingegen können aufgrund ihrer höheren Porosität die Wasserspeicherkapazität eines Bodens erhöhen (Tabelle 2).

Tabelle 2. Porosität einiger Bauschuttbestandteile (Runge 1978)

Bestandteil	Porosität (Vol.%)
Beton	9
Kalksandstein	28
Angeklinkerter Ziegel	13
Verwitterter Ziegel	38-42

Künstliche Bodenaufträge erfolgen meist im Zuge von Baumaßnahmen oder durch Deponierung von Materialien.

In Abhängigkeit vom aufgetragenen Substrat kommt es wie beim Bodenaustausch zu einer Veränderung der Wasserspeicherung und -durchlässigkeit. Durch die Anhebung der Reliefoberfläche hat der Auftrag von Bodenmaterial zudem eine entwässernde Wirkung, da sich dadurch der Abstand zur Grund- oder Stauwasseroberfläche vergrößert. Veränderungen der Oberflächengestalt können zu-

sätzlich zu einer Erhöhung des Oberflächenabflusses, aber auch der Wasserspeicherung an der Oberfläche führen.
Bodenabträge bedeuten einen Funktionsverlust für Standorteigenschaften wie Filterung oder Wasserrückhaltevermögen.

Die Böden in der Stadt weisen häufig eine kleinräumig stark wechselnde Zusammensetzung auf. Diese Heterogenität bodenbildender Substrate bewirkt eine hohe Variabilität der Bodeneigenschaften sowohl in horizontaler als auch in vertikaler Abfolge auf kürzesten Entfernungen. Verbunden damit ist eine große Vielfältigkeit des Bodenwasserhaushalts unter urban genutzten Flächen.

Da die Bodenveränderungen überwiegend negative Auswirkungen auf den Bodenwasserhaushalt haben, ist der Schutz der wenigen natürlich bzw. naturnah gelagerten Böden in städtischen Bereichen besonders wichtig, denn sie bewältigen die Funktionen und Aufgaben im Naturhaushalt für die gesamte Siedlungsfläche.

4 Maßnahmen

Die mit der Siedlungstätigkeit des Menschen verbundene zunehmende Bodenversiegelung ist in einigen Bereichen vermeidbar.
Maßnahmen zum Rückbau versiegelter Flächen, zur Änderung der Oberflächenbeläge oder zur dezentralen Versickerung von Niederschlagsabflüssen sind erstrebenswert, da sie die

- oft sanierungsbedürftigen und überlasteten Mischwasserkanäle entlasten,
- die Grundwasserneubildung fördern,
- die klimatischen und ökologischen Bedingungen im Stadtbereich verbessern
- und den Boden wieder mehr seine Funktion als regulierender Faktor im Wasserhaushalt wahrnehmen lassen.

Unterschiedlich strukturierte städtische Teilräume zeigen neben einem unterschiedlichen Grad der Bodenversiegelung auch unterschiedliche Möglichkeiten für eine *Verminderung des Versiegelungsgrades* ("Entsiegelungspotential") auf (Abb. 5).

Nutzungsspezifische Entsiegelungs- und Belagsänderungspotentiale beschreiben den Flächenanteil, der bei Beachtung der nutzungsbedingten Beanspruchung entsiegelt werden kann bzw. einen Austausch undurchlässiger Belagarten durch weniger nachteilige Bodenbeläge zuläßt. Im Bereich der älteren Blockbebauung sollten demnach Maßnahmen der Entsiegelung und Teilentsiegelung durch Belagsänderung ansetzen. Gewerbe- und Industriegebiete sind zwar auch sehr hochgradig versiegelt, Entsiegelungsmaßnahmen zur Rückgewinnung von Freiflächen sind wegen der hohen Nutzungsintensität und der Schadstofffreisetzung zumeist nicht sinnvoll.

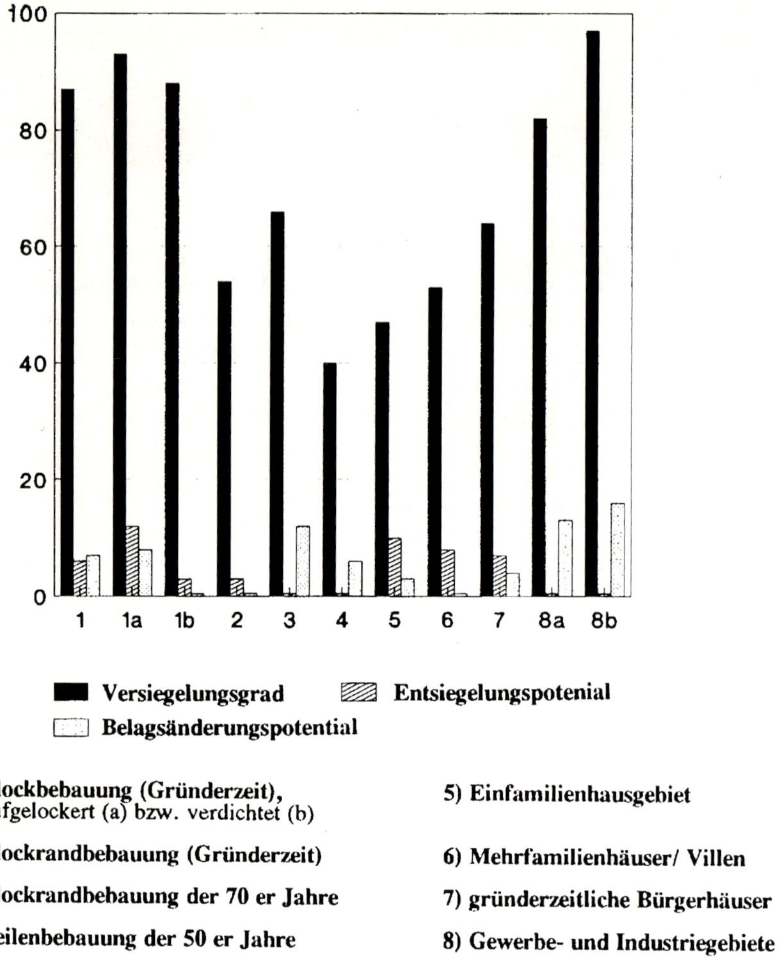

Abb. 5. Versiegelungsgrad und Entsiegelungspotential im Vergleich der Siedlungstypen (in % der Grundstücksfläche) (verändert nach Giseke et al. 1988)

Entsiegelungs- und Belagsänderungspotential lassen sich nach Erfassung der Gebäudefläche, der versiegelten und unversiegelten Freifläche, Nutzungsart und -dauer sowie der Verkehrsflächen einer räumlichen Bezugseinheit (Grundstück, Baublock) bestimmen.

Im Bereich gering belasteter Verkehrsflächen, wie z.B. Plätze, Geh- und Radwege, steckt noch ein großes Potential. Durch eine *Änderung der Oberflächenbeläge*, d.h. den Ersatz von Teer und Beton durch poröse, wasserdurchlässige Belagarten wie beispielsweise Pflasterbeläge oder Rasengittersteine, kann der Wasseraustausch zwischen Atmosphäre und Boden wieder verbessert werden.

Neben Oberflächenmaterial und Art der Fugenausbildung stellen vor allem

- die Verdichtung der Tragschicht und des Baugrundes zum Erreichen der Tragfähigkeit,
- die herkömmlichen Bauweisen mit kornabgestuften Gemischen
- und die schnelle Ableitung des Oberflächenwassers mit entsprechender Gefälleausbildung

eine hochgradige Versiegelung dar.

Ziel muß es sein, Bauweisen zu entwickeln, die im Bereich befestigter und versiegelter Flächen den Wasser- und Lufthaushalt nachhaltig begünstigen.

Eine gute Möglichkeit, die Grundwasserneubildung zumindest teilweise aufrecht zu erhalten, ist die *dezentrale Versickerung* von Niederschlagsabflüssen. Nach Erfassung der unterschiedlichen Strukturmerkmale wie

- der Grundstücksgröße (abflußwirksame Dachfläche),
- dem Verhältnis zwischen bebauter und unbebauter Fläche,
- der Größe der nichtüberbauten Fläche (Hoffläche),
- dem Verhältnis zwischen versiegelter und unversiegelter Fläche,
- der Nutzung und Verfügbarkeit an unversiegelten Flächen für Versickerungsmaßnahmen

erfolgt die Wahl einer geeigneten Versickerungsanlage.

Mehrere Maßnahmen stehen zur Auswahl (Borgwardt 1992). Welche davon in den einzelnen Siedlungsbereichen jeweils sinnvoll sind, richtet sich nach den Boden- und Grundwasserverhältnissen (Wasserdurchlässigkeit, Filter- und Pufferkapazität der Böden, Grundwasserflurabstände). Für die Bemessung von Versickerungsanlagen steht als Regelwerk das Arbeitsblatt A138 der Abwassertechnischen Vereinigung (ATV 1990) zur Verfügung.

Bei *semizentralen Versickerungsanlagen* werden Niederschlagsabflüsse mehrerer Grundstücke oder kleinerer Siedlungsbereiche einschließlich öffentlicher Flächen über ein offenes oder verdecktes Leitungssystem zusammengeführt und dort über Mulden, Rigolen, Gräben und Schächte oder kleinere Becken versikkert.

Bei der Versickerung in *Mulden* kann das zulaufende Niederschlagswasser kurzzeitig zwischengespeichert werden. Sie haben einen geringeren Platzbedarf als eine Flächenversickerung und können z.B. in Grünanlagen, Pflanzbeeten integriert werden. Die Zuführung des Niederschlagswassers erfolgt direkt über die zu entwässernde Fläche oder über Fallrohre. Bei durchlässigem Untergrund und ausreichendem Platzangebot ist eine Muldenversickerung sehr zu empfehlen, da bei dieser Methode die Reinigungswirkung einer bewachsenen Bodenzone im Gegensatz zu Kieskörpern ausgenutzt werden kann.

Die *Rigolenversickerung* wird notwendig, wenn eine undurchlässige Bodenschicht zu durchstoßen ist, um Kontakt zu darunterliegenden, durchlässigeren Schichten zu bekommen. Rigolen sind kiesgefüllte Gräben mit z.T. in den Kies gebetteten, perforierten Rohrstangen. Sie dienen der Zwischenspeicherung des

Niederschlagswassers, das nach und nach aus dem Kieskörper in den Boden versickern kann.

Die Filterfähigkeit des Bodens wird stark vermindert, da der belebte Oberboden, der für die biologische Filterung der Schadstoffe wichtig ist, entfernt und durch dränendes Material ersetzt wird.

Neuerdings wird zunehmend dazu übergegangen, *Mulden- und Rigolenversikkerung* miteinander zu kombinieren, d.h. der tiefste Punkt der Mulde wird als überdeckte Rigole ausgebildet.

Bei geringem Platzangebot erfolgt die Versickerung des Niederschlagswassers in einem *Versickerungsschacht.* Dabei wird das Wasser in einen unterirdischen Schacht geleitet, dort gesammelt und über die perforierten Wände und den offenen Boden verzögert versickert.

Die Versickerungsleistung von Schächten läßt allerdings durch Fein- und Schwebstoffeinträge, zumindest am Schachtboden, nach einigen Jahren stark nach.

Die Filter- und Pufferfähigkeit ist aufgrund des Fehlens von Humus bei diesem System stark vermindert. Zudem ist die Filterstrecke über dem Grundwasserkörper verkürzt.

Vor Beginn einer Entsiegelungs- oder Versickerungsmaßnahme sollte in jedem Fall die vorgesehene Fläche hinsichtlich einer Bodenbelastung und ihrer hydrogeologischen Verhältnisse überprüft werden, um so einer möglichen Verunreinigung des Grundwassers vorzubeugen.

Aufgrund ihres geringen Gefährdungspotentials ist nur die Versickerung von nichtverschmutztem Niederschlagswasser von Dächern, unproblematischen Hofflächen und untergeordneten Anlieger- und Wohnstraßen anzustreben.

Literatur

Abwassertechnische Vereinigung – ATV (Hrsg.) (1990) Bau und Bemessung von Anlagen zur dezentralen Versickerung von nicht schädlich verunreinigtem Niederschlagswasser. Arbeitsblatt A 138, St. Augustin.

Berlekamp, L.R. (1987) Bodenversiegelung als Faktor der Grundwasserneubildung - Untersuchungen am Beispiel der Stadt Hamburg. Landschaft und Stadt, 19, Heft 3: 129-136.

Borgwardt, S. (1992) Alternative Methoden der Regenwasserentsorgung – Ein Überblick aus der Sicht der Freiraumplanung, Teil 2. Das Gartenamt, 41, Heft 5: 337-344.

Burghardt, W. (1993) Formen und Wirkung der Versiegelung, in: Symposium Bodenschutz, Heft 2: 111-125 (Barz, W., Bonus, H., Brinkmann, B., Hoppe, W. Schreiber, K.F., Hrsg.), Symposium Bodenschutz, Münster.

Giseke, U., Holtmann, K., Hucke, J., Zu Lynar, W. et al. (1988) Städtebauliche Lösungsansätze zur Verminderung der Bodenversiegelung als Beitrag zum Bodenschutz. v. Bundesminister für Raumordnung, Bauwesen und Städtebau (Hrsg.), Schriftenr. "Forschung", Heft 456, Bonn.

Kowalewski, P., Nobis-Wicherding, H., Siegert, G., Kambach, S. (1984) Entwicklung von Methoden zur Aufrechterhaltung der natürlichen Versickerung von Wasser. Berliner Wasserwerke, Forschungsbericht: 184-274, Bundesminister für Forschung und Entwicklung; Bonn.

Pietsch, J. (1983) Bewertungssystem für Umwelteinflüsse – Nutzungs- und wirkungsorientierte Belastungsermittlungen auf ökologischer Grundlage. Deutscher Gemeindeverlag, Verlag W. Kohlhammer; Köln.

Pietsch, J. (1985) Urbane Bodenversiegelung und ihre Auswirkungen auf die Grundwasserneubildung. Forschungen zur Raumentwicklung, 14: 121-128, Bonn.

Renger, M., Wessolek, G., Kaschanian, B., Plath, R. (1987) Boden- und Nutzungskarten als Grundlage für die Bestimmung der Grundwasserneubildung mit Hilfe von Simulationsmodellen am Beispiel von Berlin (West). Mitt. Dt. Bodenkdl. Ges. 53: 231-236, Oldenburg.

Runge, M. (1978) Untersuchungen zur Wasserdynamik skelettreicher Ruderal-Standorte. Z. f. Kulturtechnik und Flurbereinigung 19: 157-168.

Sukopp, H. (1981) Grundwasserabsenkungen – Ursachen und Auswirkungen auf Natur und Landschaft Berlins. Die technisch-wissenschaftlichen Vorträge auf dem Kongreß Wasser, Bd. 1: 239-272, Berlin.

Urbaner Bodenschutz – Konzepte für das Verwaltungshandeln

Wolfram D. Kneib

1 Voraussetzungen

Als Voraussetzungen des Verwaltungshandelns in Planung und Vollzug haben die gesetzlichen und untergesetzlichen Regelungen im Bodenschutz zu gelten. Da das zukünftige Bundesbodenschutzgesetz bislang nur als Referentenentwurf vorliegt und nur zwei Bundesländer (Baden-Württemberg und Sachsen) bislang Landesgesetze verabschiedet haben, ist zunächst zu prüfen, inwieweit der Schutz des Bodens in vorhandenen normativen Leitlinien verankert ist. Nach Kneib (1990) lassen sich diese Regelungsansätze aufgrund bestehender Gesetze, Verordnungen und Anleitungen mit Bodenschutzaspekten wie folgt zusammenfassen:

1 Übergeordnete Schutzziele, z.B.

- Wohl der Allgemeinheit,
- Umweltschutz,
- Erhaltung und Verbesserung.

2 Teilschutzziele

2.1 Erhaltung, Verbesserung und Wiederherstellung von externen Pedofunktionen (Produktions- und Informationsfunktion), z.B.

- Boden als Standort der Nutzpflanzen,
- Boden als Standort von Siedlung und Verkehr,
- Boden als Entsorgungsstandort,
- Boden als Immobilie,
- Boden als Mobilie,
- Boden als Informationsträger.

2.2 Erhaltung, Verbesserung und Wiederherstellung von internen Pedofunktionen (Regelungs- und Lebensraumfunktion), z.B.

- Fähigkeit, Stoffe zu speichern, zu filtern, zu puffern, abzubauen, neuzubilden, zu sortieren, zu transportieren, zu durchmischen, zu aggregieren,
- Fähigkeit, Kapazitäten anzubieten an Gasen, Flüssigkeiten, Feststoffen, Energie, mechanischem Halt, mechanischem Untergrund.

2.3 Erhaltung, Verbesserung und Wiederherstellung von Teilen der Pedosphäre, z.B.
- humoser Boden ("Mutterboden"),
- Unterboden,
- ungesättigte Zone.

2.4 Erhaltung, Verbesserung und Wiederherstellung von angrenzenden Sphären, z.B.
- Atmosphäre,
- Biosphäre,
- Hydrosphäre,
- Geosphäre.

3 Vermeidung und Verminderung von kritischen Eingriffen (Boden, Grundwasser, Naturhaushalt), z.B.

4 Vermeidung und Verminderung von Risiken (die vom Boden ausgehen), z.B. für die
- Atmosphäre
- Biosphäre,
- Hydrosphäre,
- Geosphäre.

5 Kennzeichnung aktueller Belastungen, z.B.
- Belastungen durch Stoffeintrag,
- Belastungen durch Veränderung der Stoffanordnung.

6 Begrenzung zukünftiger Belastung und Risiken, z.B. durch
- Wertsetzung (Prüf-, Schwellen-, Grenzwert),
- Anhebung, Instandsetzung.

7 Bodeninventur

8 Förderung (finanziell), Abgaben

In den bestehenden gesetzlichen und untergesetzlichen Regelungen finden sich über 150 Ansätze zur normativen Umsetzung der genannten Ziele und Instrumente des Bodenschutzes, allerdings meist wenig konkret und anwendungsorientiert und mit einem eindeutigen Übergewicht der übergeordneten und allgemeinen Schutzziele (Tabelle 1).

Wichtige normative Vorgaben des Bodenschutzes finden sich in zahlreichen Gesetzen, Verordnungen und technischen Anleitungen. Zu den unter Bodenschutzgesichtspunkten wichtigsten Regelungen gehören:

- Bundesnaturschutzgesetz,
- Bundesberggesetz,
- Bundeswaldgesetz,
- Gesetz über die Gemeinschaftsaufgabe Verbesserung der Agrarstruktur und
- des Küstenschutzes,
- Abfallgesetz,

- Klärschlammverordnung,
- Technische Anleitung zur Reinhaltung der Luft,
- Pflanzenschutzgesetz,
- Pflanzenschutzmittelverordnung,
- Chemikaliengesetz,
- Düngemittelgesetz,
- Wasserhaushaltsgesetz.

Tabelle 1. Berücksichtigung der Reglungsansätze (nach Kneib 1990)

Regelungssatz	Häufigkeit (%)	Bemerkung
1 Übergeordnetes Schutzziel	18	
2 Erhaltung und Verbesserung (Wiederherstellung) von:		
2.1 externen Pedofunktionen, allgemein	11	mit Gewichtung auf Boden als Pflanzenstandort
2.2 internen Pedofunktionen, allgemein	10	
internen Pedofunktionen, speziell	-	
2.3 Teilen der Pedosphäre	7	
2.4 angrenzenden Sphären	8	
3 Vermeidung und Verminderung von kritischen Eingriffen		
3.1 allgemein	10	
3.2 speziell Boden	14	mit Gewichtung auf Versiegelung und Eintrag
3.3 speziell Grundwasser	2	
4 Vermeidung und Verminderung von Risiken		
4.1 allgemein	6	
4.2 Biosphäre/Hydrosphäre	7	
5 Kennzeichnung aktueller Belastungen	3	
6 Begrenzung zukünftiger Belastungen und Risiken	3	
7 Bodeninventur	-	
8. Förderung	1	
Summe	100	

Der Referentenentwurf des Bundes-Bodenschutzgesetzes (BBodSchG 3. Referentenentwurf 30.11.93) sieht vor, den Boden vor schädlichen Veränderungen zu schützen sowie bestehende schädliche Bodenveränderungen zu beseitigen.
Schutz und Vorsorge gelten den "natürlichen Funktionen"

- Lebensgrundlage und Lebensraum,
- Teil des Naturhaushalts,
- Abbau-, Ausgleichs- und Aufbaumedium

sowie fünf anthropozentrischen "Nutzungsfunktionen"

- Rohstofflagerstätte,
- land- und forstwirtschaftliche Erzeugung,
- Siedlung und Erholung,
- Verkehr, Ver- und Entsorgung,
- Archiv der Natur- und Kulturgeschichte.

Schädliche Bodenveränderungen sind solche, die nach Art, Ausmaß oder Dauer geeignet sind, die genannten Bodenfunktionen zu beeinträchtigen. Für das Ausmaß der Beeinträchtigung (Gefahr, erheblicher Nachteil oder erhebliche Belästigung) der natürlichen Bodenfunktionen gilt ein Vereinbarungsspielraum, der unter Berücksichtigung der fünf genannten Nutzungsfunktionen festzulegen ist. Paragraph 4 enthält die wesentlichen Definitionen zum Schutzgut, zu Altlasten und zum Bereich Maßnahmen.

Die Verabschiedung des Bundes-Bodenschutzgesetzes würde dem "dritten Medium" damit erstmalig einen zumindest annähernd gleichwertigen Rahmenschutz sichern wie dem Wasser und der Luft. Für die regionale und kommunale Umsetzung fehlt es dann allerdings immer noch an der Konkretisierung in Landesgesetzen und technischen Anleitungen. Die folgenden Ausführungen stellen daher z.T. einen Vorgriff auf noch ausstehende Regelungen dar.
Darüber hinaus ist die Umsetzung des Bodenschutzes im Verwaltungshandeln insbesondere wegen der Querschnittsorientierung des Mediums Boden gekennzeichnet durch

- "eine selektive Perzeption", d.h. die Aufmerksamkeit von Verwaltungseinheiten richtet sich auf das Zentrum des Zuständigkeitsbereichs (inhaltlich wie räumlich). Im Randbereich oder gar in Überschneidungszonen der Einheiten auftauchende Probleme haben deutlich geringere Wahrnehmungschancen.
- "die Anpassung der Reichweite von Programmvorschlägen an die Organisationsgrenzen", d.h. die Organisationseinheiten vermeiden nach Möglichkeit Lösungen, die die aktive Mitwirkung anderer Einheiten derselben Hierarchiestufe verlangen (nach Müller 1986).

Daran hat sich auch bis heute (leider!) nichts geändert.

Neben den normativen Leitlinien und einer angepaßten Verwaltungsstruktur ist bei der Umsetzung in der Region oder der Kommune die Kenntnis der fachspezifischen Situation des jeweiligen Planungsgebiets vonnöten. Die Beschreibung des

Planungsgebiets muß die bisherige Entwicklung, den Status quo und, soweit möglich, Prognosen enthalten bezüglich Art, Größe, Lage und Ausstattung. Bei Letzterer geht es um die Diversität, Variabilität und das Verteilungsmuster bodenschutzrelevanter Eigenschaften (Faktoren, Prozesse, Merkmale sowie Potentiale und Funktionen), deren Überformungsgrad durch den Nutzungswandel und die Risiken als Schadstoffquelle.

2 Zielvorstellungen des Bodenschutzes

Bei einer Zieldefinition des Bodenschutzes (Abb. 1) sind zunächst die aus der Kausalkette Faktoren ⇒ Merkmale ⇒ Fähigkeiten abzuleitenden Potentiale bzw. Funktionen (definiert als in Anspruch genommene Potentiale) zu benennen. Dazu gehören:

- Informationsträger (natur- und kulturhistorisch),
- Regulator des Kleinklimas,
- Regulator des oberflächennahen Wasserhaushalts,
- Lebensraum von Pflanzen und Tieren,
- Standort von Pflanzen und Tieren,
- Nutzfläche (Siedlung, Verkehr, Entsorgung),
- Mobilie (Rohstoffe, Füllmaterial, Hilfsstoffe),
- Immobilie (Eigentum, Anlageobjekte).

Die Funktionen werden durch eine Vielzahl von Eingriffen verändert bzw. überformt. Unter Überformungen wollen wir im folgenden die Summe der Auswirkungen von Eingriffen der Menschen auf den Boden verstehen. Würde es sich ausschließlich um positive Veränderungen handeln, bedürfe es keines Bodenschutzes. Nur Veränderungen im Sinne von Verschlechterungen sind Auslöser für Schutzvorstellungen und definieren die in Abb. 1 genannten Ziele des Bodenschutzes. Als Verschlechterungen sind zu nennen:

Verlust
Zerstörung von besonderen, multi- oder monofunktionalen, vielfältigen oder einzigartigen Böden und regional wichtigen (bezüglich Größe, Geschlossenheit und Vernetzung) Bodenqualitäten.

Degradation des Bodens
Erosion,
Akkumulation,
Verschlämmung,
Verhärtung,
Verdichtung,
Strukturverlust,

Humuszehrung,
Versauerung,
Problemstoffanreicherung,
Versalzung,
Vernässung,
Austrocknung,
Verlust des biotischen Besatzes.

Risiken für Populationen
(Mensch; Tier; Pflanze),
Kontakt
Ingestion,
Inhalation,
Verzehr,
Aufnahme.

Risiken für angrenzende Medien
Austrag ins Wasser,
Abgabe an die Luft,
Eintrag ins Substrat oder benachbarte Böden.

Eine ausführliche Darstellung auch zum Anforderungsprofil in der Umsetzung des Bodenschutzes bezogen auf die Kartierung, die Regionalisierung und Funktionalisierung findet sich in Kneib (1993).

Die bestehenden Defizite bei der *Kartierung* urbaner Gebiete wurden durch die Empfehlungen des Arbeitskreises Stadtböden der Deutschen Bodenkundlichen Gesellschaft für die bodenkundliche Kartieranleitung urban, gewerblich und industriell überformter Flächen (Stadtböden) (Arbeitskreis Stadtböden, UBA 1989) zunächst einmal reduziert. Durch eine Förderung des BMFT wird der Arbeitskreis Stadtböden (AKS) in der Lage sein, eine verbesserte Auflage bis spätestens 1997 vorzulegen, die Funktion des Sekretariats übernimmt dabei das "büro für bodenbewertung" aus Kiel.

Mit der Reduzierung von Definitionen im Bereich *Regionalisierung* und *Funktionalisierung* beschäftigt sich die Unterarbeitsgruppe 1 des AKS. Aus dieser Diskussion ist zusammenfassend das Ablaufschema in Abb. 2 zur Lösung dieses Problemfeldes hervorgegangen. Das Schema zeigt, daß auch ohne kostenträchtige Felderhebung eine konkrete Umsetzung möglich sein kann, für eine Kostenreduzierung der Bodenkartierung, Altlastenerfassung und repräsentativer Belastungskataster sind die entsprechenden Konzeptkarten eine unerläßliche Voraussetzung.

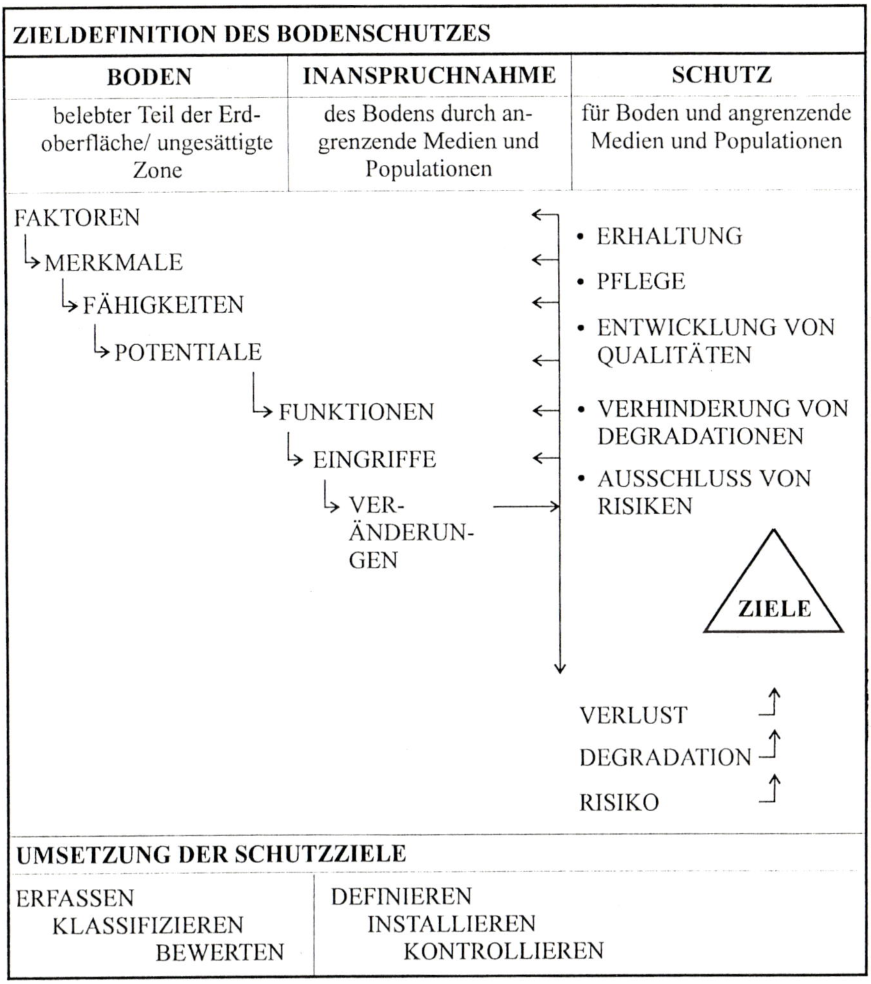

Abb. 1. Zieldefinition und Umsetzung des Bodenschutzes

Abb. 2. Ablaufschema zur Konzeptkartenerstellung, Regionalisierung, Funktionalisierung und Umsetzung

BASISDATEN GRUNDLAGEN- KARTEN PUNKTDATEN	KONZEPTKARTE	BODENKUNDLICHE KONZEPTKARTE			KONZEPTUMSETZUNGS- KARTE (MAßNAHMEN- KATALOGE) ↓
ARBEITSSCHRITTE AUSWAHL → AUFBEREITUNG ÜBERLAGERUNG BEWERTUNG	MAXIMALE SCHNITT- → MENGENKARTE	REGIONALISIERUNG VON → FAKTOREN PROZESSEN MERKMALEN BELASTUNGEN	REGIONALISIERUNG VON → FÄHIGKEITEN POTENTIALEN FUNKTIONEN RISIKEN VERFAHREN	→ ↓	REGIONALE DIFFERENZIERUNG FÜR PLANUNG UND VOLLZUG
BEISPIELE - Topographische Karten - historische Karten - Vegetationskarten - geologische Karten - hydrologische Karten - Luftbilder - Belastungskarten - Versiegelungskarten	BEISPIELE Je nach Eingangs- daten unter- schiedlich	BEISPIELE - Karte der Humusgehalte im Oberboden - Karte der nutzbaren Feld-kapazität im Wurzelraum - Karte der Pedo-/Geogenese - Konzeptbodenkarte - Karte der Typen des ober-flächennahen Bodenwasser-haushaltes - Karte des Nutzungswandels - Karte des Überformungs-grades - Karte des aktuellen stoffl. Belastungsstatus	BEISPIELE - Karte der Kapazität für Nährstoffnachlieferung - Karte der besonderen Bodenqualitäten z.B. als Regulator des Wasserhaus-haltes und Kleinklimas - Karte der Standort-degradation - Karte der vom Boden ausgehenden Risiken - Karte für die Planung der Bodenkartierung - Karte für die Anlage von Bodenmeßnetzen		BEISPIELE - Karte der Bodenschutz-vorranggebiete - Karte der Standorteignung - Karte zu bodeneigenen Risiken (Altlasten) - Karte zur dezentralen Stadtentwässerung - Karte zur kommunalen UVP - Karte zur Grünordnungs-planung - Karte zur Landschafts-planung

FELDERHEBUNGEN	REGIONALE DIFFERENZIERUNG FÜR PLANUNG UND VOLLZUG
ERSTELLUNG VON BODENKATASTERN BODENKARTIERUNG →	↑ UMSETZUNGSKARTEN

3 Instrumente des Bodenschutzes

Bei den in der Regel vorhandenen Basisdaten und deren Aufbereitung z.B. im Maßstab 1:20 000 und kleiner ist die praktische Anwendung auf regionaler oder gesamtstädtischer Ebene möglich. Sie wird mehr auf der *Planung* denn auf dem Vollzug liegen und sollte zu Empfehlungen für die *Einführung von Instrumenten* des Bodenschutzes und die *Durchführung von Erhebungen* führen.

Für die kommunale oder Stadtbezirksebene (empfohlener Darstellungsmaßstab deutlich größer als 1:20 000) können im Maßstab 1:20 000 zunächst nur *denkbare Empfehlungen* für die *Anwendung* von Instrumenten des Bodenschutzes und *konkrete* für die *Durchführung detaillierter Erhebungen* erwartet werden, die aber für eine Planung – insbesondere auch unter den Gesichtspunkten von Aufwand, Kosten und Effekt – als unabdingbare Voraussetzung angesehen werden müssen. Eine vereinfachte Übersicht über die Instrumente des Bodenschutzes ist in Abb. 3 dargestellt.

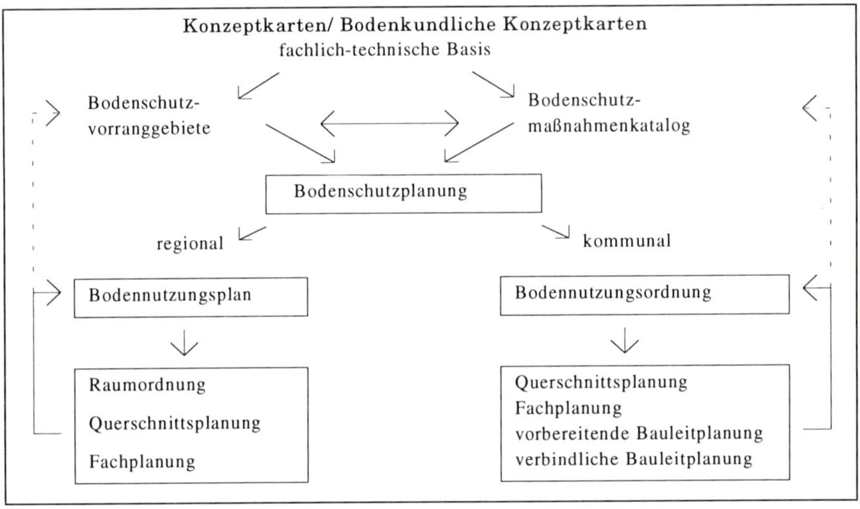

Abb. 3. Instrumente des Bodenschutzes

Die auf der fachlich-technischen Basis der Konzeptkarten und Bodenkundlichen Konzeptkarten beruhenden Vorschläge zu Vorranggebieten und Maßnahmen sind je nach Erhebungsart Grundlage einer regionalen oder kommunalen Bodenschutzplanung. Der Bodennutzungsplan auf der regionalen Ebene und die Bodennutzungsordnung auf der kommunalen Ebene münden gemeinsam in die jeweils anderen Planungen ein und wirken auf beide zurück. Nachträglich können sie auch die Ausweisung der Vorranggebiete und den Maßnahmenkatalog beeinflussen, weil hier entweder ausschließlich ein fachlicher Vorschlag oder eine bereits zwischen fachlichen und externen (politischen) Wertsetzungen abgestimmte Ausweisung von Gebieten und Maßnahmen erfolgt ist. Auch bei der Feststellung erheblicher Auswirkungen einer Planung (im Sinne UVPG) oder schädlicher Bodenveränderungen kann diese fachliche Basis benutzt werden. Die Kriterien gegliedert nach den drei Hauptzielen des Bodenschutzes sind der zusammenfassenden Darstellung in Abb. 4 zu entnehmen.

A Erhaltung von besonderen Qualitäten	
Qualitativ Multifunktionalität Monofunktionalität Naturnähe Wiederherstellbarkeit	*Räumlich* Geschlossenheit Vernetzungsgrad
B Vermeidung von Degradationen	**C Ausschluß von Risiken**
Abweichung von der Naturnähe Beeinträchtigungen ökologischer Bodenfunktionen Wiederherstellbarkeit	Gefahren Erhebliche Nachteile Erhebliche Beeinträchtigungen (Begriffe siehe BBodSchG - Entwurf)

Anmerkung:

Verstärkung der *Schutzwürdigkeit* durch
- Art der qualitativen Besonderheiten
- Ausmaß der räumlichen Besonderheiten

Verstärkung der *Schutzbedürftigkeit* durch
- Art der Degradationsneigung
- Ausmaß der Besonderheit (qualitativ und räumlich)
- Ausmaß der Vorbelastung

Abb. 4. Kriterien für Schutzziele

4 Bodennutzungsplan und Bodennutzungsordnung – Teilinstrumente

Als wichtigste Teilinstrumente der beiden Instrumente Bodennutzungsplan und Bodennutzungsordnung der Bodenschutzplanung gelten Erhebungen, Richtlinien und Fonds.

Die fachlich-technische Basis gestattet in vielen Fällen, zumal im mittelmaßstäbigen Bereich, oft nur die Ausweisung von Potentialen. Insbesondere bezüglich Degradationen und Risiken ist der eigentliche Bedarf bzw. die Dringlichkeit der Maßnahmen noch durch Felderhebungen zu überprüfen bzw. exemplarisch zu verifizieren. Das heißt, es sind Erhebungen festzulegen, die mit vertretbarem Aufwand an Kosten und Zeit eine räumliche Umsetzung gestatten.

Da eine flächendeckende Erhebung für großmaßstäbige Planungen (> 1:10 000) aus Kostengründen in der Regel nicht durchführbar ist, werden die Nacherhebungen auch dazu dienen, Flächen erhöhten Bedarfs auszuweisen, für die eine Bearbeitung in diesem Detaillierungsgrad angeraten ist.
Als wichtige Untersuchungen sind zu nennen:

- *Bodenkartierung* inklusive Versiegelungsgrad und Versiegelungsart,
- *Altlastenerfassung*: *potentielle* Schadstoffbelastung von Altablagerungen, Altstandorten und Flächen erhöhter Belastung durch Abgrabung und Eintrag,
- *Schadstoffkataster: aktuelle* Stoffbelastung von Flächen erhöhter Belastung (Altlasten), von Flächen mit empfindlichen Nutzungen und zur Feststellung von generellen Belastungstrends.

Eine koordinierte Durchführung aller drei Erhebungen führt insgesamt zu einer erheblichen Kostenreduzierung *und* zu besseren Ergebnissen, weil die Befunde wechselseitig nutzbar sind und in der genannten Chronologie Voraussetzung für eine gezielte repräsentative und damit effektive *und* vor allem kostengünstige Bearbeitung und Probenahme sind (vgl. dazu auch Kneib 1993).
Als Teilinstrumente im Bereich der Richtlinien sind folgende zu nennen:

- Richtlinie des konservierenden Bodenschutzes,
- Richtlinie des Bodenverbrauchs,
- Richtlinie der bodenverträglichen Nutzung,
- Richtlinie für "ersatzweisen Schutz",
- Richtlinie des nutzungverträglichen Umgangs mit Böden.

Die Richtlinien müssen Richtwerte für Planung und Vollzug enthalten und sollten die Einhaltung der jeweiligen Ge- und Verbote durch Förderung belohnen, die Nichteinhaltung durch Abgaben und Bußgelder sanktionieren. Der Mittelfluß kann über einen Fond geregelt werden, der gleichzeitig unzumutbare Lasten ausgleicht. Darüber hinaus können Bodenfonds die Durchsetzung von Bodenschutz, im Sinne der Erhaltung wertvoller Flächen, durch Ankauf verbessern.

Ein Vorschlag für die aus der fachlich-technischen Basis ableitbaren räumlichen und qualitativen Kriterien wird im nächsten Abschnitt behandelt.

5 Räumliche und qualitative Kriterien

Die Entscheidung über einen Bodennutzungsplan oder eine Bodennutzungsordnung kann nur *planungsgebietsbezogen* erfolgen, auch wenn hier z.B. übergemeindliche Entscheidungen, wie bei den meisten kommunalen Plänen, zweckdienlich wären.

In welchem Ausmaß die Ausweisung der Bodenschutz-Vorranggebiete und deren Verknüpfung mit der Maßnahme übernommen wird, hängt weitgehend von dem Ergebnis einer Bedarfs- und Dringlichkeitsanalyse ab. Über den generellen Bedarf an Bodenschutzplanung wird dabei gemeinhin nicht mehr zu entscheiden sein, wohl aber über die Dringlichkeit. Sie ergibt sich aus dem Verhältnis von empfindlichen Flächen, Erhaltungsflächen und Verlustflächen nach der Karte der Bodenschutz-Vorranggebiete (s. Abb. 5 mit beispielhafter Zuweisung).

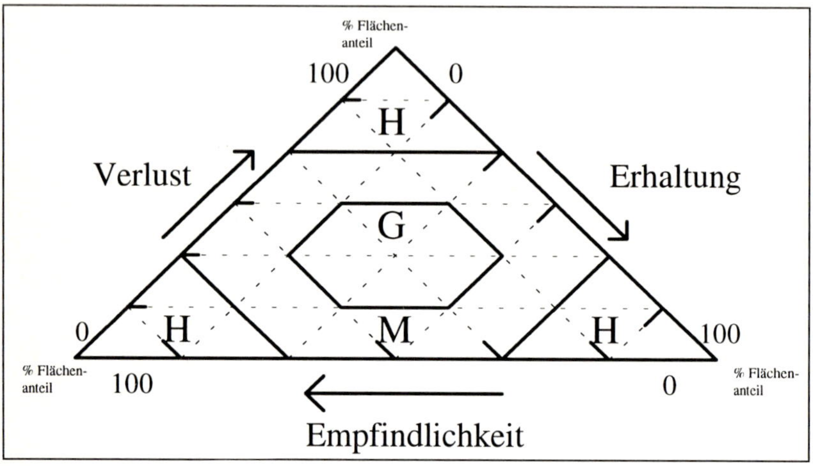

Abb. 5. Entscheidungsdiagramm für die Dringlichkeit (*H* hoch, *M* mittel, *G* gering)

Anhand des Verhältnisses der prozentualen Flächenanteile ist die Dringlichkeit der Anwendung der Teilinstrumente abzulesen. Eine solche Analyse kann sich für die Entscheidung zunächst nur auf das gesamte Planungsgebiet beziehen. Sie könnte aber auch nach einer übergeordneten Teilung des Gebiets erfolgen, die sich z.B. aus der Dringlichkeit in anderen Planungsvorhaben ergibt.
Bei dem Vergleich von verschiedenen Planungsgebieten oder von Teilen eines Planungsgebiets *steigt die Dringlichkeit* im Beispiel von Abb. 5, wenn die Flächen mit:

- Erhaltungsanforderungen gering, Verlustflächen aber hoch sind, wenn
- Verlustflächen gering, aber empfindliche Flächen hoch sind und wenn
- empfindliche Flächen gering, große Flächen aber noch erhaltenswürdig sind.

Die ersten beiden Aspekte zielen auf einen "Restflächenschutz", der letztgenannte auf eine besonders ausgeprägte erhaltungswürdige Situation z.B. eines Teilplanungsgebiets ab.

Das Ausmaß der Dringlichkeit entscheidet dann über die Durchführung von Erhebungen und die Umsetzung der Richtlinien.

Tabelle 2 faßt Kriterien des Bodenschutzes, die Planung und Vollzug auslösen können, für die Erhebungen und Richtlinien zusammen.

Tabelle 2. Übersicht über die Kriterien des Bodenschutzes

Allgemein	
Bedarf und Dringlichkeit	Verhältnis des %-Anteils[a] Verlustfläche zu %-Anteils[a] empfindliche Flächen zu %-Anteils[a] Schutzflächen
Erhebungen	
Bodenkartierung	Diversität und Variabilität Generalisierungsgrad und Flächenschärfe
Altlastenerfassung	%-Anteil[b] der Verdachtsflächen Risikopfad Medien Risikograd
Schadstoffkataster	%-Anteil[b] der Verdachtsflächen Risikopfad Populationen Risikograd
Richtlinien	
Bodenverbrauch	%-Anteil[b] Verlustfläche %-Anteil[b] Versiegelungsfläche
Konservierender Bodenschutz	%-Anteil[b] schutzwürdiger Böden insges. im Planungsgebiet
Ersatzweiser Bodenschutz	- in Siedlungsnähe - in Siedlungsferne
Bodenverträgliche Nutzung	%-Anteil[b] empfindlicher Böden
Nutzungsverträglicher Umgang	%-Anteil[b] Risiken für angrenzende Medien %-Anteil[b] Risiken der Populationen
Fonds	
	Aufwand, Kosten, Effekt

[a] in Prozent an Verlustflächen, empfindlichen Flächen und Schutzflächen insgesamt
[b] in Prozent am Planungsgebiet oder definierten Teilgebiet

Eine weitere Konkretisierung dieses Vorschlags für Kriterien kann nur an einem regionalen Beispiel auf der Basis der eingangs genannten Voraussetzungen erfolgen.

Zusammenfassend ergibt sich folgende generelle Vorgehensweise:

1. Feststellung des Bedarfs und der Dringlichkeit für Bodenschutzmaßnahmen in der Regionalplanung bezogen auf das jeweilige Stadtgebiet durch Auswertung mittelmaßstäbiger Bodenschutzmaßnahmenkarten, z.B. i.M. 1:50 000, soweit vorhanden.

2. Feststellung des Bedarfs und der Dringlichkeit für Bodenschutzmaßnahmen in Teilgebieten des Stadtgebiets (Verwaltungsuntergliederungs-, Planungsgebiete, Zuständigkeitsbereiche, stadtökologische Einheiten etc.).

3. Auswahl repräsentativer Gebiete für die kleinräumige (großmaßstäbige) Bodenkartierung von typischen Stadtgebieten und Kartierungsplanung nach Bedarf und Dringlichkeit (s. oben) für die ökologische- und Bodennutzungsplanung im Detail.

4. Ergänzung der Altlastenkarte durch die Gebiete potentiell empfindlicher Flächen für Schadstoffeinträge in den Boden auf den verschiedenen Belastungspfaden.

5. Gezielte (kostengünstige) Planung und Erweiterung des Bodenschadstoffkatasters zur Beweissicherung und risikovermeidenden Nutzungsplanung.

6. Festlegung der Richtlinien zum
   - Bodenverbrauch,
   - konservierenden Bodenschutz,
   - ersatzweisen Schutz,
   - zur bodenverträglichen Nutzung und zum nutzungsverträglichen Umgang.

7. Entwicklung eines Bodenschutzfonds

8. Konkretisierung und Umsetzung der Richtlinien (in 6.), z.B. für
   - die Feststellung der Umweltverträglichkeit der Flächennutzungplanung und Flächennutzungsplanänderung,
   - Festlegung des bodenkundlichen Untersuchungsaufwands für die Umweltverträglichkeitsprüfung von Objektplanungen und Bebauungsplänen,
   - Ergänzung bestehender Landschaftspläne bezüglich des Schutzes von Böden,
   - Erarbeitung neuer Landschaftspläne unter Benutzung der bestehenden digitalen Daten zum Boden,
   - Festlegung des bodenkundlichen Untersuchungsaufwands für Grünordnungspläne,
   - Festlegung der Gebiete für dezentrale Stadtentwässerung, Entsiegelung, Rückbau und Feststellung des notwendigen Untersuchungsbedarfs,
   - Festlegung der Gebiete mit besonderer (eingeschränkter) Bodennutzung,
   - Festlegung der Gebiete mit nachhaltiger Pflanzenproduktion (Landwirtschaft, Gartenbau),
   - Planung von Rekultivierungs-, Renaturierungsmaßnahmen auch von Gewässern nach Dringlichkeit.

Eine auch gut als Checkliste benutzbare Übersicht über notwendige konkrete urbane Bodenschutzaktivitäten findet sich im Hamburger Bodenschutzkonzept (1992). Ein Auszug aus den insgesamt 40 formulierten Aktivitäten ist in Tabelle 3 zusammengefaßt.

Das eingangs beschriebene grundlegende Konzept des Bodenschutzes und seine Umsetzung ist auch für nicht-urban geprägte Gebiete gültig, zu verändern sind allerdings die Prioritäten, die generelle Vorgehensweise und insbesondere die speziellen Aktivitäten.

Tabelle 3. Bodenschutzaktivitäten in Hamburg (Auswahl)

a) Aufbau eines Bodeninformationssystems	**b)** Fortsetzung der Stadtbodenkartierung 1:5000 mit dem Ziel der flächendeckenden Inventur insbesondere der unbebauten Gebiete	**c)** Abstimmung eines Landesgesetzes zum Schutz des Bodens
d) Checkliste bodenschutzrelevanter Informationen für Gutachter bzw. Durchführung von Bodenkartierungen bei der Vorbereitung von Bebauungs- und Landschaftsplänen, Entwicklung von Kriterien der Kennzeichnung von Flächen nach §§ 5 und 9 BauGB	**e)** Konkretisierung der bodenbezogenen Anforderungen an Umweltverträglichkeitsuntersuchungen für Hamburg	**f)** Nachweis des sparsamen und schonenden Umgangs mit dem Boden im Planverfahren
g) Programm zur Reaktivierung und Wiedernutzung von Gewerbebrachen	**h)** Untersuchung der Beeinflußbarkeit des Flächenverbrauchs für Wohnen, Verkehr und Gewerbe	**i)** Prüfung von Lagermöglichkeiten und einer "Bodenbörse"
j) Anpassung vorhandener technischer Baunormen an die Ziele des Bodenschutzes, ggf. Schaffung einer ökologischen Baunorm	**k)** Fortsetzung der Risikoanalyse Hamburger Böden	**l)** Ausweisung weiterer Wasserschutzgebiete
m) Schlagkartei mit Daten über den Einsatz von Dünge- und Pflanzenschutzmitteln in landwirtschaflichen und gärtnerischen Betrieben einrichten (obligatorisch für Pachtbetriebe der FHH), ggf. weitere Überwachungsmaßnahmen	**n)** Untersuchung der Böden und Beratung der Kleingärtner auf belasteten Flächen (Fortsetzung)	

Literatur

Arbeitskreis Stadtböden, UBA (1989) Empfehlungen des Arbeitskreises Stadtböden der Deutschen Bodenkundlichen Gesellschaft für die bodenkundliche Kartieranleitung urban, gewerblich und industriell überformer Flächen. UBA- Texte 18/89

Kneib, W.D. (1990) Defizite in der Umsetzung von Regelungen mit Bodenschutzaspekten. Studie im Auftrag des Ministeriums für Forschung und Technologie, Projektnummer: 0339376A, unveröff.

Bürgerschaft der Freien und Hansestadt Hamburg (1993): Bodenschutzkonzept; Drucksache 14/4644 vom 31.08.93

Kneib, W.D. (1993) Anlage von Bodenmeßnetzen zur Bodenschutzplanung und Beweissicherung. Empfehlungen für die Praxis. In: Rosenkranz D., Einsele, G., Harreß, H.-M. (Hrsg.) Bodenschutz. Ergänzbares Handbuch der Maßnahmen und Empfehlungen für Schutz, Pflege und Sanierung von Böden, Landschaft und Grundwasser, Berlin, Kap. 3200, 10/93.

Müller, E. (1986) Organisationsstrukturen und Aufgabenerfüllung, DÖV 1986, 10

Springer-Verlag und Umwelt

Als internationaler wissenschaftlicher Verlag sind wir uns unserer besonderen Verpflichtung der Umwelt gegenüber bewußt und beziehen umweltorientierte Grundsätze in Unternehmensentscheidungen mit ein.

Von unseren Geschäftspartnern (Druckereien, Papierfabriken, Verpackungsherstellern usw.) verlangen wir, daß sie sowohl beim Herstellungsprozeß selbst als auch beim Einsatz der zur Verwendung kommenden Materialien ökologische Gesichtspunkte berücksichtigen.

Das für dieses Buch verwendete Papier ist aus chlorfrei bzw. chlorarm hergestelltem Zellstoff gefertigt und im pH-Wert neutral.

Druck: Mercedesdruck, Berlin
Verarbeitung: Buchbinderei Lüderitz & Bauer, Berlin